文化环境育人 品质校园建设

集美学村嘉庚文化环境建设的实践与研究

常跃中◎著

中国文史出版社

图书在版编目（CIP）数据

文化环境育人 品质校园建设：集美学村嘉庚文化环
境建设的实践与研究 / 常跃中著 . -- 北京：中国文史
出版社，2023.12

ISBN 978 - 7 - 5205 - 4489 - 4

Ⅰ.①文… Ⅱ.①常… Ⅲ.①厦门大学—建筑设计—
研究 Ⅳ.① TU244

中国国家版本馆 CIP 数据核字（2023）第 230969 号

责任编辑：李晓薇

出版发行：中国文史出版社

社　　址：北京市海淀区西八里庄路 69 号　邮编：100142
电　　话：010 - 81136606　81136602　81136603（发行部）
传　　真：010 - 81136655
印　　装：三河市华东印刷有限公司
经　　销：全国新华书店
开　　本：16
印　　张：30
字　　数：471 千字
版　　次：2024 年 8 月北京第 1 版
印　　次：2024 年 8 月第 1 次印刷
定　　价：158.00 元

目 录
CONTENTS

图 0-1：陈嘉庚先生

作者：刘逸群

绪　论

校园环境对学生的影响主要具有四个方面的功能，即德育环境的引导功能、文化环境的塑造功能、制度环境的规范功能、物质环境的陶冶功能。良好的校园环境是陶冶学生情操、坚定理想信念、丰富科学文化知识、规范学生行为、促进身心健康、激发学生成才的有效因素。品质校园是校园质量与校园文化的有机融合，并由此衍生出的校园特有品牌。要把校园品质作为校园发展的根本、中心和立足点，坚持创新驱动，弘扬工匠精神，大力推进品质革命，全方位提升校园发展质量。大力推进质量与文化的融合，积极打造校园独有的金色"名片"，不断放大校园的知名度和美誉度，切实增强校园的核心竞争力。保护弘扬优秀的传统文化，延续城市校园的历史文脉，保护好前人留下的文化遗产，结合校园自身的历史传承、区域文化、时代要求，提炼弘扬校园精神，对外树立形象，对内凝聚人心。

华侨领袖陈嘉庚先生倾资办学，是我们民族的一面旗帜。习近平同志非常重视嘉庚精神，重视弘扬爱国主义光荣传统。他在全国高校思想政治工作会议、学校思想政治理论课教师座谈会上，都提到了在集美大学担任校董会主席的经历，讲到了陈嘉庚先生办学育人的历史和嘉庚精神。

习近平总书记高度评价陈嘉庚先生的政治品质，重视思想政治工作，习近平总书记指出："集美是陈嘉庚精神、闽西南革命家的摇篮，陈嘉庚被毛主席誉为华侨旗帜。思想政治工作要结合自己的特点。思想工作就是要因时制宜、因地制宜、因事制宜、因人制宜，一把钥匙开一把锁。学生的思想政治工作要做好，要充分挖掘本校资源，发挥优势。"①

---

① 校董会主席习近平勉励我们弘扬嘉庚精神——习近平与大学生朋友们［EB/OL］.国际在线，2022-3-30.

2018年，在集美大学百年校庆之际，习近平总书记发来贺信，贺信写道："100年来，特别是并校以来，集美大学坚持'嘉庚精神立校，诚毅品格树人'，为国家、为福建培养了大批优秀专业人才。希望集美大学坚持以立德树人为根本，弘扬爱国主义光荣传统，凝聚各方力量，勇于改革创新，突出办学特色，着力培养德智体美劳全面发展的社会主义建设者和接班人，为实现中华民族伟大复兴中国梦作出新的更大贡献。"①

多年来，学校坚持用嘉庚精神厚植学生的家国情怀，用"诚毅"校训培育学生的社会主义核心价值观。学生在文化熏陶中铭记嘉庚精神，培育爱国、奉献、担当的品格特质。一批批集大学子在嘉庚精神的感召浸润下，成长为理想信念坚定、家国情怀深厚、诚毅品格鲜明的行业栋梁之材。②

嘉庚文化包含嘉庚精神内涵与物质遗产两个方面。陈嘉庚先生以其赤诚的爱国之心，倾资兴学，由他躬身主持、参与建设的集美学村和厦门大学历经半个世纪的发展，逐渐形成了我国近代建筑史上被人们誉称的"陈嘉庚风格建筑"。嘉庚建筑是嘉庚文化的一种物质形式，是闽南近代建筑艺术的创造性杰作，是当时建筑与技术的最高发展成就，也是厦门的代表性历史文化遗产，现鲜明的地域特色与时代精神。"嘉庚建筑"具有人文的价值取向和深厚的文化内涵，其历史价值和美学价值是新建筑所难以取代的。

嘉庚建筑主要建设在集美学村的集美大学、集美中学、集美小学、集美幼儿园与设在厦门岛内思明区的厦门大学等校园。嘉庚建筑具有很高的社会历史价值、艺术价值和经济价值，这些文化内涵需要进一步研究。嘉庚建筑校园的历史建筑基本得到保护修缮、开发利用，但存在大量建筑陈旧、环境风格不协调、环境品质有待进一步规划提升等问题，作者前期进行了十余年大量的研究工作，形成有论文著作与设计策划成果，有待进一步梳理研究、出版著作。该研究为保证城市历史文脉的延续，对嘉庚建筑校园的保护与开发提出理论依据，为政府及管理部门对城区嘉庚文化校园开发与建设提供参考意见，对于其他城市的历史建筑保护开发以及城市特色品质校园建设也具

---

① 校董会主席习近平勉励我们弘扬嘉庚精神——习近平与大学生朋友们［EB/OL］.国际在线，2022-3-30.

② 校董会主席习近平勉励我们弘扬嘉庚精神——习近平与大学生朋友们［EB/OL］.国际在线，2022-3-30.

有积极意义。

　　品质校园环境的建设能够弘扬嘉庚文化，构筑文化自信，助力厦门打造历史文化名城与嘉庚文化品质校园。嘉庚建筑体现鲜明的地域特色与时代精神，嘉庚建筑有着独特的场所精神，场所的精神特征是由两个方面内容所决定的，一方面它包括外在的实质环境的形状、尺度、质感、色彩等具体事物所蕴含的精神文化；另一方面包括内在的人类长期使用的痕迹以及相关的文化事件。场所最终也是为能表达这样一种源于场所、高于场所、"神形合一"的令人感动的精神意义。嘉庚建筑的场所精神的核心可以说就是陈嘉庚先生的人文精神与教育理想，嘉庚建筑反映了陈嘉庚先生爱国、为民的精神，嘉庚精神中含有大量的社会改革因素，嘉庚建筑是人文新精神的载体。充分利用嘉庚文化环境进行开放式、多层次创意创新创业三创融合教育以及嘉庚文化校园环境建设，能够呈现鲜明的地域特色与时代精神。通过品质校园建设，能够帮助学生在全球文化多元性发展的背景下深入了解与认识嘉庚文化，从而更好地强化民族凝聚力，弘扬民族精神，构筑文化自信。

　　嘉庚建筑是嘉庚文化的一种物化形式，其建筑元素往往反映出当时的时代精神、风土人文及一定的社会现象。建筑元素丰富的文化内涵及符号特性，奠定了建筑符号传承民族文化、促进文化交流与文化融合的地位，比如嘉庚建筑中建南大会堂，能传递出嘉庚先生爱国教育思想及中为主、西为辅的建筑思想。研究嘉庚建筑，打造清晰的嘉庚文化符号，在传播过程中可让受众体会到其中的时代精神与文化内涵。嘉庚建筑是陈嘉庚先生留给我们的宝贵财富，不论是精神上的还是建筑上的，都十分厚重，泽被后世。嘉庚建筑具有中西合璧的时代性特征、适合气候地理等的适应性特征和兼容并蓄的文化综合性特征。嘉庚建筑以其蕴含的丰富文化内涵，在近代建筑史上独树一帜。嘉庚建筑的建筑风格是凝聚中外文化交流的产物，是厦门城市的一种形态，表达着城市意象的文脉，同时也是一个特殊时代文化的见证。嘉庚建筑作为优秀历史文化遗产为当地提供了丰富的多层次跨学科教育素材，通过嘉庚文化环境教育研学基地建设，可以更好地弘扬爱国主义精神，培养诚毅人格，同时可以较好地延续城市文脉。嘉庚文化环境独特鲜明形象的传播，更成为"城市文化资本"的重要构成部分，是十分宝贵的厦门城市资源。

　　在城市发展中，嘉庚建筑对文化、教育以及旅游商业具有促进作用，嘉庚建筑群是促进城市文旅融合发展的重要资源，大力发展教育旅游经济的载体。嘉庚建筑作为城市教育旅游的资源，建立嘉庚文化发源地集美核心区域开放式研学基地，设计特色研学内容与区域参观路线，均能够有力推动文旅互动。

图 0-2：温馨校园
作者：闭锦源

嘉庚建筑具有很高的历史价值、艺术价值和经济价值，是嘉庚文化品质校园建设的宝贵遗产与资源。对历史文化及与之相关的历史文化环境、历史文化遗存仅仅施以保护是不够的，还必须在保护的基础上进行适当的开发。这种开发是对嘉庚历史建筑遗存等文化资源进行深入地发掘和利用，根据时代需要对其功能进行适当更新和改变，以充分发挥这些宝贵资源的文化价值、社会教育价值和经济价值，以保证城市历史文脉的延续。把陈嘉庚文化教育校园区域设计规划为一种集教育、文化为一体的开放式"创新创业创造"三创融合教育基地，是这一特定建筑环境设计保护的现实目标。实现这一目标，要考虑建筑的生存状态与环境，采取相应的方法、措施和手段。

嘉庚文化环境保护利用，可以突出厦门区域独特的社会文化环境，提高城市知名度，建筑环境是一个文化生态系统，它随着历史的发展而发展，有着新陈代谢的规律。延续建筑的文化内涵，保留一个城市独一无二的特色，这是特色保护的根本所在，因为只有这样才能保留住这个区域乃至城市的精神世界，而嘉庚文化正是厦门市的一张文化名片。利用嘉庚文化品牌形象的塑造和传播等手段，对厦门城市区域嘉庚建筑文化品牌形象的塑造和传播是摆在厦门市政府和民众面前的一个重要课题。

图0-3：美丽的集美中学
摄影：小武

　　集美学村是嘉庚文化的发源地与核心区，也是文化旅游融合的重要区域。创新教育是文化旅游产业融合发展的重要推进剂，也是各产业发展的核心和关键，为产业发展提供前沿信息和创意思想，促进文化艺术转化为市场价值，打造集美"嘉庚文化发源地"的品牌。品质校园建设的研究有利于创新人才队伍的成长，多元发展，必将对厦门传播嘉庚文化，培养创新型、研究型人才起到前瞻的、可行的、具体的、积极的作用。

图0-4：龙舟池夜色
作者：闭锦源

　　提升校园品质、建设品质校园，既是校园建设的目标方向，也是不断提高校园竞争力、彰显校园文化特色的有效途径。研究华侨侨乡建设，挖掘嘉庚文化内涵，弘扬嘉庚精神对保护侨乡遗产、增进社会对嘉庚文化的认同感、提高爱国热情和激发创新能力有积极意义。建设品质嘉庚文化校园，营造校园品质，优化育人环境，彰显嘉庚文化校园魅力。在保护中发展，在发展中传承，使华侨遗产的保护与发展达到双赢。只有这样才能使"华侨领袖嘉庚精神"与"嘉庚建筑"这两张厦门名片光彩夺目、熠熠生辉。

图 0-5：集美文化创意园开园
作者：杨景初

第一章　嘉庚文化形成背景

图 1-1：抗战胜利后在新加坡的陈嘉庚先生

出处：《陈嘉庚》，文史资料出版社 1984 年版

华侨办教育有着悠久的历史和文化背景。从 1894 年在故乡厦门集美创办"惕斋学塾"算起，陈嘉庚先生一生中兴学历史长达 67 年之久，创办和资助的学校多达 118 所。其中集美学村和厦门大学的建筑群是规模最大、保留最为完整的具有代表性的嘉庚建筑群落，我们全面分析厦门嘉庚文化建筑的背景文化及内涵艺术特征，重点把集美学村嘉庚文化核心区作为主要校园品质校园建设研究对象。

第一节　嘉庚文化核心区所在城市厦门的地理位置和人文特点

厦门市位于东经 118° 04′ 04″，北纬 24° 26′ 46″，地处我国东南沿海——福建省东南部、九龙江入海处，背靠漳州、泉州平原，濒临台湾海峡，宋太平兴国年间，因岛上产稻"一茎数穗"，又名"嘉禾屿"。元朝时，曾设立"嘉禾千户所"。明洪武二十年（1387 年），为防御倭寇入侵，江夏侯周德兴筑城于此，约于 1394 年建成，号"厦门城"——意寓国家大厦之门，"厦门"之名自此列入史册。清顺治七年（1650 年），民族英雄郑成功为抗清驻兵岛上，称"思明洲"。康熙年间又改称"厦门"，设厅；直至鸦片战争后，被辟为五口通商口岸之一。辛亥革命后 1912 年再称思明，设县；1913 年复称厦门，立市。其主体——厦门岛面积约 132.5 平方公里，是福建省第四大岛屿，整个海岸线蜿蜒曲折，全长 234 公里，港区外岛屿星罗棋布，港区内群山四周环抱，港阔水深，终年不冻，是条件优越海峡性的天然良港，有史以来就是我国东南沿海对外贸易的重要口岸。九龙江北岸的沿海部分，由杏林湾和马銮湾分隔而成集美、杏林、海沧三个小半岛。地属亚热带气候，夏无酷暑，冬无严寒，温和多雨，年均气温在21℃左右。

图 1-2：1905 年丹麦人拍摄的厦门港
出处：《厦门旧影》，古籍出版社 2007 年版

厦门的对外文化交流是随着对外贸易的发展和人员的往来而产生发展的。早在明代，厦门已是一个港口，是闽南土特产集散地，西方商人争相贸易。1516年，正是海禁时期，葡萄牙商人在厦门港外的浯屿与中国商人交易。随后西班牙和荷兰商人闻利而来。郑成功据厦时期，与日本、菲律宾、柬埔寨、暹罗（泰国）、交趾（越南）、巴达维亚（印尼）、荷兰、英国等国贸易。1684年9月，清政府明令开放海禁，在厦门设立海关，厦门对外贸易正式开始。由于清政府明令所有"洋船出入，总在厦门、虎门实泊"，直至乾隆时期，厦门"岛上人烟辐辏"，商贾云集，梯航万里，一片繁荣。1842年，鸦片战争中失败的清政府与英国政府签订了《南京条约》，厦门作为五口通商口岸之一正式开放，至20世纪初，各国来厦贸易频繁，在厦门鼓浪屿纷纷设立洋行、银行、轮船公司等。20年代后期是厦门外贸较为繁荣时期，30年代开始，由于时局动荡，国外经济衰弱，厦门外贸逐渐走下坡路。

据研究，厦门自元至今，不断有人移居海外，目前记载所知最早移居海外的厦门人当为元末明初杏林的邱毛德，他到南洋居住。从明嘉靖到隆庆年间，杏林新埭仍有人到马来半岛、吕宋和越南，海沧、汀溪、嵩屿有人"航海通番"。万历和天启年间，有同安人陈甲、林福到日本经商。明末清初，同安沿海各乡和高应浦、集美、郊区一带渔民参加郑成功水师，退据台湾后，有的转往马来西亚各地。清朝中叶，禾山各乡和灌口、海沧等地的农民和手工业者，因生活所迫，漂洋过海讨生活。鸦片战争后，由于西方侵略者在厦门大量掠卖华工，数以万计的厦门人被运往非洲、美洲、澳洲充当苦力。还有被清政府镇压的厦门小刀会起义队伍退往东南亚各地。辛亥革命到解放前夕，由于军阀混战、日本侵略、国民党抓壮丁，社会动荡，许多人不得不离开家乡，漂泊海外谋生。至今在五大洲的30多个国家和地区，都可以找到祖籍厦门的华侨和华人，在国外的厦门华侨和华人，占福建华侨和华人总数的10%左右，主要聚居地是东南亚的新加坡、马来西亚、菲律宾、印度尼西亚、缅甸、泰国、越南和柬埔寨，美国、日本、加拿大、法国、荷兰、澳大利亚、印度和其他国家也有他们的足迹。

闽南的地理位置和显著的人文特点形成浓郁的海洋文化色彩，"海洋文化是指以海洋为生成背景的文化。这种不同的生成背景，包括地域地貌、气候气象、自然生态、风土民俗以及历史文化等差异而形成显著区别。最主要的差别在于：大陆文化是一种农业文化，海洋文化是一种商业文化，两者代表人类文明两个不同的发展阶段与发展水平"[①]。

"海洋文化，我们可以发现就其运作机制而言，它具有对外辐射与交流性，亦即异域异质文化之间的跨海联动性和互动性。"[②]

闽南人的第一个特征是冒险与进取精神。闽南人具有强烈的竞争意识、冒险意识和开创意识。第二个特征是重商与务实逐利精神。由于闽南地瘠民稠以及移民传统的影响和生存环境的恶劣，闽南人的价值体系更重物质利益和改善生存条件。严酷的自然环境、移民的生存意识，孕育了闽南文化的务实精神。崇尚商工的传统，正是闽南人务实精神的外化，培养了他们的经商传统。第三个特征是兼容性与开放性。相对于民风较为保守的中国北方和内地，闽南人更具开放和向外开拓意识。"早在明清时代的闽南，社会思潮已萌发重商意识。闽南海外移民为求生存和发展，需有主动适应异地环境的心态和能力，培养兼容和开放的精神。明代后期以来的海外移民活动更为闽南文

---

① 郑松辉.近代潮汕海洋文化特征的形成与发展［J］.广东技术师范学院学报，2006（5）.

② 张淀.古代海洋意识的文化内涵［J］.上海海运学院学报，1999（1）.

化注入异域文化的活力。尤其是近代以来，闽南大规模向东南亚地区移民。这些移民绝大多数居住在西方国家的殖民地，直接参与现代资本主义生产经营，有的人还进入当地主流社会。闽南沿海地区向海外移民众多，其数量超过本地居民，且与家乡保持密切联系"①。第四个特征是兴学重教的风气。"闽南籍华侨过去在出国前，多数是无地、少地的农民和破了产的小手工业者、小商小贩等，文化水平很低。他们到国外去，深受没有文化之苦。"②联想到祖国贫穷落后的原因主要是没有先进的科技、先进的工业、先进的国防力量等，深感要改变这一落后状况，首先需要有人才，而人才的培养，靠的是办好教育。他们认识到在祖国和家乡兴办教育的重要，纷纷捐资办起了学校，并逐步形成了兴学重教的风气。

第二节　陈嘉庚先生与教育

图 1-3：集美大社
作者：郑静荣

---

① 庄国土.闽南人文精神的特质和局限 [J].闽南文化研究，2003.

② 郑炳山.闽南文化研究 [M].北京：中央文献出版社，2003.

近代华侨办教育，大约起源于晚清时期。第一种情况是在侨居地对华侨子弟的教育，认同中国的侨胞普遍恐"子弟为习俗所染，数典忘祖"，故"教育事业，就因之而生"。陈嘉庚曾说："祖国当局，无论走哪条路，亦须保留我国文化，乃能维持民族精神，因为这是救国保种之道。"[①]从这一点可以看出华侨教育的特质是要保住华侨的民族性，有对祖国的爱护，这样的教育宗旨，也就决定了华侨学校的课程多注重祖国语言，学制取自中国，教师来自中国。这种认同中国的倾向，也促使教育的力量深入侨界，造成中国民族主义意识的普遍高涨。第二种情况是华侨事业有成后回家乡办教育。近代中国大多数的华侨，是因当时国内政治不修、吏治腐败以及天灾人祸的驱赶而出走海外，有的则是西方侵略者在中国掠夺的所谓"契约华工"。他们在国外作为一个积贫积弱的国家的人民曾受到过痛苦和耻辱，他们切身感到强大的祖国是海外游子的希望和靠山。他们盼望着中华民族在世界的崛起，希望祖国强大。尽管腐败的旧中国统治者将华侨视为"化外之民""弃民"，海外华侨却一天也没有忘记自己是炎黄子孙，中国民族意识的联系是华侨办教育最主要的动力所在。许多华侨注意到了教育的重要性，抱有教育救国的理想，不惜投入巨资在祖国家乡办教育。

著名爱国华侨陈嘉庚先生是在侨居地与家乡捐资办学的先驱人物。陈嘉庚先生曾说："余常到诸乡村，见十余岁儿童成群游戏，多有裸体者，几将回复上古野蛮状态，触目惊心，弗能自已。默念待力能办到，当先办师范学校，收闽南贫寒子弟才志相当者，加以训练，以挽救本省教育之颓风。"[②]

图 1-4：陈嘉庚出生地

---

① 王增炳.陈嘉庚教育文集［M］.福州：福建教育出版社，1989.

② 陈嘉庚.南侨回忆录［M］.福州：集美陈嘉庚研究会翻印，2004.

图 1-5：陈嘉庚出生地建筑

陈嘉庚先生祖籍福建省同安县集美村，生于1874年10月21日。9岁入读南轩私塾。集美陈姓传到第18代到新加坡谋生，陈嘉庚的父亲是一位新加坡侨商，陈嘉庚17岁随父到新加坡习商，他以敏锐的眼光发现橡胶业大有前途，就把原来经营的菠萝加工业转向橡胶种植业。在新加坡，陈嘉庚最早引进橡胶并进行大面积种植，首先加工橡胶制品并投入大规模工业生产，同时兼营菠萝罐头厂。又把业务拓展到泰国、马来亚及厦门等地。由于他苦心经营，艰苦创业，不久就获得了巨大的成功。经过努力拼搏，终于在经营上有所收获，成为东南亚声名显赫的大实业家。鼎盛时期开办30多家工厂，100多间商店，垦殖橡胶和菠萝园15000多英亩，雇佣职工32000多人。

图 1-6：1905 年的陈嘉庚
出处：《陈嘉庚》，文史资料出版社 1984 年版

图1-7：新加坡南洋华侨中学
出处：《陈嘉庚》，文史资料出版社1984年版

陈嘉庚先生在奋斗建业的同时，积极推动教育工作，为培养教育下一代做贡献。他大力兴办学校，振兴教育，享有"倾家兴学"的美誉。早在1910年，他就在新加坡倡办道南小学，这是他致力于教育事业的开始，也是海外侨胞新式华文教育的先声。他陆续兴办或支持兴办的还有崇福女学、爱同小学、水产航海学校、南侨师范、南侨女中等学校。1919年，鉴于新加坡还没有一所完善的华侨中学，陈嘉庚先生广邀当地华侨人士，倡办规模较大的新加坡华侨中学，这也是全南洋的第一所华文中学。

图1-8：1916年的陈嘉庚
出处：《陈嘉庚》，文史资料出版社1984年版

陈嘉庚致富后首先想到的是兴学报国。他说："国家之富强，全在于国民，国民之发展，全在于教育，教育是立国之本。"早在清光绪二十年（1894年），他就捐2000银圆，在家乡创办惕斋学塾。

　　1913年，陈嘉庚在家乡集美创办小学，之后陆续办起师范、中学、水产、航海、商业、农林等校共10所；另设幼稚园、医院、图书馆、科学馆、教育推广部，统称"集美学校"；1923年孙中山大元帅大本营批准"承认集美为中国永久和平学村"，"集美学村"之名由此而来。

图 1-9：集美学村牌楼

图 1-10：集美学村
作者：陈博圣

图 1-11：集美学村
作者：郑静荣

图 1-12：集美图书馆建筑

　　1921年陈嘉庚独资创办著名的厦门大学，这是当时唯一一所由华侨创办的大学，也是全国唯一一所独资创办的大学。自1921年4月6日开学起，就由陈嘉庚独立在财政上进行资助。后来世界经济不景气严重打击华侨企业，陈嘉庚面对艰难境遇，态度坚定地说："宁可变卖大厦，也要支持厦大。"他把自己的三座大厦卖了，筹集维持厦大的经费，这一资助就长达16年之久。陈嘉庚在解放后，不遗余力，扩建集美学校和厦门大学，亲自指挥工程进展，检查工程质量，被群众称为"超级总工程师"。

　　陈嘉庚不仅是一个实业家，更是一个教育家。在长期办学的实践中，形成了他的教育思想。第一，他提倡女子教育，反对重男轻女。大力倡办女子学校，让女子能上学，这在当时的历史条件下，开了风气之先，是难能可贵的。第二，强调优待贫寒子弟，奖励师范生。他反对办学分贫富，尽力帮助贫寒子弟上学。同时，他非常注意师范生的培养，严格选择和物色师资人才，对于表现优秀的学生加以奖励。第三，讲究教学质量，注意全面发展。陈嘉庚从办学开始，就一直注意"德、智、体三育并重"，强调全面发展。第四，主张"没有好教师，就没有好学校"，强调要确立教师在学校的主导地位。他认为要办好学校，关键在于领导和教师，"千军易得，一将难求"，要提高教学质量，很重要的一条，就是"要选教师"，因此，他十分重视选择校长和教师。第五，为了振兴实业，培养生产技术人才，倡办职业技术教育。第六，要求普及教育，并订下同安"十年普及教育计划"，设立同安教育会和教育推广部。他为教育事业奋斗了一生[①]。

---

　　① 资料来源：http://baike.baidu.com/view/25629.htm

图 1-13: 集美小学木质校舍
出处:《陈嘉庚》,文史资料出版社
1984 年版

图 1-14: 集美小学钟楼

　　陈嘉庚为集美和厦门大学兴建数十座雄伟的高楼大厦,自己的住宅却是一座简朴的二层楼,既小且暗,办事不便,但他却甘之如饴。他的生活艰苦朴素,自奉菲薄。床、写字台、沙发、蚊帐等都是旧的。外衣、裤子、鞋子、袜子全都打有补丁。他家有数百万财产,晚年却为自己规定每天5角钱的伙食标准。他身体力行的座右铭是:"应该用的钱,千万百万也不要吝惜;不应该用的钱,一分也不要浪费。"他生前叮嘱"把集美学校办下去,把300万元存款捐献给国家",并一再呼吁祖国统一,弥留之际还对台湾的回归深表关切,体现了一个爱国者的赤诚之心。

　　据陈延杭、陈少彬先生的调查统计,陈嘉庚在其弟陈敬贤、女婿李光前的支持下以及受国家有关部门委托,一生创办、资助和支持发展的学校有118所,其中:

　　1. 集美学村(创办、发展)24所:

　　集美幼儿园、集美小学、集美中学、集美师范学校、集美幼稚师范学校、集美试验乡村师范学校、集美国学专门学校、集美航海学院和集美水产学校、集美财政专科学校、财经学校和集美轻工业学校、集美农林学校、集美水产商船专科学校、集美华侨学生补习学校、集美侨属子女补习学校、集美水产专科学校、集美中国语言文化学校、集美师范专科学校、福建体育学院等。

图 1-15：三立楼旧观

出处：《陈嘉庚建筑图谱》2004 年版

图 1-16：新加坡南侨女中

出处：《陈嘉庚》，文史资料出版社 2004 年版

2.厦门市（创办、资助）2 所：厦门大学、厦门公学。

3.同安县（创办、资助）乐安小学、同安第二中学、同安第一中学等 61 所。

4.福建省各县市资助、创办、代办（同安县除外）安溪公学、安溪参山小学、金门公学、金门碧山学校等 23 所。

5.新加坡（参与创办、资助或支持）共 10 所：

道南学校、爱同学校、崇福女校、南洋华侨中学、南洋华侨女中、水产航海学校、南洋华侨师范学校、光华学校等。

资助英文中学，赞助曾拟创办的星洲大学。总计 118 所。①

图 1-17：新加坡崇福女校

出处：《陈嘉庚》，文史资料出版社 2004 年版

陈嘉庚倾资兴学、全心投入教育，有着深刻的社会政治、经济根源。19 世纪末 20 世纪初，中国正逐步沦为半封建、半殖民地国家，清王朝统治下的中国十分落后。长期的海外生活经历，让陈嘉庚认识到改变当时中国的政治、经济、教育落后的状况要靠教育，陈嘉庚说："民智不开，民心不齐，启迪民智，有助于革命，有助于救国，

① 陈延杭，陈少斌.陈嘉庚事业的襄助奠基者——陈敬贤先生［M］.厦门：厦门大学出版社，2007.

其理甚明。教育是千秋万代的事业，是提高国民文化水平的根本措施，不管什么时候都需要。"①获得事业成功的陈嘉庚首先想到的不是自己享受，而是思考能为尚处于落后贫困中的祖国做点什么。他经常讲："余久客南洋，心怀祖国，希图报效，已非一日。"陈嘉庚认为："中国要富强，教育要发达，教育是立国之本，兴学乃国民之职，吾人何忍袖手旁观？爱国所以兴国。""民无教育，安能立国？"他还说："教育不振则实业不兴，国民之生计日绌。……吾国今处列强肘腋之下，成败存亡，千钧一发，自非急起力迫，难逃天演之淘汰。鄙人所以奔走海外，茹苦含辛数十年，身家性命之利害得失，举不足撄吾念虑，独于兴学一事，不惜牺牲金钱竭殚心力而为之，唯日孜孜无敢逸豫者，正为此耳。""复以平昔服膺社会主义，欲为公众服务，亦以办学为宜。"②本着上述办学目的和动机，他不惜倾资办学。

　　陈嘉庚是一位伟大的爱国者、著名的实业家，也是一位毕生热诚办教育的教育事业家、名副其实的教育家。他一生生活俭朴，但兴学育才则竭尽全力，十分热心。他办学时间之长，规模之大，毅力之坚，为中国及世界所罕见。"30年代中期，厦门44%的小学校、45%的中学为华侨投资兴建。"陈嘉庚早年曾参加同盟会，支持孙中山先生的革命活动。清政府被推翻后，怀抱开启民智、教育立国、科教兴国的信念，陈嘉庚从海外回到集美，建立了第一所集美小学。有人提醒他说，办学校和办企业不同，办企业可以钱生钱，办教育可是只有投入没有产出，一分钱也收不回来的。陈嘉庚说："办教育是长久之计，是培养人的大事业，我就是要把钱用来为国家培养人才。先从家乡开始。即使为这个消耗大量资金，也不后悔，有进无退。"陈嘉庚倡导"教育为立国之本，兴学乃国民天职"的思想，始终以"办教育为职志"，被毛泽东主席赞

图1-18：痕迹
摄影：陈泉

① 陈达.南洋华侨与闽粤社会［M］.北京：商务印书馆，1938.

② 王增炳.陈嘉庚教育文集［J］.福州：福建教育出版社，1989.

誉为"华侨旗帜，民族光辉"①。

　　陈嘉庚倾资兴学，他希望有志之士闻风继起，振我中华，故虽企业收盘，仍多方筹措校费，艰苦支撑，百折不挠，他一生用于办学的款项，折合美金1亿元以上。在他的倡导与感召下，许多华侨纷纷捐资兴学，蔚然成风，影响极为深远。

　　不论是陈嘉庚先生的亲友、同乡或是属下公司员工，还是他捐办学校的毕业生、社会贤达、知名人士都竞相仿效，捐资兴学。陈嘉庚的胞弟陈敬贤是他的忠实伙伴和支持者。"在华人教育史上致力于倾资办学，陈嘉庚的确是空前但非绝后人物，在他之后出现了不少陈嘉庚式的人物，在海外披荆斩棘，事业有成后支援祖国建设，成为嘉庚精神的忠实实践者，代表人物有李光前与李成义父子、陈文确和陈六使兄弟、李尚大和李陆大兄弟。此外，华侨华人捐资兴学突出的还有：李嘉诚创办汕头大学；包玉刚创办宁波大学、捐建上海包兆龙图书馆等；曾宪梓创办嘉应大学，邵逸夫捐建华东师大图书馆等多处工程；庄重文父子设立'庄重文文学奖''庄采芳奖学金'，捐建集大重文楼；吴庆星创办仰恩大学；施金城创办安溪培文师范学校；钟铭选创办铭选中学和医院；等等，不胜枚举。"②

图1-19：陈嘉庚胞弟陈敬贤
出处：《陈嘉庚》，文史资料
出版社 2004 年版

　　华侨对国内建设的贡献巨大，以早期的厦门为例："厦门最早的远洋航运、最早的铁路、最早至闽南各县的内河航运和水陆联运，大多是华侨投资创办的。""华侨是厦门近代都市的主要建设者，从筑堤岸、建码头、拓展马路，到创设电灯、自来水、电话和公共汽车等近代城市的公用设施无一不仰仗华侨的投资。特别是大规模的房地产开发，有

---

①　华侨旗帜，民族光辉。——毛泽东题赠陈嘉庚。1945 年 11 月 18 日在重庆举行"陈嘉庚先生安
　　全庆祝大会"，中国共产党代表团以赠送条幅、对联的方式向大会表示祝贺。毛泽东送给大会的
　　8 字幅条，铸成了伟大嘉庚精神的核心。

②　林斯丰.陈嘉庚精神读本［M］.厦门：厦门大学出版社，2007.

70%以上的资金来自华侨。他们不仅将曾被外国人讥为'垃圾城市'的旧厦门，建设成美丽的近代都市，而且大大地改善了投资环境，为进一步繁荣厦门的经济创造了条件"。[①]

第三节 厦门特色建筑"嘉庚建筑"

嘉庚建筑是指陈嘉庚先生在闽南地区捐资或募资兴建，或主持规划、参与设计和监督施工的建筑，包括陈嘉庚亲自选址督建的"中西合璧"的建筑以及他直接采用国外建筑师图纸，根据当地地形、使用功能进行适当改造而兴建的所有项目。这些建筑具有"中西合璧"的特点，吸收了中国传统建筑、闽南地方建筑以及南洋殖民地西方建筑的一些成分，加上自己的融汇创造，形成了独树一帜的风格，其主要代表建筑集中在福建厦门集美学村和厦门大学。

图1-20：1952年11月集美扩建工地
出处：《陈嘉庚》，文史资料出版社2004年版

20世纪90年代后，特别是21世纪初，为了进一步扩展和保留"嘉庚建筑"的风格特征，在集美学村、集美大学新校区、厦门大学校园以及漳州、

① 厦门华侨志编委会编．厦门华侨志［M］．厦门：鹭江出版社，1991.

翔安、厦门大学新校区建设都延续这种风格的建筑。这类建筑目前主要集中在厦门大学和集美学村一带，并有向周边地区发展的趋势。2002年厦门大学校园内建造的嘉庚建筑群、2004年新建的厦门大学漳州新校区以及2007年建设的集美大学新校区是较大规模的新建筑群，这些建筑群是嘉庚建筑风格的继承和创新实践，试图在保留嘉庚建筑特征的基础上创造出新的建筑形式，我们把这种新的建筑形式称为嘉庚建筑风格新建筑。

本书探讨形成嘉庚文化的物质基础建筑与精神文化内涵，以厦门地区的嘉庚建筑为主要研究对象探讨嘉庚建筑的风格和艺术特色，书中所提到的嘉庚建筑指界定的早期嘉庚建筑。同时讨论延续这种建筑风格的新嘉庚风格建筑品质校园文化环境的建设，探索厦门城市区域文化特色的维护。

嘉庚建筑按照建筑用途可分为三大类：一是学校校舍建筑，包括集美学村和厦门大学。兴建的有集美小学木质校舍、居仁楼、尚勇楼、三立楼、延平楼、黎明楼、南薰楼、道南楼、尚忠楼、敦书楼、诵诗楼、集美幼稚园建筑群、允恭楼群、南侨建筑群等。二是社会公共、公用建筑。兴建的有厦门博物馆、集美医院、钟楼、集贤楼、博文楼、科学馆、美术馆、福南大会堂体育馆、长庚亭、蟹亭和龙舟池，以及登永楼、电厂、车站、自来水厂、航海俱乐部大楼及游泳池等建筑物。三是现作为集美风景区公共开放游览的建筑。有鳌园、集美解放纪念碑、陈嘉庚故居、归来堂等建筑。这些建筑主要分布在集美学村和厦门大学两大区域。"从1913年秋集美学校的第一幢建筑物——集美小学木质校舍落成，到1962年秋'归来堂'（这是陈嘉庚生前亲自规划筹建的最后一幢建筑物）竣工，五十年中他为故乡厦门留下的建筑物达一百处以上。"[①]

陈嘉庚办教育是同他的经营情况和社会情况紧密相连的，1913—1916年陈嘉庚先生经商办厂，事业有所成功后首批在家乡兴建教育和公共建筑的时期，在这一时期建设的新建校舍有集美小学木质校舍（1913年建成）、居仁楼（1918年建成）、尚勇楼（1918年建成）、三立楼（1918年建成）、敬贤堂

---

① 陈耀中.陈嘉庚建筑图谱［M］.香港：天马出版有限公司，2004.

（1918年建成）、自来水塔（1924年兼作钟楼）。1918年，西风雨操场、其他辅助用房如浴室、电灯室、石板桥等也已经完工。

1919—1931年是陈嘉庚先生企业兴盛顶峰到受损衰落的时间段。1919年6月陈先生从新加坡回到集美，他在创办厦门大学的同时，又亲自主持集美校舍扩建工作。这一时期建成的有1922年的厦门大学校区的群贤楼群：映雪楼、集美楼、同安楼、囊萤楼和博学楼。集美校舍扩建有立德楼（1920年建成），立言楼（1920年建成），约礼楼（1920年建成），即温楼（1921年建成），明良楼（1921年建成），集美学校科学馆（1922年建成），集贤楼（集美医院院舍，1920年建成），博文楼（集美图书馆，1920年建成），植物园管理楼（1922年建成），工房（1922年建成），军乐亭（1925年建成），肃雍楼（1925年建成），三才楼（1926年建成），八音楼（1926年建成），瀹智楼（1926年建成），延平楼（1922年建成），尚忠楼（1921年建成），诵诗楼（1921年建成），敦书楼，中部文学楼（1925年建成），集美农林学校校舍（1923年建成），集美幼稚园的养正楼（1926年建成），群乐楼（1926年建成），葆真堂（1926年建成），煦春楼（1926年建成），小白楼（1924年建成），允恭楼（1923年建成），崇俭楼（1926年建成），集美学校美术馆（1931年建成），这些建筑分属陈嘉庚先生在集美创办的幼儿园、男女小学、男女师范、中学以及水产、航海、商业、农林等各美中等学校，以及设立的国学专门部和图书馆、体育馆、医院、自来水塔、电灯厂及教育推广部等设施与机构，统称集美学校。

1929年，全球经济危机，陈嘉庚的企业受到影响。到1931年，他的资产仅剩下100多万元了。这时就有人劝他停办教育或者是缩小规模，他说："学校停办，将来再想恢复就难了，那样我岂不成了贻误学生和社会的罪人了吗？"1933年，形势更加困难，有个外国财团想收购他的企业，条件是停办所有的学校，陈嘉庚说："绝对不行，我宁可收盘不干，也绝不停办所有的学校。"1934年，陈嘉庚的总公司被迫关闭了，但他没有放弃学校，而是动用他在华侨界的影响，到处募捐，硬是没有耽误一天他所办学校的正常教学。人们不无感慨地说："陈先生的钱是献给大众的，他的名字代表着博爱和牺牲。"

图 1-21：1952 年陈嘉庚与厦门大学建筑部成员合影
出处：《陈嘉庚》，文史资料出版社 2004 年版

图 1-22：1954 年陈嘉庚在集美华侨补习学校校舍工地
出处：《陈嘉庚》，文史资料出版社 2004 年版

　　1950年陈嘉庚先生回国定居集美学村，制订了《重建集美学村计划》，1953年集美学校校董会成立了建筑部，不仅负责修复战争时期被敌机轰炸破坏的校舍，还进行了大规模建设。这些建设可分为五个部分：一是以"南侨"命名的华侨补习学校建筑群。南侨群楼（1952—1959年建成）：南侨第一至第四（1952年建成）、南侨第五至第八（1954年建成）、南侨第九至第十二（1955年建成）、南侨第十三（1959年建成）、南侨第十四（1965年建成）、南侨第十五（1957年建成）、南侨第十六（1959年建成）、集美归国华侨学生补习学校牌楼门（1959年建成）、集美侨校"无南"门楼（1953年建成）。二是以南熏楼、黎明楼、道南楼等为代表的沿海及扩建建筑。新居仁楼（1953年新建）、延平楼（1953年重建）、延平礼堂（1953年建成）、延平游泳池（1953年建成）、黎明楼（1957年建成）、南薰楼（1959年建成）、道南楼（1962年建成）、道南宿舍（1962年建成）、尚忠楼东部（1954年建成）、新诵诗楼（1955年建成）、克让楼（1952年建成）、海通楼（1958年建成）、跃进楼（1958年建成）、福东楼（1958年建成）、航海俱乐部大楼（1959年建成）、东岑楼（1953年建成）、西岑楼（1953年建成）、福南大会堂（1954年建成）、集美学校图书馆（1954年建成）、集美体育馆（1955年建成）、科学馆前楼（1956年建成）。三是厦门大学的建南大礼堂（1954年建成）、南光楼（1951年建成）、成义楼（厦大生物馆）（1952年建成）、成智楼（1954年建成）、芙蓉第一（1951年建成）、芙蓉第二（1953年建成）、芙蓉第三（1954年建成）、芙蓉第四（1953年建成）、国光楼群（50年代中期）、国光楼第一、国光楼第二、国光楼第三、成伟楼（厦大医院）。1955年重建陈嘉庚先生故居。四是"七星坠地"与"孤星伴月"的池亭楼阁：集美龙舟池及七座星亭（1954年建成）。五是鳌园集美解放纪念碑等：鳌园（1951—1961年）、归来堂（1962年建成）。

第二章　嘉庚建筑风格与艺术特征

　　建筑风格指建筑设计中在内容和外观方面所反映的特征，主要在于建筑的平面布局、形态构成、艺术处理和手法运用等方面所显示的独创性和独特意境。建筑风格因受不同时代的政治、社会、经济、建筑材料和建筑技术等制约以及建筑设计思想、观点和艺术素养等的影响而有所不同。

　　《不列颠百科全书详篇》关于建筑风格的阐释是："建筑中的表现是性格与意义的表达。建筑的功能与技术通过表现而转化成为艺术，犹如声音之成为音乐，文字之成为文章。表现的种类因不同时代、不同地点的文化特征而异，形成明显的表现方式或语言，称为风格。"[①]

　　嘉庚建筑文化是中西文化相互碰撞、相互融合而形成的。嘉庚建筑首先受到的是中国传统建筑和闽南建筑的影响，在建造中吸收了传统建筑的特点与象征手法。同时，陈嘉庚先生在海外经营时期受到了西方的文化，尤其是建筑方面的文化的影响，了解西方建筑的优点和现代材料的应用。他把外面经营多年所得积蓄带回家乡，大兴土木建造学校，引进了西方的建筑技术和建筑形式，嘉庚建筑风格就是在这种中西文化碰撞下形成的"穿西装，戴斗笠"的建筑形式。

图 2-1：集美嘉庚建筑群的道南楼与南薰楼
摄影：王光悦

第一节 传统与地域文化的熏陶

一、闽南文化的熏陶

文化是人类创造的物质财富和精神财富的结晶，主要包括教育、文化、艺术、风水、宗教、道德、风俗等。集美与厦门岛隔海相望，三面临海，一面靠山，旧称"尽尾""浔尾"，意为"大陆的尽处"或"浔江之尾"。出生于福建泉州同安县仁德里集美社之颍川世泽堂（今厦门市集美区集美街道）的陈嘉庚先生的少年时期是在闽南文化的氛围中成长的。

图 2-2：延平故垒

闽南文化有三个重要的组成部分：一、原土著古越族居民的文化。二、中原文化。晋、唐以来，中原人大量移居闽南，并逐渐形成主体。他们带来了许多中原文化，后来与原土著居民的文化融为一体。集美社为陈氏宗族聚居之处，陈氏祖先原籍河南光州固始县（秦代颍川郡辖内，故陈氏宗人自称颍川衍派）北宋末年始迁于此，传至陈嘉庚这一代已是第十九代。17世纪中叶，集美曾是郑成功操练水师、抗清复台的据点，郑成功的部将刘国轩曾屯兵于此，至今留有"延平故垒"和"国姓井"等遗迹。"国姓爷"郑成功抗清驱荷的故事在这里广为流传，也在陈嘉庚幼小的心灵中播下了爱国主义的种子。三、海洋文化。独特的地理位置和自然环境使闽南文化一直与其他外域文化发生碰撞和交汇，人们形成了一种开放的外向型文化心态，呈现出与较为封闭的内陆文化明显不同的"海洋"文化特色。闽南过去与祖国绝大部分地方一样，同属农耕文化，农耕文化最大的一个特点就是对土地的依赖。人们依靠耕种土地为生，没有土地就失去生存的资本。随着海上交通、国际贸易的发展和华侨到国外去谋生，并获得很大成功等事实，闽南人在思想观念上有了新的飞跃。宋代，闽南已有许多人漂洋过海到东南亚发展，这时闽南沿海已从农耕文化向海洋文化转变，把海外经营作为耕地的延伸。到海外谋生，需要有冒险精神，又要有拼搏奋斗的精神，在艰苦奋斗环境中谋生的闽南人逐步形成比较开朗、富有开拓精神、敢于冒险、敢于拼搏的特点与商品意识观念的闽南人性格。"爱拼才会赢"是闽南人精神的归纳与总结，与华侨的影响紧密相连的敢于冒险、勇于拼搏的精神是海外华侨对闽南文化影响的集中体现。闽南文化同其他民族的文化一样，在其历史发展的过程中，不断地吸收外来文化，这是人类社会文明进步的表现。

图 2-3：闽南民居的屋脊装饰
摄影：常云翔

图 2-4：陈嘉庚出生地建筑

　　海洋文化由两部分构成，一是宋、元时代，阿拉伯等外国商人来闽南经商，部分人与闽南人结婚，在闽南繁衍生息，同时也把阿拉伯等国的文化带入闽南。二是海外华侨带来的文化。闽南人到海外经商历史非常悠久，人数众多。他们不自觉地把海外的文化带回故乡来传播，并成为闽南文化的一部分，深深地影响着闽南的文化。

　　闽南移民文化中，村落家族文化是占主导地位的文化。村落家族文化作为传统文化的核心，笼罩着移民社会，向移民社会的方方面面辐射。可以说，闽

图 2-5：闽南的寺庙建筑
摄影：李伶芮

南移民的村落家族文化已放大成了社会文化，融入当地社会之中，成为当地文化不可分割的部分，也为当地文化注入了新的色彩。更为重要的是，移民家族活动所酿造出的家族文化的核心，乃是中国社会几千年遗留下来的宗族观念，是"木本水源""敬宗睦族"的思想感情。对于移居的闽南人而言，这些观念与感情被赋予一层新的特别的意义，即成为强烈的故土情思的寄托，是故土文化的象征。

　　厦门隶属于闽南文化区，与漳、泉两地联系紧密。闽南泉州港及漳州月港一度繁华，促使了闽南人从海上向外发展，但近代都相继衰落，特别是明末之

后，明清统治者屡屡实行海禁，沿海成为一片废墟。直至清中叶"五口通商"后，新兴城市厦门港开始兴旺，大量闽南人由厦门启程出洋。海洋文化的影响形成闽南地方文化的外向性特点。海在闽南人的生活中起了重要的作用，厦门的厝屋也受到了这种海洋文化的影响，屋顶轮廓丰富，呈现出独特的屋脊曲翘。色彩丰富，做工精细。另一方面，闽南地方文化还有它的非正统性特点。"历史上由于长期交通不便，中原文化对闽南地方文化的制约较小。因此，闽南地区呈现出与中原地区截然不同的建筑面貌。例如，从色彩上看，虽然中国传统民居有严格的等级规定，历来是用灰砖灰瓦建造，但闽南地区却喜好用红砖红瓦盖房，墙面刻意用红砖组砌、贴面镶嵌成各种各样的图案，形成了最具特色的'红砖文化区'。"①

图 2-6：闽南典型民居红砖厝（2005 年蔡氏古民居）
摄影：周红

二、传统建筑特点与象征手法

"中国建筑与世界其他所有建筑体系都以砖石结构为主不同，是独具风姿的唯一以木结构为主的体系。结构不但具有工程技术的意义，其机智而巧妙的组合所显现的结构美和装饰美，本身也是建筑美的内容，尤其木结构体系，其复杂与精微都为砖石结构所不及，体现了中国人的智慧。对有机的结构件和其

---

① 余阳.厦门近代建筑之"嘉庚风格"研究［D］.泉州：华侨大学，2002.

他附属构件进一步加工，就形成独特的中国建筑装饰，包括内外装修、彩画、木雕、砖雕、石雕和琉璃，有十分丰富的手法和生动的发展过程。"①

在中国传统建筑中，构成建筑形式表征的"三要素"是屋顶、墙身和台基。以北京故宫的太和殿为例，其屋顶是金黄色琉璃瓦的二重檐庑殿，墙身是朱红色油漆的九开间木质柱廊和门窗，台基是灰白色汉白玉的三层须弥座。每一个要素中，均包括若干具体的子项之中，如色彩（金黄、朱红、灰白）、材料（琉璃瓦、木质油漆、汉白玉）、规模（二重檐、九开间、三层座）、形式（庑殿、柱廊、须弥座）等，此外，屋顶、墙身与台基的一些细部也是建筑形式表征的重要组成部分。②

中国古代传统的建筑类型很多，但基本可以归纳为四种：

（一）皇室、官邸建筑

皇室宫殿、府邸、衙署的特点是序列组合丰富、主次分明，群体中各个建筑的体量大小搭配恰当，符合人的正常审美尺度；单座建筑造型比例严谨、尺度合宜、装饰华丽。

图2-7：北京北海公园侧门

摄影：常云翔

（二）宗教、寺庙建筑

礼制祭祀建筑和有特殊含义的宗教建筑，特点是群体组合比较简单，主

---

① 资料来源：中国建筑美学艺术．http://www.sinoarch.cn/forum/viewthread.php

② 回顾．传统图案在现代设计中的应用［M］．沈阳：辽宁美术出版社，2001.

体形象突出，富有象征含义，整个建筑的尺度、造型和含义内容都有一些特殊的规定。

（三）民居建筑

一般住宅的特点是序列组合与生活密切结合，尺度宜人而不曲折；建筑内向，造型简朴，装修精致。

（四）园林建筑

有私家园林、皇家园林和山林寺观。其特点是空间变化丰富，建筑的尺度和形式不拘一格，色调淡雅，装修精致；更主要的是建筑与花木山水相结合，将自然景物融于建筑之中。

以上四种建筑又常常交错体现在某一组建筑中，如王公府邸和一些寺庙，就同时包含宫室型、住宅型和园林型三种类型，帝王陵墓则包括纪念型和宫室型两种。[①]

图 2-8：闽南建筑的屋脊

闽南文化同其他民族的文化一样，在其历史发展的过程中，不断地吸收外来文化，这是人类社会文明进步的表现。闽南的许多寺庙、宗祠与民居建筑与内地、传统的建筑不同，其最大的特点是中西合璧。中国传统的民居建筑以土、木、石、砖为主要建筑材料，注意中轴，讲究对称，绝大多数为民屋。而闽南较富裕的人家则建"府第式""大厝式"的民居，"三间张""五间张"

---

① 资料来源：法国古典式建筑与中国建筑的比较 .http：//zhidao.baidu.com/question/7404830.html

或再加盖"护厝"的民居，很少盖楼房。

图 2-9：闽南民居的红砖石墙

图 2-10：敦书楼屋檐木构架

图 2-11：厦门海沧新安民居的山墙
　　　　与双曲燕尾脊
　　　　摄影：周红

图 2-12：闽南建筑的木雕（2008 年）
　　　　摄影：周红

　　中国地域辽阔，自然条件差别很大，地区间（特别是少数民族聚居地和山区）的封闭性很强，所以各地方、各民族的建筑都有一些特殊的风格，闽南的红砖建筑颇具地域特色，在厦门建筑史上占有重要地位。闽南红砖建筑分寺庙、宗祠与民居建筑，闽南红砖建筑最有代表性的建筑当属民居——红砖厝，红砖厝以年代来分，有早期（唐宋时期）、晚期（清至民国时期）之分。早期红砖厝以官式大厝为主，在建筑造型上华丽古典，肃穆大方，其墙面的红砖镶嵌等建筑装饰与海外一些建筑装饰极其相似，让人感到海外文化的影响。厦门的厝屋也受到了这种海洋文化的影响，屋顶轮廓丰富，呈现出独特的屋脊曲翘。色彩丰富，做工精细。后期红砖厝主要是以洋楼为主，大多是衣锦还乡的归国华侨修建而成。洋楼既表现出西洋的建筑风格，如科林新式的圆形廊柱、绿釉面的瓶式栏杆以及百叶窗等，又保留了传统官式大厝的特色，如龙脊风檐的华丽外饰、砖石结构的门墙、楼房前后的花圃材料等，这种中西合璧的洋楼，是传统的红砖厝在新时代浪潮中的一次成功的大革新。

厦门人的祖先多半是来自中原的南迁移民，承袭了古老的华夏文化传统，厦门的厝屋反映了中原文化的传承。例如中轴对称、主次分明的布局，中国建筑特别重视群体组合的美，群体组合常取中轴对称的构图方式，而有些园林、山林寺观则采用了自由式组合。但是不管哪种构图方式，都十分重视对中和、平易、含蓄而深沉的美学性格的追求，这体现了中华民族审美习惯，而与欧洲等其他建筑体系突出建筑个体的放射张扬的性格、体形体量的强烈对比等有明显差别。

在中国传统建筑和闽南民间建筑群装饰题材中，人文内涵非常丰富，主要包括文学典故、民间传说、民俗风情等。寄托了人民的美好愿望，反映了中国文化和闽南人对忠义礼信的品性上的强调与重视。"图必有意，意必吉祥"是广大的民居家宅中多姿多彩的装饰纹样发展的内在动力，体现了中国文化的基本精神，就是从社会伦理出发来建构文化。古民居建筑装饰，是能工巧匠们按照实用的要求创造出的物质的实体，同时又是在加工过程中运用美的规律创造出的独特艺术形式，具有较高的审美价值。在其审美形式中，隐含着深厚的传统文化、民风民俗、宗教意识，蕴含着人们祈求生活美满幸福、吉祥如意的美好愿望。

在选址上讲究风水，实际是注重人对环境的感应，满足人的吉祥心理。在建筑的纹样上品类繁多，寓意丰富，构思巧妙，趣味盎然，富有浓厚的民族色彩。在门窗、屋檐、墙柱、山墙，在木、石、砖、灰等材料的雕刻或彩绘上，都有吉祥纹样。还有在庭院里表达某种特定清趣，强调"花开富贵、金玉满堂"，在庭院中心花台内种一株百年牡丹，将厅门加工成大理石月门，便构成了"花好月圆"的主题画面。

闽南民间建筑群中的吉祥装饰图案受到中原文化的影响，一般也是通过谐音、比喻、传说附会等形声或会意的手法获得象征的意象。最多的图案题材是灵兽，常采用的有鹿、蝙蝠、鹤等图案。例如，鹿在传说中有长寿之意，且与"禄"同音，表示俸禄或富贵；鹤是仙禽，代表着长寿；蝙蝠的"蝠"字与"福"谐音。传统图案形式多样，历史悠远，常用到的有钱币、太极八卦、回纹、万字纹等。其中圆滑的为"云纹",方直的为"雷纹"。因图形很像"回",寓意福寿吉祥,深远绵长。

三、独特的地域建筑元素

闽南独特的红砖民居建筑元素主要表现在梁架结构、屋顶造型及装饰、墙面、雕刻等几个方面。

(一)梁架结构

图2-13:闽南建筑的梁架结构

图2-14:嘉庚建筑敦书楼外廊梁架

图2-15:小型民居

图2-16:闽南民居的红砖拼花

闽南地区的梁架结构主要是插梁式构架,承重梁的两端(或一端)插入柱身,组成屋面的每根檩条下皆有一柱(前后檐柱、金柱、瓜柱或中柱),每一瓜柱骑在下面的梁上,而梁柱则插入邻近两端瓜柱柱身,以此类推,最下端(外端)的两个瓜柱骑在最下面的大梁上,大梁两端插入前后金柱柱身。这种结构一般都有前廊步或后廊步,并用多重丁头拱的方式加大出檐。

插梁式构架不同于北方的抬梁式构架,也不同于南方的穿斗式构架,它融合了二者的特点。主要以承重梁传递应力，檩条直接压在柱头上，瓜柱骑在下面的梁上。这种构架形式，比南北两地的结构更为紧密、结实，且美观，有一定的内部装饰效果。不论从结构还是装饰角度而言，都是对中国式建筑的一种发展，也是当地民居的特色之一。

（二）屋顶

中国古建筑的屋顶，大致可分为悬山、硬山、庑殿、歇山、方攒尖和卷棚六种，也有取其中两种结合在一起的。厦门红砖民居绝大多数为悬山、硬山配燕尾脊马鞍脊形式。燕尾又分单曲和双曲，燕尾用于主厝，马鞍用于护厝。马鞍又有方形（土）、锐形（火）、曲形（水）、直形（木）、圆形（金）之分。

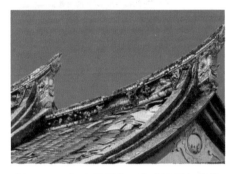 

图 2-17：闽南民居的双曲燕尾脊与装饰　　　图 2-18：闽南寺庙建筑的屋脊剪碗装饰
　　　　　　摄影：林水良

中国传统建筑历来是用灰砖灰瓦建造，而闽南地区地处我国东南沿海，土壤类型多样，分布最为广泛的是由黄红壤、红壤、砖红壤构成的系列土壤，因而闽南古厝的瓦片、砖都是取材于资源丰富、质优价廉的红壤土。经过烧制而成的各种类型的红砖，称为红料，在传统民居中广泛使用。墙面刻意用红砖组砌、贴面镶嵌成各种各样的图案，有万字堵、海棠花堵、人字体、工字体等花样，在角牌上面的砖墙有砖錾砌成隶书或古篆体对联。整垣墙用几种规格的红料，经泥水工横、竖、倒砌筑，白灰砖缝粘合成红白线条优美的拼子花图案，其色彩异常强烈，形成了最具特色的"红砖文化区"。闽南的红砖厝最引人注目的是它外观上的红色，红色在中国文化中象征着吉祥、喜庆，是宫廷建筑中最常用的一种色彩，像明清时期所建的紫禁城，便是以红色为主色调，以此体现出它的威严。在闽南民居中，建造者并不掩饰自己对于崇高身份和地位的向往，有意无意中都选择了红色作为民居建筑的基本色调，这与中原建筑中是一律平淡的色调形成了鲜明的对比，这也与闽南接触到的海外文化有关，在它的思想中，少了一份中原文化的含蓄，而多了一份自由开放的表现。

图2-19：闽南寺庙建筑的屋脊剪碗装饰　　　图2-20：闽南寺庙建筑的脊饰

　　闽南建筑的屋顶颇具特色，屋顶呈现双向凹弧形的曲面，在闽南民居建筑的屋顶找不到一条真正的直线，即使有些线条从正面看是直线，从侧面看则是弧线；或者从侧面看是直线，而从正面看又是弧线，非常优美。最为特别的是红砖民居屋顶部的正脊两端有几种变化，可以将之归为两大类：一类是燕尾脊，分单曲燕尾，双曲燕尾；另一类是五行山墙，即有五种形式的变化，金、木、水、火、土结合应用，就是在同一座住宅里同时出现这五种形式。燕尾脊比五行山墙更为优美，它将屋脊的"曲"发挥到极致，端处有如小燕子的尾巴岔开，并且高高翘起，仿佛正凌空飞舞。

　　闽南很多民居的屋顶都采用燕尾脊这种形式，十分美观，给人以一种腾飞向上的感觉。燕尾脊是闽南民居一道亮丽的风景线。浪迹天涯的赤子——远涉重洋的番客背井离乡、披荆斩棘、备尝艰苦。在华侨眼中，唐风宋韵犹存的燕尾脊民居是其根脉之所系、精神的家园，而燕尾脊也传递着一种美好的愿望和情愫。

　　（三）剪粘装饰

　　在闽南建筑中具有装饰意味的是剪粘。一般运用于屋顶做装饰，造型一般为龙、凤、花、鸟、小神庙（当地俗称盘子）等。这些装饰多色彩艳丽、淳朴，透出浓浓的民俗文化。剪粘由里面的坯体材料与表面的瓷片构成，创作手法独特新颖，充分发挥泥塑的造型优势与剪粘的色彩优势，塑造出造型丰富、色彩艳丽、具有鲜明特色与地方风格的艺术形象。剪粘工艺，外观五彩缤纷、花团锦簇、珠翠满头。运用到闽南建筑的装饰当中，鲜艳、精美，质感鲜明，给人一种爱不释手的感觉，对于闽南传统建筑风格的形成起着极其重要的作用。

图 2-21：闽南建筑的悬鱼装饰　　　图 2-22：泉州官桥蔡氏古民居建筑群

贴瓷加上彩绘是闽南传统民居中常用的装饰手法。贴瓷也称为"剪贴"，是指将彩色瓷碗"剪"碎（摔碎），根据碗壁的不同曲度和色彩，选择合适的碗片贴于泥塑之上，当地称这种工艺为"剪粘堆粘"。例如，在屋檐下的俗称"水车堵"的位置里，有主体的泥塑。所表达的内容包括山水风景、人物花鸟等，配以各种颜色，外加玻璃罩以防水防风的侵蚀；在外窗顶，山墙面塑有玉佩卷、古钱币等形式的灰泥塑花图案；屋脊和厝正面护栏上都是装饰的重点，工匠们先用灰泥做底，再用德化烧制的五彩碎瓷，按事先确定的图案镶嵌成逼真的龙凤麟狮、花卉虫鱼等，表现出浓郁的地方特色。

另外在闽南古民居建筑群装饰造型中，有一些地方表现出外来文化的影响，如石雕中的鱼尾狮，透出了南洋文化的气息；葱头形山花则反映了伊斯兰艺术的影响；承托斗拱的力神，又具有西方建筑的装饰倾向。

（四）墙面、规带

红砖红瓦是闽南民居最显著的一个特色。红色的砖，在闽南传统建筑中使用最广泛，被称为"烟炙砖"。在闽南到处可见这种红色的屋子，用当地的泥土入窑后以松枝烧制成的红砖，色泽艳丽，规格平整，质地极佳。红砖表面有两三道紫黑色纹理，故称"烟炙砖"。墙面也用红砖做有拼花，厦门、同安、漳州地区，多用菱形砖、六角砖或八角砖拼贴成图案，而且砖缝很大，缝内刷填白灰泥，拼花多样，色彩鲜艳，是当地建筑的一个特色。

厦门红砖民居的墙面颇有特色，廊墙一般被分割成几个块面，称为

"堵"。墙的分类大致有山墙（房屋两侧的墙）、廊墙（前后檐廊两侧与山墙相连的墙）、檐墙（分前檐墙和后檐墙两种）、扇面墙（与檐墙平行的室内隔墙）、隔断墙（与山墙平行的室内间隔墙）五种。

图 2-23：闽南民居的立面装饰（2006 年
　　　　蔡氏古民居）
摄影：常云翔

图 2-24：闽南民居建筑的勒脚

图 2-25：闽南民居的墙

图 2-26：闽南民居的人文故事彩绘装饰

图 2-27：闽南建筑的元宝脊

图 2-28：闽南民居的人文故事彩绘浮雕
　　　　相结合的装饰

闽南民居外墙大致由三个部分组成：

1. 勒脚（包括角碑石础），前檐墙面墙的下部柜台脚，闽南民居勒脚多用白石和青石来作为装饰，图案图像大部分是虎脚造型，如麒麟、喜鹊、马踏祥云、狮子戏球，也有吉祥文字之类。

2. 墙身（包括山墙、腰线、窗），身堵常以整块透雕龙凤青斗石嵌入墙上，或者塑些故事，梅兰竹菊、松鹤等图案，也有刻上房主人的官职、房屋建造年月等。前檐墙面大多用几种颜色的板砖空斗组砌成吉祥图案，种类极多，诸如，八角形图案为"八吉"；六角形似龟甲；或篆书寿字，寓意长寿；葫芦为福气；金钱形为富贵发财；菱形为长寿延年；等等。经过百年风吹雨打，很多保留至今仍色泽艳丽，这是其他类型民居无法比拟的。室内墙裙使用空斗砖砌，或长方形红砖进行组砌，朴实无华。墙身最具特色，山墙也是泥塑作浅浮雕呈对称式，腰线有红砖、有白石、有青石影雕。窗的种类繁多，有砖构窗、石构窗、瓷构窗、木构窗等。砖构窗、瓷构窗特点在于本身独立形成一个整体图案。石构窗的窗柱常以一种圆雕形式出现，雕有动物花卉，如果是镂花窗，则常见戏曲人物。

3. 檐边，一般都是浮雕形式，用泥塑彩绘，多山水人物，有故事情节。

民居的山墙称"大壁""大栋壁"。大栋壁的鸟踏线以上的山尖，称为"尾规"，尾规处做一两个通风用的小窗，称"规尾窗""栋尾窗"。尾规的末端，用细白灰泥塑成葫芦、如意、书卷、飘带等装饰，称"规带"。规带的式样很多，如马鞍规、人字规、椭圆规等，大多数是与西方外来文化的融合而演变成的特色风格。

它主要起装饰墙壁的作用，从设计角度而言，它的布局具有稳定、对称的特点。依附尾规的形式走向，作相应的变化，凹凸起伏的流线型组合寓于其中，加之灰塑彩绘，就更显得美丽非凡。

图 2-29：闽南民居的泥塑装饰　　　　　　　图 2-30：闽南建筑的人字脊

　　　　　　　　　　　　　　　　　　　　　　　　　　摄影：林水良

（五）雕刻

　　泉州地区盛产花岗石，材质致密均匀，强度很高，为这里的建筑工程提供了优质的材料。而惠安又是全国著名的石雕之乡，石雕的历史悠久，享誉海内

图 2-31：闽南寺庙建筑的
石雕装饰

外。石雕，在古代是一种奢侈的装饰品，而在闽南建筑中却可见大量出色的石雕作品，主要用于外装修，如大门门楣、正门屋檐下、墙壁、外墙基、柱础等处，雕刻方式有线雕、浮雕、半透雕、镂空雕等。石雕露窗，采用镂空雕，图案精美绝伦，是房屋颇有文化艺术表现力的地方。

　　砖雕使得闽南民居的红砖艺术更为精彩，在大门等处都有整幅的砖雕，图案多为麒麟凤凰、松柏牡丹、猛虎雏鸟等，表达了人们对幸福生活的追求和理解。用于贴外墙的釉面红砖的各种形状，有"六角形"代表长寿，"八角形"代表吉祥，"圆形"代表圆满，"钱纹"代表富有，"梅花形"

代表高雅。拼花外墙使红墙丰富多彩、美丽异常。红雕拼花图案和拼出的隶书或古篆体的对联或"吉""寿"等吉祥字样点缀在红颜色的砖墙面上，为建筑增添了众彩纷呈的气氛，增加了民居的美感，达到了赏心悦目的效果。

图 2-32：闽南民居的红砖雕

图 2-33：闽南寺庙建筑艳丽的装饰
摄影：周红

　　木雕在闽南古民居建筑群中主要用于梁枋、垂花、窗扇、木格栅等处，门扇及木格栅上雕刻有几何图案、花鸟器物、人物故事等。大厅处的木格栅雕刻，多贴以金箔，百年后的今天仍金光灿灿，体现出主人的财富，更具有地方特色，从中我们可以窥见当年匠师们的艺术才能与智慧。他们善于运用各种雕饰手法，将一个普通的建筑构件，变成一件精美的艺术品。例如，在梁枋、窗花、隔扇等木构件上，都雕满了花饰，在花饰上贴以金箔，甚至居室中的家具如床、橱柜、箱子、椅子、盆架等处处体现出雕刻家的才华，使整座房屋显得气派非凡、富丽堂皇。

第二节　侨居生活的影响

　　陈嘉庚 17 岁辍学，并应父函前往新加坡经营。1895—1903 年间，陈嘉庚两度往返于厦门和新加坡，在海外生活 20 余年，在海外办学、投资教育、规划校园、建筑校舍的经历使陈嘉庚先生对西方建筑与教育建筑有了更深的了解，嘉庚建筑风格的形成与陈嘉庚先生的海外侨居生活的影响是分不开的。

一、殖民地时期的新加坡建筑

　　新加坡位于东南亚，是马来半岛最南端的一个热带城市岛国，面积为 647.5 平方公里，北隔柔佛海峡与马来西亚为邻，有长堤与马来西亚的新山相通，南隔新加坡海峡与印度尼西亚相望。地处太平洋与印度洋航运要道——马六甲海峡的出入口，由50多个海岛组成，新加坡岛占全国面积的91.6%。属热带海洋性气候，常年高温多雨，年平均气温24~27℃。

新加坡古称淡马锡。8世纪建国，属印尼室利佛逝王朝。18世纪至19世纪初为马来亚柔佛王国的一部分。1819年，英国人史丹福·莱佛士抵新，与柔佛苏丹订约设立贸易站。1824年沦为英国殖民地，成为英国在远东的转口贸易商埠和在东南亚的主要军事基地。1942年被日军占领，1945年日本投降后，英国恢复其殖民统治，次年划为直属殖民地。1946年英国将其划为直辖殖民地。1959年6月新加坡实行内部自治，成为自治邦，英国保留国防、外交、修改宪法、颁布"紧急法令"等权力。1963年9月16日并入马来西亚。1965年8月9日脱离马来西亚，成立新加坡共和国。同年9月成为联合国成员国，10月加入英联邦。在"东南亚建筑文化圈"范围中新加坡、马来西亚两国由于地处东南亚腹地、中南半岛南端，扼守着东西方通道的咽喉——马六甲海峡，地理位置独特，使得两国受到外来文化冲击更为直接、频繁，中国闽南建筑、伊斯兰宗教建筑、印度神庙建筑以及西方风格建筑都较为常见，呈现出多种建筑并存的现象。

图 2-34: 新加坡道南学校
出处:《陈嘉庚》，文史资料出版社 1984 年版

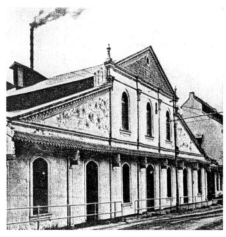

图 2-35: 陈嘉庚公司故址
出处:《陈嘉庚》，文史资料出版社 1984 年版

图2-36：马来西亚的华人闽南式建筑——
关公庙1
摄影：常跃中

图2-37：马来西亚的华人闽南式建筑——
关公庙2
摄影：常跃中

图2-38：马来西亚的印度神庙
摄影：杨颖

图2-39：马来西亚的老建筑1
摄影：杨颖

　　强势文化的入侵使当时的新加坡建筑有强烈的殖民地色彩，由于被葡萄牙、荷兰、英国等欧洲国家先后占领，新马一带遗存着大量的殖民者总部等办公建筑。这些殖民建筑，完全沿袭了宗主国的建筑风格，忽视了当地原有的建筑风格。这是建筑形体上殖民统治者强权统治势力的反映，主要的建筑代表当属新加坡高等法院和马来西亚高等法院。

　　新加坡高等法院建于1927年，位于新加坡河沿岸，原英殖民区帕当（padang，意为广场）的绿荫道南端，

图2-40：马来西亚的老建筑2
摄影：杨颖

建筑平面横向对称布局，中央是绿色穹顶的大厅，立面则采用柯斯林柱式，三段式划分，构图稳定，比例严谨，秉承了欧洲文艺复兴建筑风格。

马来西亚高等法院（Supreme Court）所在地苏丹亚都沙末大厦（Sultan Abdul Samad Building）也曾经是马来西亚殖民时期吉隆坡的中心、殖民地政府秘书处的总部。它于1897年建成，其立面把北印度摩尔建筑风格和穆斯林建筑风格融合在一起，既有摩尔建筑的垂柱，又有类似穆斯林建筑"邦克楼"的钟楼。

图 2-41：新加坡高等法院

图 2-42：马来西亚的老建筑 3
摄影：杨颖

二、东南亚的外廊式建筑及引入

骑楼这种"外廊式建筑"最早起源于印度的贝尼亚普库尔，是英国人首先建造的，称为"廊房"，新加坡的开埠者莱佛士在新加坡城的设计中，规定所有建筑物前，都必须有一道宽约50尺、有顶盖的人行道或走廊，向外籍人提供谋生做生意的场所。从此，新加坡出现了连接的廊柱构成的50尺宽的外廊结构的建筑。外廊的位置在店屋的前部或一边。典型的还必须包括可供行走的地板，高度至少一层，有挡避风雨尖阳的顶盖。这种连续廊柱形成的走廊，新加坡称为"店铺的公共走廊"，或叫"五脚气""五脚巷"。

这种建筑最早进入福建，始称"骑楼"。一律的异域风情，与大陆的高楼大厦相比，别有一番风味。

图2-43：新加坡怡和轩俱乐部——
陈嘉庚先生长期居住、生活的地方
出处：《陈嘉庚》，文史资料出版社
1984年版

图2-44：马来西亚的廊亭
摄影：常云翔

图2-45：21世纪的马来西亚建筑

图2-46：骑楼宽敞的外廊
出处：魅力厦门网页

　　骑楼是东南亚最常见的城镇民居建筑形式之一（新加坡称"店屋"），二层挑出，以立柱形成柱廊将二层以上建筑"骑"在人行道之上。"骑楼"是在楼房前跨人行道而建，在马路边相互连接形成自由步行的长廊。骑楼建筑形成的骑楼街道，可以遮风避雨，便于行人驻足挑选购买，又可供商家展示商品，这种建筑形式是对东南亚炎热多雨气候的适应的表现。"骑楼廊道所形成的'灰空间'，还为当地居民提供了一个休闲、交流的场所，这又与中国传统文化中注重人际交往的'人和'思想具有同构之处。骑楼建筑后来从南洋传到了中国，中国的传统文化又充实了骑楼建筑的文化内涵，民族文化交融的双向性由此可见。"①

中国的骑楼主要分布在广东、广西、福建等沿海地区，国内引入骑楼这种建筑形式主要是在东南亚的归国华侨回国后进行建设开始的，大多是在楼房前半部跨人行道的临街建筑，在马路边相互联接而形成自由步行的长廊，长可达几百米乃至一两千米。亚热带的气候多雨，多烈日，这正好可以给行人遮阳避雨，且因东南亚地区不少地方曾是欧洲国家殖民地，又都是临街商铺，故称为商业骑楼。多为三四层，临街店铺二楼以上部分凸出来，二楼罩着的空间成为人行道。

骑楼在厦门大规模的建设，有当时政府的功劳。1920年，厦门市政会在规划建设厦门新城区时，以骑楼作为街市的主要形式。至1932年，厦门的开元路、大同路、思明西路、中山路和思明南北路上形成了以骑楼为主的街市，"四横一纵"的建筑格局成了厦门人心中永远的记忆。"骑楼"可以避风雨，防日晒，特别适应厦门的气候特点。人行道以内的店铺也得以荫蔽，便于敞开门面、陈列商品以广招顾客。

骑楼是极富人情味的空间，合适的小空间尺度使人感觉亲切可接近。人们经常还可以看到这样的情景，骑楼下摆一小几，几个人围在一起泡茶聊天；骑楼里，人群熙熙攘攘，人们随意逛街，挑选商品，充满了生活的温馨和轻松随意。

三、陈嘉庚海外侨居时期西方建筑创作思潮

陈嘉庚先生海外侨居时期，欧美建筑正处在传统与现代之间，流行的一种建筑风格是折中主义建筑，折中主义建筑是19世纪中叶到20世纪初的一种建筑创作思潮。折中主义建筑师认为，只要能实现美感，可以任意模仿历史上各种建筑风格，或自由组合各种建筑式样，他们不讲求固定的法式，追求的是比例的均衡，注重纯形式的美。

---

① 丘连峰，农红萍，欧阳东.建筑创作的文化擦痕——多元文化环境下的新加坡、马来西亚建筑［J］.广西城镇建设，2006（6）.

图 2-47: 敦书楼券拱外廊 2008 年
摄影: 周红

随着社会的发展，需要有丰富多样的建筑来满足各种不同的要求。在19世纪，交通的便利、考古学的发展、出版事业的发达，加上摄影技术的发明，都有助于人们认识和掌握以往各个时代和各个地区的建筑遗产。于是出现了希腊、罗马、拜占庭、中世纪、文艺复兴和东方情调的建筑在许多城市中纷然杂陈的局面。

在19世纪末至20世纪初期，折中主义建筑思潮在美国最为突出。一是建筑师将罗马、希腊、拜占庭、中世纪、文艺复兴和东方情调的各式各样风格融汇于自己的建筑作品里，以求摆脱一脉相承的谱系，创造当时时代的建筑风格。二是把古典元素抽象化为符号。在建筑中，既作为装饰，又起到隐喻的效果。

图 2-48: 巴黎圣心教堂

图 2-49：巴黎歌剧院

图 2-50：崇俭楼立面 2008 年
摄影：周红

折中主义建筑的代表作有巴黎歌剧院，这是法兰西第二帝国的重要纪念物，剧院立面是意大利晚期巴洛克建筑风格，装饰却采用了烦琐的洛可可手法，它对欧洲各国建筑有很大影响；罗马的伊曼纽尔二世纪念建筑，是为纪念意大利重新统一而建造的，它采用了罗马的科林斯柱廊和希腊古典晚期的祭坛形制；巴黎的圣心教堂，它高耸的穹顶和厚实的墙身借鉴拜占庭建筑的风格，兼取文艺复兴建筑的手法。在美国，芝加哥的哥伦比亚博览会建筑则是模仿意大利文艺复兴时期威尼斯建筑的风格。

19世纪后期，西方建筑风格正从古典复兴和浪漫主义、折中主义向现代主义过渡。"由传教士、商人、洋行等带入中国的建筑形式，真可谓'百花齐放'。"[①]青岛的德国式建筑、哈尔滨的俄国建筑、上海的欧洲各国洋房、英美的高楼大厦比比皆是。一些外国建筑师也设计了一批结合了中国风格的建筑，如北京的协和医院、武汉大学的部分校舍。

当时华侨出国后，看到国外一些建筑，特别是欧、美式的建筑，比较祖国的建筑的优缺点，发现国外一些建筑形式值得我们学习，可以洋为中用，因此纷纷采取"中西合璧"的建筑形式，在闽南侨乡中到处可见的"洋楼式"的民居建筑就是当时华侨采取国外建筑的一些材料与技术建造的。这些建筑特点是："既保持以土、木、石、砖为主要建筑材料，又增加了钢筋、水泥、有色玻璃、金属材料、马赛克、釉面砖等（有的还从国外直接运来），这些建

---

① 庄裕光.风格与流派［M］.天津：百花文艺出版社，2005.

筑材料，新中国成立前的一般民居是很少见的；既采取以木刻、石雕、泥塑等方法为建筑的装饰品，又增加了一些西方或东南亚的花纹、图案等装饰方法；门窗宽敞，注意通风与采光；多采用层楼建筑形式，少采用合院式的单层建筑形式；门前多采用科林多式的圆形廊柱；楼前屋后多有一些花草的园地。这种民居建筑形式既坚固又美观，既大方又实用，既有中国传统的形式，又有西方的形式，形成独具特色的闽南侨乡民居建筑形式。"①

第三节　中西建筑文化的融合与创新

　　嘉庚建筑风格的形成是一个发展的过程，陈嘉庚先生自小受到中国传统文化的熏陶，加上海外20余年生活经历受到的西方和东南亚文化影响，兼具东西方价值观，表现出多元文化并存的特征。"从嘉庚建筑中所反映出来的精神可以看出其体现：中西合璧的文化。由于受到中国传统文化的影响和多年侨居生活影响，使得嘉庚建筑表现出中西审美价值观的兼容，同时在建筑上又有其个人思想的体现……"②嘉庚建筑的创新主要体现在对环境和材料的尊重、多元建筑形式的综合以及赋予建筑以丰富的人文内涵上。

图2-51：集美学村建筑群
作者：林珍珍

①　郑炳山.闽南文化研究［M］.北京：中央文献出版社，2003.
②　王绍森.透视"建筑学"［M］.北京：科学出版社，2000.

图 2-52：芙蓉楼外墙部分立面
摄影：孙爱国

图 2-53：集美侨校门房的中国园林式园窗

从集美学村与厦门大学的总体布局以及各个建筑群或团组上看，地域文化对嘉庚建筑有着深刻影响，基本上采用的是传统的主体突出、对称布局、一字排开等方式。嘉庚建筑采用的多是西方与南洋建筑的屋身、立面，采用券拱外廊与拼花、细作、线脚等，而屋顶及装饰多采用的是闽南传统建筑艺术的设计符号。

图 2-54：集美幼稚园早期照片
出处：《陈嘉庚建筑图谱》，
天马出版有限公司 2004 年版

嘉庚建筑风格的形成经历了三个阶段：1913—1916年为第一阶段，这期间校舍的建筑图纸是从新加坡带回来的，属模仿南洋的欧式建筑，特点是采用多层外廊、拱券、柱式、线脚装饰，西式直坡屋顶及色彩淡雅的灰泥抹面；木结构与橙色的"嘉庚瓦"结合、三段式立面构图。建筑形式基本承袭了南洋殖民地及西方折中主义建筑形式。

图 2-55：原即温楼
出处：《陈嘉庚建筑图谱》，
天马出版有限公司 2004 年版

图 2-56：现集美幼儿园建筑

图 2-57：科学馆建筑

图 2-58：允恭楼
摄影：王光悦

1916—1927年为第二阶段，是中国传统与闽南建筑同欧式建筑融合阶段，在选址、建筑布局、设计上坚持自己的主张，不唯外、不崇洋，善于利用环境突出建筑的气势，"依山傍海""就势而造"，在建筑空间构成上出现了中式

图2-59：崇俭楼的梯楼
摄影：瓮升昂

屋顶与西式屋身相结合的形式。并开始采用大量当地的白花岗岩和红砖作为装饰材料，精工细作，主要应用在楼脚、柱体、墙面上。1925年完工的文学楼将西式楼身处理成台基的形式，然后在主楼上面叠加中式建筑屋顶，副楼的样式依然是西式。这个时期的建筑样式中式和西式并置，但缺少后期嘉庚建筑中西合璧的浑然一体的感觉。陈嘉庚说过："每个民族，多有他的历史传统和民族性的建筑艺术，不必强用于异族而来抹杀自己民族的建筑文化艺术。而走上模仿洋化惟妙惟肖的道路，是埋没自己民族和本国伟大历史传授下来的建筑文化艺术，是没有国性的。"

图2-60：集美学村航海学院建筑
作者：林珍珍

图2-61：上弦场全景
摄影：雷艳平

1950—1959年为第三阶段，是嘉庚建筑的成熟阶段，在规划上更加注重因地制宜，组合形式更加灵活，达到建筑与自然的和谐统一。闽南式的大屋顶与西洋式屋身组合成为基本特征，施工中重视细节刻画，手法熟练细腻，工艺精湛。西洋建筑形式和技术与传统的建筑形式相互交融、相互渗透，创

造出既有地方性又有西洋风格的新建筑形象。

表 2-1　嘉庚建筑风格的三个发展阶段、代表建筑与特点

阶段	时间	代表建筑	特点
第一阶段（模仿阶段）	1913—1916 年	集美幼儿园、集美师范、尚勇楼、三立楼等	为多层外廊、拱券、柱式、线脚装饰，西式直坡屋顶及色彩淡雅的灰泥抹面；木结构与橙色的"嘉庚瓦"结合、三段式立面构图、左中右凸起部分山墙为中。这一阶段的建筑，体现的是华侨对西式建筑的崇尚，民间匠师对西式建筑的一种直接和被动的照搬及模仿。
第二阶段（融合阶段）	1916—1927 年	群贤楼、诵诗楼、尚忠楼、即温楼、允恭楼、崇俭楼、延平楼、芙蓉园等	选址及建筑布局等方面，更善于利用环境营造气势。在建筑空间构成上出现了中式屋顶与西式屋身相结合的形式，并开始采用大量的白花岗岩和红砖作为装饰材料，主要应用在楼角、柱体、墙面上。将西方建筑、南洋建筑与本地的传统建筑模式结合在一起。

阶段	时间	代表建筑	特点
第三阶段（成熟阶段）	1950—1959年	南薰楼、黎明楼、道南楼、建南大礼堂、南侨楼群等	在规划上更加注重因地制宜，达到建筑与自然的和谐统一。闽南式的大屋顶与西洋式屋身组合成为基本特征，施工中重视细节刻画，手法熟练细腻，工艺精湛。西洋建筑形式与技术同中国闽南传统的建筑形式相互交融、相互渗透，创造出既有地方性又有西洋风格的独特建筑形象。

图 2-62：允恭楼柱饰

图 2-63：建南大礼堂

　　嘉庚建筑的发展前后经历了全面西方样式向结合闽南特色地域建筑样式的，完善的"中西合璧"模式的转变。早期阶段，南洋式的西洋建筑中的拱券、柱式等几乎是原模原样地出现在建筑的立面上。到发展阶段则不自觉地将外来建筑形式套用于本地的传统建筑之中。在西式的拱券与柱廊中加进了传统的要素：大屋顶、斗拱等，使得中外建筑形式直接结合在一起，各显特色，达到共生。成熟阶段的嘉庚建筑体现了闽南地区典型的地域环境及人文特征，是西洋建筑与传统建筑的形式和技术相互交融。具体表现为：保留西洋建筑的体量组合，以地方的砌筑工艺重新阐释柱式、外墙、屋顶；对屋顶女儿墙的处理则是在文艺复兴和巴洛克的建筑风格中掺入了传统的装饰图案，使西洋建筑形式和技术与传统的建筑形式相互交融、相互渗透，并结合地方的风土特色和自然条件，创造出既有地方性又有西洋风格的新建筑形象。厦门大学建筑学院王绍森教授将嘉庚建筑的创新归纳为三个方面：一是中西合璧的文化；二是对环境和材料的尊重；三是多元综合，矛盾共存。

著有《集美学村嘉庚建筑》一书的原厦门博物馆馆长龚洁谈到集美学村嘉庚建筑时，将嘉庚建筑的特色和创新总结为五个方面：

第一，"穿西装，戴斗笠"。它体现的建筑理念正如陈从周所言："陈嘉庚先生的思想与艺术境界是乡与国，乡情国思跃然其建筑物上。"

图 2-64：2007 年的道南楼
摄影：常云翔

图 2-65：学村建筑
作者：郑洁

图 2-66：归来堂的三曲燕尾脊
摄影：常云博

图 2-67：砖石交错的墙角

图 2-68：红砖白石的嘉庚建筑

图 2-69：砖石交错的柱饰

第二，三曲燕尾脊。闽南红砖民居，其主厝使用的燕尾屋脊，有单曲和双曲之分；护厝的马鞍脊，有方形、锐形、曲形、直形、圆形之别。燕尾马鞍

图 2-70：嘉庚瓦

两相匹配，表现出红砖民居的曲线美、形体美。但陈嘉庚先生却创造性地使用三曲燕尾，一幢红瓦双坡欧式主体的屋顶上，左右六个燕尾高高扬起，在蓝天白云下振翅欲飞，匀称美丽得无可比拟。

第三，彩色出砖入石。陈嘉庚勇于创新，把闽南红砖民居的出砖入石方法优化到了极致，利用厦门盛产多色花岗石的优势，在建筑主体和立面以及柱子上也使用彩色花岗石镶成图案，色彩本原，美观大方，稳重和谐，使整体美感大增，个性更加鲜明，这种做法在全国所仅见。

第四，梁檩桁柱不油漆。

第五，独创"嘉庚瓦"。陈嘉庚吸收北方机瓦做法，将仰合平板瓦改成可以挂搭的大片型改良瓦，且以闽南红土为原料烧制而成，群众称为"嘉庚瓦"。

为节约经济成本，充分利用当地材料资源，陈嘉庚曾在龙海石码海边置地设立了十余家砖窑厂，以当地村民为工人进行批量生产，出窑后的砖瓦则由海路直接运往厦门。严溪头至今还保留着烧制"嘉庚瓦"的窑与制瓦模具。陈嘉庚把窑址选在严溪头，一是这里的土质特别适用于烧瓦，"榜山镇地处九

龙江入海口，水质咸淡适中，由这样的水质滋养的泥土烧出来的瓦不起潮、不易碎，坚固耐用。瓦窑取土处叫观音山，位于九龙江畔，与严溪头相距5公里。二是严溪头地处九龙江畔，水运交通十分便捷。三是榜山这一带许多家族世世代代都以烧瓦为生，能工巧匠不少，可集中起来做大批量生产，既解决了集美学村和厦大的建筑用瓦，又拓宽了榜山当地窑师、瓦工的活路。"[①]严溪头的瓦窑在修缮嘉庚建筑时仍然发挥了作用。

第四节　嘉庚建筑的艺术美

建筑既是物质的，又是精神的，具有双重性。建筑精神属性又分为三种，一是最低层次：与物质功能紧密相关，体现为安全感和舒适感。二是中间层次：体现为美的形象，一般称之为美观，重在"悦目"。要求简洁美观大方，造型比例适宜，关系和谐，色彩协调。三是最高层次：要求创造出某种情绪氛围，表现出一种有倾向性的情趣，富有表情和感染力，以陶冶和震撼人的心灵，重在"赏心"。嘉庚建筑以其精致华丽中西结合富有地域色彩而产生强烈的艺术美感。吴良镛评价说："从大型单体建筑到各种楼、亭、台、榭、石级、水池、广场、围廊，各类建筑有主有从，俨然一气呵成，颇具气魄。集美学村建筑群的整体性还包括色彩的丰富与协调性，对比之下，我们现在一些建筑的色彩却显得苍白无力。"[②]

一、材料质地美

嘉庚建筑利用建筑材料本身的物理属性、材料的质地美，运用砖石混砌，即"出砖入石"技术，构成了特殊的天然美感。砖作为建筑材料从汉代开始就已有记载，而由于闽南作为石材产地，花岗岩在建筑上也是应用较广的一种材料，最终这两种材料在历史长河中走到了一起，加上广大

图 2-71：瓦机

---

① 探奇红彤彤的嘉庚瓦悄然"褪色"［N］.厦门日报，2007-3-19.

② 吴良镛.对厦门经济特区规划的调查与探索［J］.建筑学报，1985（2）.

工匠们独具慧眼的创造精神，促使闽南民居在墙面形式方面有别于其他地区民居的墙面。这种"出砖入石"的建筑材料搭配，很好地利用了石的表面与砖的表面所产生的质地对比，从而造成了一种独特的装饰美感。嘉庚建筑就地取材，采用本土的建筑材料，既节省了大量成本，又体现了中国的建筑特色韵味，这种做法也是尊重民族特色与尊重自然环境的具体体现。在墙体的使用材料上以砖、土、石为主，壁体构造以砖石相间堆砌，营造出肌理所表现出的层次美感。在嘉庚建筑中，砖起到了极其重要的作用。它采用白色花岗岩与红色砖在色彩上形成既和谐又有对比的效果，它以白衬红，以红显白，这种红白相间的视觉效果，体现出和谐与冲突，但整体又给人另一番美的视觉感觉。闽南作为石材产地，尤其是花岗石在建筑上的应用比较广，砖与石混砌，由石的表面与砖

图 2-72：道南楼外部装饰

的表面质地的对比营造一种装饰美感，这之间产生点、线、面的组合，又产生一种整体面积上的韵律。白色花岗岩与红色清水砖形成对立统一的色彩效果，明度上的对比，是使用带点灰色的白石来调和这种对比，使其统一在一起，白灰色作为面本身能起一种缓冲的作用，对比调和，在和谐中表达冲突。墙面红砖与白石相间有序产生很美的视觉效果，在阳光的照耀下形成一种微妙的韵律。青石、红砖加上一些装饰的边线图案，与周围环境形成一种互动关系，响亮又有调和，具有亲和力。

图 2-73：敦书楼外部装饰

　　成功的建筑作品，最重要的一点就是充分利用并发挥原材料的质地美。其基本要点就是巧用原材料的质地美，突出建筑之美，返璞归真。在设计创作法则上就是量料取材、因材施艺。天然的原料和构思素材蕴藏在浩瀚的大自然中，这正是构成用料、题材、处理手法达到和谐统一、意趣天成的基因。嘉庚建筑根据闽南建筑材料的质地、色彩、形状、明亮度，选择不同的造型及图案、题材内容以及砌筑方法，突出了原材料的质地美、色彩美。

图 2-74：福东楼外廊与墙面

图 2-75：校园印象
作者：陈梦萍

　　嘉庚建筑根据闽南建筑出砖露石的做法显示出材料美，闽南建筑石为竖砌，砖为横叠，砌到一定的高度后，砖与石对调，以使受力状态平衡，砖石前后对搭，用灰土浆黏合，使墙壁成为一体，材料的红白两色自然相间；有着和谐的美感。嘉庚建筑在材料上大量运用白色花岗岩、釉面红砖、橙色大瓦片和海蛎壳砂浆等闽南特有的建筑材料，不仅使得陈嘉庚建筑的工程造价大为降低，而

图 2-76：道南楼
摄影：董复东

且使得嘉庚建筑具有浓郁的地域风格。嘉庚先生就地取材和保持闽南建筑固有的风格的做法，是他注重民族特色和尊重自然环境的具体反映。

　　闽南工匠在建筑嘉庚建筑时因材施艺，找出了原材料本身的质地美，将其巧妙地运用于建筑之上，加上陈嘉庚先生独到的眼光，将原材料加以独特地处理与运用，并与建筑的主题思想相结合，从而使建筑达到和谐完整、浑然天成的艺术效果。嘉庚建筑中砖石的质地、色彩、造型及混砌方法，不仅突出了原材料的天然美感，也使红砖成为建筑中特殊的一部分。

图 2-77：敦书楼一角

二、嘉庚建筑的影像美

建筑的整体造型也就是整个建筑的外部影像，是建筑作品打动人的重要条件，优秀的建筑作品总是以其各具特色的外部特征来打动人的心灵。嘉庚建筑首先映入眼帘的依然是以红砖为主题的墙身，飞翘的屋檐，墙身的面与屋檐的线具有完美的效果。同时，各建筑群体之间形成有条理有组织的整体，使整个建筑群达到高度的和谐统一。红砖与花岗岩的完美结合构成了建筑墙面的天然美感，加之屋脊的曲线形成了线与面的巧妙结合，表现出完美的艺术效果。

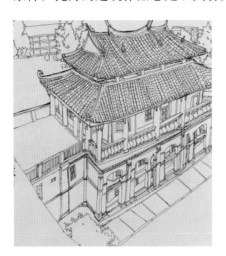

图 2-78：财经学院敦书楼
作者：林佳敏

嘉庚建筑在线、面的表达上也很考究，它讲究构成元素的对立统一的关系，通过建筑的黄金分割传达视觉感受，利用窗的缕花柱点缀，于是在墙与墙之间产生美妙的韵律。线是我国传统的艺术造型手段，用线表达空间、结构、运动、质感等，用线的疏密虚实来表达建筑的节奏韵律。嘉庚建筑的屋顶造型采用我国传统古建筑的艺术形式，吸取闽南建筑的特点并加以夸张设计。屋角高高翘起，正脊采用曲线构成。嘉庚建筑艺术，同样体现着"曲线"的形式美。如厦大群贤楼的立面呈左右严谨对称，建筑顶部为三重的飞檐起翘的绿色琉璃瓦屋顶，屋脊曲线流动柔和，饱满且富有张力，具有一种飞动之美，非常符合中国古代建筑艺术美的特征。

曲线美的讲究一直运用于我们的各种传统艺术之中，即使是民居建筑也不例外，闽南民居中飞翘的燕尾脊给人群鸟争飞之感，檐角的起翘亦如欲将展翅的飞鸟，整个屋顶建筑与天相接，极好地展现出闽南民居运用线的韵律美。

图 2-79：廊柱装饰

图 2-80：入画
作者：苏家棋

图 2-81：集大影像
作者：肖乐

图 2-82：华侨补习学校
摄影：李心怡

建筑的影像美是构成建筑作品外在形式的重要条件。建筑作品最打动人的、首先进入眼帘的就是外部影像。建筑以充分暴露外形的特征来刺激视觉，打动心灵。建筑的影像也就是建筑的整体造型。它的整体造型不仅要注意个体形象，同时还要注意群体之间的影像关系，从而形成有组织、有条理的整体，达到高度的和谐统一。嘉庚风格建筑在注意整体影像效果的同时，很好地处理了繁简、疏密、虚实、动静对比关系，具有完美的效果。嘉庚风格建筑常采用"外廊式建筑"形式，作为出生地和少年生活地闽南地区的地域文化和常年生活地新加坡的华侨文化，从多方面影响了陈嘉庚的价值观、尺度感、审美标准和思想，这些文化上的影响通过嘉庚建筑显现出来或蕴含其中，成为支撑和产生嘉庚风格建筑的灵魂。陈嘉庚先生以建筑的高度的适应性与对建筑环境意象的讲究，在设计思维上追求建筑与环境、与自然的亲和结合，表现出整体和谐的思维取向，达到同周围环境的形神相通，置身其中，可强烈地感受到建筑对自然的回归感和建筑与环境的亲和感。

龙舟池一带的建筑有着强烈的秩序感和层次节奏与韵律。从厦门大桥上远远地就可以感受到这组建筑的气势。离得最近的是侨校楼群，前面几排只有一层楼高，沿着海边不陡的山坡错错落落地往上排。屋顶采用闽南民居的大屋顶"三川脊"歇山顶建筑，高低错落，富有节奏感。整个建筑群呈现出高低错落的层次美。

嘉庚建筑的立面形态通常表现为中西合璧，中式屋面的秀丽、挺拔、隔热、保温的优点和西式屋体的通风、明亮、布局自由的长处在这里相得益彰，从而使东西方两种古老的建筑文化巧妙地融合在一起，展示出独特的魅力。

图 2-83：砖石拼花

图 2-84：美丽的芙蓉楼立面
摄影：孙爱国

比例是造型艺术形式美的规律之一，嘉庚建筑的人体尺度标准，是在适合人的居住的功能要求上自觉地形成的，符合审美的有机规则。嘉庚建筑在功能和感觉上都构成一种和谐的尺度，具备精神和功能的协调，嘉庚建筑中的尺度相当规范，比如栏杆、扶手、阶梯、座凳都参照了人体尺度制作。在考虑教学大楼立面尺度效果时，首先确定阳台栏杆的高度的值。而在它的形式以及与其配置的窗的位置、墙体的分划等地方作变化，以求尺度感的协调。楼梯踏步，参照一种人体习惯动作的尺度来制作，以上下楼时感到轻松自然。嘉庚建筑根据材料形态，综合考虑建筑的量料取材、经营位置、合理构图，达到了整体的比例效果。如墙、门、窗、柱、廊的造型，统筹兼顾构成了比例的形式美，达到较完美的艺术效果。

图 2-85：屋檐
摄影：蔡小非

图 2-86：按闽南塌寿做法的鳌园入口

"线"是我国传统艺术的造型手段，我们民族对线的敏感程度远远超过西方。用线来表现结构、空间、运动、质感、量感，以线的疏密、虚实、刚柔，体现建筑节奏感、韵律感，从而展现感人的艺术魅力。"曲线"则是我国传统艺术的用线风格和特色。柔中有刚，方中有圆。所谓圆，也就是指建筑姿态、造型、运动规律，表现为弧线、S线，从而构成"曲线美"。与我国传统文化有着千丝万缕联系的嘉庚建筑艺术，同样体现着"曲线"的形式美。厦大群贤楼立面呈左右严谨对称，建筑顶部为三重的飞檐起翘的绿色琉璃瓦屋顶，屋脊曲线流动柔和，

图 2-87：岁月敦书楼花垂
摄影：彭仲琴

饱满且富有张力，具有一种飞动之美非常符合中国古代建筑艺术美的特征。嘉庚建筑的屋顶造型采用中国传统古建筑艺术形式，吸取了闽南建筑的檐角和正脊的特点，做得十分夸张，不仅檐角有很高的起翘，连正脊也都做成很大的曲线，给人"如翼似飞"的印象。加上立面是西洋的建筑风格，其中广泛应用欧式的廊柱、绿釉面的瓶式栏杆等，形成了嘉庚建筑的外形特征。例如，1950年嘉庚先生主持扩建的厦大的基建工程中先后兴建的建南大礼堂、图书馆以及作为师生宿舍的芙蓉楼四座、国光楼三座、丰庭楼三座和竟丰膳厅、游泳池、上弦场等，是建筑材料色彩处理上的范例。这一时期楼房的建筑风格较之建校初期有新的突破，更加新颖别致，有的是骑楼配以绿栏杆，有的突出绿色琉璃瓦的传统民族风格，不少楼房用红绿白三色搭配，色彩调和、鲜艳夺目，使整个校园更加绚丽多姿。

图2-88：券拱与廊柱

图2-89：2007年的尚忠楼外廊

三、装饰细节美

嘉庚建筑在建筑细部上，不仅吸取了西方建筑的屋面、柱廊、窗户、柱头的装饰手法，而且极好地发挥了闽南寺庙与民间红砖建筑的风格特色，将闽南巧匠们的艺术性与创造力发展到极致，在门楣窗楣、墙面转角、建筑立柱上有精细的雕刻图案装饰，其色彩的讲究也使嘉庚建筑的美感得到完美的体现，展现了嘉庚建筑的独特内涵。

闽南地区盛产的花岗岩，材质致密均匀，强度很高，是一种优质的建筑材料。建筑材料本身的物理属性、材料的质地美，构成了特殊的天然美感，也形成了嘉庚建筑精彩的装饰细节美。嘉庚建筑在选择材料上就地取材，多采用红砖、绿瓦、白花岗岩，处理建筑细部。色彩用自然物体的本色，多选用红、绿、白三色搭配，即红砖、绿瓦、白墙和白花岗岩。红色的建筑物的各个部分掩映在闽南地区独特的翠绿之中，给人视觉上美的享受。

嘉庚建筑群在建筑材料上大量运用红砖红瓦、白色花岗岩石以及绿色琉璃瓦等独具闽地特色的建筑材料，使其具有浓郁的地方细部装饰特点。发挥古老的出砖入石工艺处理技术。墙角的搭配、墙面拼花的样式充分利用了白色的花岗岩和红色的砖的材料美感，构成红与白两种建筑细部语言。同时，石块与砖缝所形成的点、面、线结合，在建筑墙面上形成了一种视觉上的美丽，白色花岗岩与红色清水砖的结合，在艺术形式上也可以看成是建筑建造者的神来之笔，无论是石、砖的明暗度对比，还是两者色彩上的和谐共融，还有从中所表达的缓冲与冲突的意境，都是建筑所具有的别具风格之处。这些建筑色彩调和，鲜艳夺目，因此成为"嘉庚风格"的艺术典范。

从嘉庚建筑中我们也可以看到，闽南人对于中西文化的吸收，结合着自己的理解进行再创造，从这个意义上来说，嘉庚建筑正是这种中西文化艺术交流与再创造的实物体现。

嘉庚建筑群的一些房屋结构均采用传统穿斗式木构架，硬山屋顶，屋脊线采用两头微微翘起的优美造型曲线，其端头采用燕尾式做法，好像燕子展翅飞翔，使整个建筑群有一种群鸟争飞之感。华侨补校的绿琉璃、红瓦顶连成一片的房屋。绿琉璃稳重而富有品位，嘉庚瓦色彩亮丽，特别是绿琉璃屋顶上伸向蓝天的燕尾脊，是嘉庚先生寓意祖国四海腾达、一飞冲天的理想表现。

嘉庚建筑群装饰手法有很多，像石雕、木雕、砖雕、泥雕等等，装饰形式多样、做工精细、色彩艳丽，使建筑群成为艺术的海洋和宝库。建筑群中的雕刻艺术更是手法精湛、线条流畅、构图完美，充分体现了闽南地区古建筑的巧、美、秀、雅的风格，同时也将能工巧匠们的艺术才华和丰富的想象力、创造力表现得淋漓尽致。一些建筑群还采用了外墙拼陶片釉砖图案，别具闽南地方特色。

图 2-90：鳌园浮雕

特别精彩的是鳌园建筑中的石雕，鳌园的青石雕兼有圆雕、沉雕、线雕等多个品种，可谓门类齐全，集石雕之大成，其数量之多、刻工之细、内容之丰富为我国所罕见，成为我国石雕艺术之瑰宝。1988年，国务院把陈嘉庚先生陵墓列为全国第三批重点文物保护单位。

中国上下五千年，历史悠久，留下来的种种民族智慧的瑰宝非常多，而对于闽南而言，除了民间艺术歌仔戏外，最具特色及最突出的就是石雕。多少年来，惠安石雕师傅，祖祖辈辈用石头打造着自己的家园，并且通过各种加工手法，使一块块坚固冷漠的石头栩栩如生。在惠安石雕师傅的巧手下所建造起来的鳌园就是一部石雕的大书。从种类看，有浮雕、透雕、镂雕、沉雕、影雕、圆雕等；从园中雕刻来看，包含古今中外、天文地理、科技文教、书法绘画、动物植物、工农业生产等诸多方面，无所不有，无所不包，博大精深，是个博物大观。再从鳌园的形制和刻工看，大到雄伟巨大的碑体，小到人物手中的一只长矛，或者是凛凛的石狮、麒麟或丰碑巨制，或玲珑小巧，或一丝不苟，或粗服乱头，具有独到的雕刻艺术价值。鳌园这一部石雕的大书代表了20世纪50至70年代闽南雕刻艺术的最高水平，并经由石雕记载了人们对陈嘉庚的无限缅怀之情。

浮雕指的是在平面上雕出凸起的形象的一种雕塑。用到的材料有石材、竹子、木板等。所谓浮雕是雕塑与绘画结合的产物，用压缩的办法处理对象，靠透视等因素表现三维空间，并只供一面或两面观看。浮雕一般是附属在另一平面上的，因此在建筑上使用更多，用具器物上也经常可以看到。由于其压缩的特性，所占空间较小，所以适用于多种环境的装饰。它主要有神龛式、高浮雕、浅浮雕、线刻、镂空式等几种形式。鳌园中纪念碑四周，青石栏杆上所刻的就是浮雕的最好体现。例如，木兰从军，图中的人物、马栩栩如生，石雕大师们似乎赋予了它们生命，有呼之欲出的感觉。

在浮雕作品中，保留凸出的物像部分，而将背景部分进行局部或全部镂空，称为透雕。透雕广泛运用在建筑上，具有既美观又坚固的艺术特点，集艺术与建筑于一身。鳌园50米长的门廊的石雕手法几乎都是透雕。例如，项羽乌江自刎，雕刻的每一个动作都令人身临其境，将士们挥舞的长矛、短刀都雕刻得极为形象。

图 2-91：鳌园透雕

图 2-92：道南楼的石雕
摄影：杨青

图 2-93：岁月
摄影：陈泉

图 2-94：2007 年的崇俭楼楼顶

梁思成先生说得好："所谓建筑风格，或是建筑的时代的、地方或民族的形式，就是建筑的整个表现。它不只是雕饰的问题，而更基本的是平面布置和结构方法的问题。这三个问题是互相牵制着的……而平面部署及结构方法之产生则是当时彼地的社会情形之下的生活需要和技术所决定的。"[①]

————————
① 梁思成．梁思成文集：第五卷［M］．北京．中国建筑工业出版社，2001．

美国总统尼克松在访问集美学村时不愿乘坐轿车而步行，他说，我去过世界许多城市，还从未见过学校这么密集的地方，我想走走。从幼儿园到大学，多少学校都留下陈嘉庚先生创办的心血和汗水。著名诗人郭小川1961年访问厦门，写下脍炙人口的《厦门风姿》，其中这样写集美："大湖外、海水中，忽有一簇五光十色的倒影；那是什么所在呀，莫非是海底的龙宫？沿大路、过长堤，走向一座千红万绿的花城，那是什么所在呀，莫非是山林的仙境？真像海底一般奥妙啊，真像龙宫一般的晶莹，那高楼、那广厦，都仿佛是由多彩的珊瑚所砌成。"用海底的龙宫比喻集美的建筑，简直是神来之笔！郭小川在海堤上所见到的倒映着美丽倩影的建筑群，是龙舟池畔的道南楼、黎明楼、南薰楼和延平楼。

嘉庚建筑的美强烈震撼着到过集美和厦大的游人，令人陶醉其中，网上博客的一段美文充分展现了嘉庚建筑的美："嘉庚建筑的内在精神固然震撼心灵，但'嘉庚建筑'的本身之美，也是令人心醉。走进集美大学，从远处看，从近处看、从东看、从西看，均美不胜收。当你身在龙舟池南岸，这里视角宽广，遥看对岸的道南楼、南薰楼，好似百花丛中盛开的牡丹，熠熠生辉，卓尔不群。池面上，迷茫的清雾中，白鹭时隐时现，远处的楼影光怪陆离，气质天成！"

"向南望，有傲立海天的解放纪念碑，先生把碑立于歇山顶上，在全中国，也恐怕是最具造型的解放纪念碑了。"

"建筑的精髓在于灵魂。'嘉庚建筑'之所以名扬天下，震撼人心，不正是嘉庚先生将爱国精神寓于其中吗？"

图 2-95：陈嘉庚故居

第三章　嘉庚文化校园建设与代表建筑

厦门嘉庚建筑主要集中在三处：

1. 集美学村的五片两点，即航海学院片（即温楼、允恭楼、崇俭楼、海通楼、克让楼），财经学院片（尚忠楼、诵诗楼、敦书楼），华文学院片（南侨一、南侨二、南侨三、南侨四、南侨十三、南侨十四、南侨十五、南侨十六、南门），集美中学片（延平楼、道南楼、南薰楼、黎明楼），嘉庚纪念建筑片（嘉庚故居、归来堂）及科学馆、养正楼。

2. 厦门大学的三个楼群，即群贤楼群（映雪楼、集美楼、群贤楼、同安楼、囊萤楼），建南楼群（成义楼、南安楼、建南大礼堂、南光楼、成智楼），芙蓉楼群（芙蓉一、二、三、四和博学楼）。

3. 厦门华侨博物院。

集美学村，不同时期、不同类型有不同的代表建筑，这里选择南薰楼、道南楼、敦书楼、鳌园、集美幼儿园、龙舟池、华侨学生补习学校为集美学村的代表建筑；厦门大学选择群贤楼群、芙蓉楼群、建南楼群为代表建筑，在建筑形态、空间构成以及细部装饰上进行分析。

图3-1：集美学村主要嘉庚建筑分布示意图

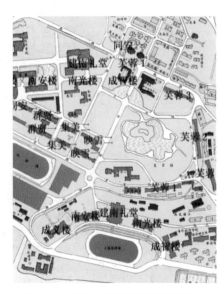

图3-2：厦门大学主要嘉庚建筑分布示意图

第一节　集美学村集美中学校区

一、南薰楼

始建于1956年的南薰楼依地势而建，由中央主体和左右两翼组成。为基本对称型，继承了中国历代宫殿及民间的造型特点。中央主体高15层，顶楼为一座四角亭；两边因地势而形成东立面五层、西立面六层的侧翼以60°夹角与主体连接，翼端平台分别建有一座双层八角亭。跌宕起伏的立面轮廓线使整个建筑看起来好似凌空欲飞的战机，体现出一种雄伟之势。中央主体的层退处理也使得主体更加高大和挺拔。

南薰楼的设计中，既注重雄伟感，同时，也有意融合中西建筑手法，中央主体顶楼的四角亭和两翼平台上的八角亭遥相呼应，高楼上的立亭，其柱子多为红色，这是中国宫殿式建筑的发挥。追求对比与节奏感，在细部的处理上，充分利用闽南盛产的灰白色花岗岩和釉面红砖的优势，楼身由石质精良的灰白色花岗岩建造；外廊立柱上拼饰图案，柱顶有灰泥塑收头，两翼平台上的亭子与中央主体顶端的亭子，无论是造型上或是色彩上都充分体现出闽南特有的绿瓦飞檐特色，反映出当年设计师和工匠的建筑思想和高超技艺。

图 3-3：南薰楼

图 3-4：南薰楼背面

73

图 3-5：南薰楼顶楼装饰

图 3-6：南薰楼侧翼平台上的双层八角亭

图 3-7：南薰楼侧立面

图 3-8：交错

图 3-9：南薰楼为主组成的集美城区天际线

图 3-10：南薰楼为主组成的集美城区天际线

图 3-11：学村写意
作者：郑依芃

图 3-12：学村集美中学小门
作者：王依芯

　　50多年来，南薰楼经受了多次强台风袭击，但仍然保持着它伟岸的身姿，它是陈嘉庚先生所建的具有典型风格的代表性建筑之一，同时，它也成了集美重要的标志性建筑，在海内外有着广泛深远的影响。

　　该建筑可以说是"嘉庚风格"成熟时期的产物，从建筑特点上来看，具体表现为：保留西洋建筑的体量组合，巧用地方的砌筑工艺对柱式、外墙、屋顶进行材料的交叉应用与图案变化，力求在细节中体现民族特色，在新颖中求变化；建筑物墙角多采用白石红砖间隔砌成锯齿状的线条向上叠起，以增强建筑物的稳固力度和美感，具有欧洲风格。另外，对屋顶女儿墙的处理则既保留有文艺复兴和巴洛克的建筑样式，又注意将传统的装饰图案掺入其中。外廊为有立柱的外走廊通道，富有强烈的迂回感，继承了中外建筑的精华。外廊的栏杆是传统的高级琉璃，单体呈葫芦型，以绿色为多。同时，民间匠师经过实践的不断积累，无论是经验和技巧也都得到了较大的提高，这无疑也为更好地将西洋建筑形式与传统建筑形式相互渗透、融合，并结合当地风土特色和自然条件，创造出既有西洋风格又有明显地方性的新建筑提供了条件。

图3-13：南薰楼侧面平台栏杆装饰
作者：彭仲琴

图3-14：花饰
作者：彭仲琴

图3-15：南薰楼后主楼立面

图 3-16：道南楼

二、道南楼

陈嘉庚先生亲自主持兴建的道南楼于1963年春落成。该楼全长174米，是由四座红瓦屋盖、红砖立面、形式相同的五层教学楼，与绿色琉璃瓦屋盖、白石立面的中央宫殿式七层办公楼和中段六层梯楼及两端六层角楼相连而成。其建筑在造型上对屋顶的处理，采用绿色琉璃瓦和橙色嘉庚瓦相结合的形式，在色彩上形成较强的对比效果。屋脊呈弧形曲线，向两端吻头起翘，又被称为"燕尾脊"。屋檐的处理上分别根据不同的造型而采用"斗拱出檐"和"挑"的做法，使之与屋顶部分相协调。屋身部分的设计沿用外廊式样，既方便了使用，又使整个立面上有了实与虚的对比效果。外墙由花岗岩与红砖砌筑，是对传统做法的延续与创新，墙角多采用白石红砖间隔砌成锯齿状的线条向上叠起，以增强建筑物的稳固力度和美感。石材在嘉庚建筑中得到了充分的应用，如外墙、梁柱、楼梯、门窗洞的台、楣、线脚也用石材。能工巧匠们在长期的实践中又创造出了许多墙体的砌法，如青白石相间砌筑，增加了色彩间的对比效果，并利用石材加工中的质感差别达到明显的粗与细的对比，美观耐久。道南楼外廊后壁借鉴传统民宅中重视"下落壁"的装饰观念，用红砖组砌或砖片拼贴成团花或万字锦等各种图案并以平面和立体的形式进行表现，在和谐中追求新意。如，经工匠们横、竖、倒砌筑成的万字、龟背、古钱等，充分展示出工匠们高超的技艺。另外，外廊槛的装饰较为复杂，采用花岗岩石与釉面红砖犬牙交错密缝砌筑的方法。另外，外廊栏的装饰也比较复杂，

图 3-17：道南楼之一段

图 3-18：2006 年修缮中的道南楼：顶楼

图 3-19：道南楼木雕垂花花饰

图 3-20：道南楼外墙装饰

图 3-21：道南楼窗饰

图 3-22：垂花

柱头、柱础采用灰绿岩，柱头呈覆莲状，柱身除用花岗岩石与釉面红砖犬牙交错密缝砌筑之外，柱身的正面还呈几何图案排列。外廊的栏杆是绿色的高级琉璃，单体呈葫芦形。建筑的内部天花及梁柱也有精美的浮雕装饰，无论是色彩的搭配或是图案的设计，均表现出一种华美的设计效果。

图 3-23：道南楼内墙花饰

图 3-24：道南楼墙面拼花装饰

图 3-25：道南楼柱墙拼花装饰

图 3-26：道南楼腰线上的线刻

图 3-27：道南楼走廊

图 3-28：道南楼柱头装饰
摄影：李全刚

图 3-29：道南楼屋檐
摄影：李全刚

图 3-30：墙面砖石装饰
摄影：李全刚

图 3-31：道南楼内柱头花饰
作者：彭仲琴

　　灰绿色窗套、绿色琉璃瓦、橙色嘉庚瓦、天蓝色门窗与立面上灰白色石材产生了既对比又调和的色彩关系，廊柱上红白相间的装饰效果又与走廊墙壁的红砖形成色彩上的呼应，尤其是该建筑绿色与红色屋顶的交替使用，体现出设计者大胆、新颖的设计思路。主要部分屋顶的中梁呈弯月形，对称朝上，匀称顺畅地翘起，屋盖上的屋檐四个角，以腾飞的造型向上翘起。总之，道南楼的设计无论是整个建筑的造型整体感，还是建筑中细节的刻画与表现，都反映出一种创新、大胆、雄伟与华美之感，是嘉庚建筑思想、建筑风格的最高表现。

图 3-32：道南楼顶的花瓶

第二节 集美大学校区

一、科学馆

科学馆位于集美学村的中心区，2006年被列为全国重点文物保护单位。科学馆1921年11月动工兴建，1922年9月竣工，迄今已100多年。

科学馆园区坐落于集美学校的中心地带，园区用地长150米，宽116米。包含科学馆、科学馆南楼（也称科学馆教室）、图书馆、军乐亭等。

陈嘉庚创办集美学校之初，就十分重视培养学生的科学精神、实践技能

图 3-33：科学馆
作者：谢铭雯

和专业知识。1918年，集美师范和中学开办后，为满足师生教学需要，先后建造了图书馆、科学馆、植物园、音乐室、美术馆等，简称"三馆一园一室"。

科学馆建成于1922年秋，是集美学校培养学生科学实践能力的重要场所，也是集美学校先进的办学理念和优质的办学条件的历史见证。2006年，国务院核定其为第六批全国重点文物保护单位。科学馆坐北朝南，砖木结构，建筑面积2657平方米，门楼及角楼为四层，两翼为三层，建筑设前后廊式，一楼为拱券廊；二楼为方形廊，中间装饰哥特式圆柱；三楼设前后阳台，屋顶为西式双坡顶，铺红色机平瓦。外墙以白色为主色调，门楼及角楼山墙装饰丰富，柱头、屋檐及山花作巴洛克式装饰。

科学馆南楼1956年1月作为科学馆配套教室建成，该楼外墙面正立面为黄色，其余三面为灰色，俗称"小黄楼"。双坡红色屋顶，平面呈前廊式布局，廊面及东西两翼均为圆拱西式券廊，该楼南北通透，采光通风良好，现为美术与设计学院办公楼，厦门市市级文物保护单位。

科学馆园区建成时是集美学校的"核心区"，早期除承担"科学馆"功能外，还是校董会的所在地。陈嘉庚十分重视科学馆内实验器材及标本添置，科学馆成立初，各种标本、化学品具备，都是陈嘉庚从南洋选购寄回国的。集美学校建校20周年时科学馆"拥有仪器、标本三万余件"，至今标本室（现移设中山纪念楼）里尚保存着百年前从日本购入的植物标本。1920—1930年代，科学馆设立了化学研究会、自然科学研究会、无线电研究会等各种研究会，培养学生兴趣爱好和实验精神。抗战内迁八年多的岁月，仪器设备随着校舍搬迁几经辗转，在艰难的环境中仍为学生求学求知创造条件。1946年春，科学馆修复后，分散在各地的设备陆续运回集美，集中整理后开放，教室、实验室、陈列室、暗室、X光室等均恢复原样。1948年5月，学校在科学馆成立了"集美学校科学研究会"，并公布《集美学校科学研究会章程》，科学馆重新成了学生进行科学试验的重要场所。

20世纪70年代，集美师专在此办学，接续集美师范教育的血脉。集美师专有了新校区后，其美术和音乐专业仍然在此办学。2016年，在集美学校委员会的大力支持下，集美大学启动科学馆及图书馆、科学馆南楼、军乐亭等大规模保护性修缮。2018年春，集美大学美术与设计学院"回归"科学馆园区，将此处打造成了"闹中取静、精致秀丽"精品园区。[①]

集美大学陈嘉庚文化研究专家林斯丰与廖永煌对科学馆的前世今生建设收集了大量珍贵资料，发表了对科学馆的建设研究成果。科学馆是集美学校先进办学理念和优质的办学条件的历史见证。1921年春，理化教员陈庆，根据学校自然科学需要的范围，参考各处图样，拟就科学馆建筑规划，绘图呈请校主、校长核准开工建设。1922年秋，科学馆落成，底层为理化教室、实验室、庋（音 guǐ，意为"保存"）藏室、暗室、天秤室等；第二层为博物教室、实验室、陈列室及标本室；第三层为校长办公室和理化教员宿舍。早期除承担"科学馆"功能外，还是校董会的所在地。[②]

科学馆经过多次修葺：1932年10月屋面全部翻修；1935年4月重行修缮；1936年12月因蚁患，更换横梁，加以钢筋混凝土；1937年1月修竣；1938年5月22日，日军"机舰并袭集美"，科学馆中6弹。1939年5月9日，又遭敌机投弹，损失颇大；1941年11月19日，遭敌炮轰，科学馆南大门、门墙全被炸毁；1946年4月17日馆舍修竣；1949年11月11日被国民党飞机轰炸，三楼屋面全部损坏，1951年修复。老集美人习惯把科学馆园区叫作"师专"。20世纪70年代，集美师专借科学馆区办学，接续了集美师范教育的血脉。集美师专有了新校区后，其美术和音乐专业仍然在此办学。2000年再次大修，建筑面宽43.7米，进深22.5米，高20.7米。2006年被国务院公布为第六批全国重点文物保护单位。2015年11月，在集美学校委员会的大力支持下，集美大学启动科学馆及图书馆、科学馆南楼、军乐亭等大规模保护性修缮，2017年6月科学馆修缮完工。恢复其楼体立面灰塑，恢复五层屋面的气象台的观测平台外形。2018年春，集美大学美术与设计学院入驻科学馆园区。

---

① 资料来源：阿诚小毅说校史，集美大学党委宣传部网页。

② 资料来源：廖永健，嘉庚建筑之科学馆网文。

图 3-34：1921 年 11 月《集美学校周刊》报道"建筑科学馆开始"
来源：林斯丰网文

图 3-35：科学馆（20 世纪 20 年代）
来源：廖永键网文

图 3-36：科学馆南面（1933 年前）
来源：廖永键网文

图 3-37：科学馆和军乐亭（1933 年）
来源：廖永键网文

图 3-38：科学馆背面（1933 年后）
来源：廖永键网文

图 3-39：科学馆（1938 年前）
来源：廖永键网文

图 3-40：集美初中师生科学馆前合影
（1946）
来源：廖永键网文

图 3-41：2017 年修缮后的科学馆
摄影：常书贞

图 3-42：2017 年修缮后的科学馆
摄影：常书贞

图 3-43：2017 年修缮前的科学馆
来源：林斯丰网文

图 3-44：科学馆园区军乐亭历史照片
来源：林斯丰网文

　　1933年6月7日，在科学馆四楼顶中间增筑的"气象观测台"落成，台内放置各种水银气压计、温度计、湿度计等器械及气象常用表、各种云形图。观测台屋顶为长方形露台，四角装置风速计、雨量计、精密日晷与日照计，中竖方向器。气象观测台还拥有德国步瑞氏最大型自记仪器等多种设备，还曾派员到南京国立中央研究院气象研究所实习。每周观测所得之气象现象均登载在《集美学校周刊》，又逐日6时将观测结果书写报告牌悬示于科学馆楼下，借以引起学生对气象的兴趣，增进科学常识。气象观测台后来改称"天文台"。[①]

　　在科学馆园区，有一座八角翼亭，原拟名曰"介眉亭"，1925年4月落成，供集美学校学生军乐队练习军乐，也称"音乐亭"。后改称"军乐亭"。

图3-45：科学馆园区军乐亭历史照片
来源：林斯丰网文

图3-46：军乐亭
作者：谢雨杉

图3-47：复原的科学馆园区军乐亭

图3-48：复原的科学馆园区军乐亭
来源：林斯丰网文

---

① 资料来源：林斯丰，科学馆之前世今生网文。

二、敦书楼

敦书楼是早期嘉庚建筑中采用中国民族形式与西洋风格相结合的典型建筑，它位于集美大学财经学院尚书楼的西南侧。这座中西合璧式的建筑，现

为中部三层，北侧、西侧、南侧两层（局部三层）原本是各自独立的三座楼，即中部文学楼（1925年建成）、北侧的诵诗楼（1921年建成）、南侧的敦书楼（1925年建成）。抗日战争前曾先后作为集美学校女子师范部和商校校舍，新中国成立以后又先后作为集美中学校舍、集美财校校舍。后因20世纪50年代中期新建诵诗楼和文

图3-49：财经学院的敦书楼
作者：林佳敏

学楼各一座，而将原有的诵诗楼、文学楼、敦书楼三楼相邻部分打通，原来两侧楼顶的红瓦屋盖也由此改为平面围栏与中部三层的楼两平台对接，连成一座楼，统称为"敦书楼"。改建后的整座建筑看起来更加雄伟、大气。

图3-50：财经学院的尚忠楼
作者：林佳敏

图3-51：敦书楼

图 3-52：敦书楼外廊装饰

图 3-53：敦书楼立面

图 3-54：敦书楼顶楼

图 3-55：敦书楼花垂

图 3-56：敦书楼顶楼屋架

图 3-57：敦书楼顶楼走廊

图 3-58：敦书楼
作者：林珍珍

图 3-59：敦书楼廊柱

图 3-60：敦书楼山花与屋脊

图 3-61：敦书楼主楼立面

敦书楼突出了中央体系，在西洋身上立中式柱廊及繁杂的闽式重檐"三川脊"歇山顶覆绿色琉璃瓦屋面错落的屋脊丰富了立面的轮廓，而连贯的檐口线则强调出整体性垂脊尾端顺势向上扬起，以造型生动色彩艳丽的花草形

图 3-62：敦书楼外檐梁架

象来进行细节表达与展示，歇山顶的山墙用蓝色的花草予以美化，楼顶古色古香的厅门更体现出中国传统建筑中门窗的技艺和特点，屋顶与西洋屋身之间以红色圆柱进行过渡，外廊装饰则是有很典型的殖民地式建筑形象。这样看似有些生硬的组合却也使立面产生实与虚的艺术效果。所以又被人们称为"洋装瓜皮帽"。

图 3-63：敦书楼木构件

图 3-64：敦书楼翼饰

第三节　鳌园

鳌园位于集美东南海滨，三面环海，若在空中俯瞰，好似一朵静卧在海面的睡莲。

图 3-65：鳌园
作者：苏家棋

图 3-66：鳌园全景
摄影：朱斌

图 3-67：陈嘉庚墓
摄影：卓扬姝

图 3-68：集美解放纪念碑

图 3-69：歌颂解放

图 3-70：鳌园长廊透雕

图 3-71：圆雕
摄影：卓扬姝

图 3-72：鳌园入口的墙面线刻

图 3-73：透雕
摄影：常云翔

图 3-74：长廊石雕
摄影：卓扬姝

图 3-75：鳌园长廊

图 3-76：嘉庚墓及照壁

鳌园由陈嘉庚先生亲自设计，耗资65万元，历经10年的时间，完成了这座形似海龟的园林，鳌园由此得名。鳌园主要有门廊、集美解放纪念碑和嘉庚墓三个部分组成。鳌园门廊的两侧，分别以精湛的镂雕技巧表现历史人物故事，镶嵌在50米长的屏壁上。主要表现了近代历史上重大的历史事件、民间传说与故事，人物形象生动、千姿百态，是鳌园内石雕作品的精华。

在鳌园景区内，镶嵌在长廊、碑身、基座、照壁、围墙上的精美浮雕、沉雕等600余块，既有表现风土人情的，也有倡导与宣传科学的以及全国各地名胜古迹。内容丰富感人，展示了闽南石雕文化，给人以强烈的震撼，也反映出石雕艺人高超的技艺。

作为鳌园主体建筑的解放纪念碑，是陈嘉庚先生为纪念解放集美而牺牲的人民解放军兴建的，以28米的碑高象征中国共产党率领各族人民经过28年的浴血奋战创建新中国的光辉历程。碑身的正面是毛泽东主席于1952年题写的"集美解放纪念碑"，碑的背面由陈嘉庚先生亲笔书写的碑文。碑座分为四级，它们分别由13、10、8、3不同的数字代表每一级中的具体台阶数。13代表嘉庚先生1913—1926年事业辉煌时期；10代表先生实业从鼎盛跌入低谷的年月；8代表1937—1945年的抗战；3代表1946—1949年的解放战争。碑座四周有雕刻着各种珍禽怪兽、奇花异草的青石杆围护。

图3-77：鳌园春晖
摄影：李鸢汉

嘉庚先生的陵墓背靠集美解放碑，面拥大海，是先生自己设计的，与鳌园同时竣工。嘉庚先生墓体呈龟形，墓盖用13块六角形的青斗石镶拼成，象征着嘉庚先生崇尚乌龟脚踏实地、谦虚谨慎的精神。

纪念碑的南侧，有八字形的照壁与嘉庚先生的陵墓为邻，该照壁的两侧刻满了石雕作品，内容涉及中央人民政府成立，工、农、渔、牧业，民族风情，文物古迹，名人题词与对联等。

墓栏屏壁内有15幅陈嘉庚先生的传记浮雕，记录着先生伟大而又平凡的一生。

　　鳌园嘉庚建筑群充分展示了闽南的石雕技艺，其题材广泛，内容丰富多样，风格各异，雕刻技艺精湛，富有强烈的民族特色，石雕内容是在陈嘉庚先生的精心构思下进行设计的，反映出先生对中国传统文化的理解和审美观。同时，先生广泛的交谊和崇高的威望使他有更多的机会接触和征集到政要名流、书法大家的笔墨精品，这也使鳌园的石刻和书法结合，达到完美的艺术效果。

　　鳌园石雕经历了"文革"及自然因素的原因，一些石雕遭到破坏，后经修复和更换，在原来的基础上增添了与时代密切相关的内容，并且新增添了一个石雕新品种——影雕，可以说这次修复是鳌园石雕的延伸和补充。

　　纪念碑前为一座高7米、宽30米的照壁，中间刻"博物观"三字，有12块浮雕，浮雕中间嵌中国、福建、台湾"三光"地图，反映陈先生期盼祖国统一的愿望。

第四节　集美幼儿园

图3-78：集美幼儿园一角　　　　图3-79：养正楼　　　　　图3-80：养正楼

位于集美学村东北隅的集美幼儿园，建于1925年，是福建省内历史较久、规模较大的幼儿园之一。其建筑群主要包括养正楼、煦春宫、群乐宫、葆真堂和膳厅等。前排为正养楼，次排中间是鲤鱼彩雕圆形喷池；西边为群乐楼，东边为煦春楼；后排居中是葆真堂，两侧为教室。建筑群中除养正楼中部为三层外，其他均为两层，总建筑面积2580平方米。曾被誉为"全国幼儿教育第一建筑物"。

图 3-81：集美幼儿园建筑一角

图 3-82：葆真堂

图 3-83：集美幼儿园建筑

图 3-84：柱

养正楼正面入口处的四根具有爱奥尼式风格的立柱丰富了该建筑物的细节表达，增添了许多美感。其建筑本身水平线条的设计、分割比例适当，并与重复的柱子形成横与竖的对比，盔顶的造型既统一又有变化，显得活泼美丽。在设计中，建筑群以"圆"为造型母题，统一的风格、流动的弧线、宜人的尺度、鲜艳的色彩为这一年龄段的孩子创造出个性化的空间，整体建筑具有典型的西洋风格，红瓦层面错落有致的穹顶，与黄色的灰泥及红砖墙身产生出既和谐又有对比的活泼的色彩效果，白色柱子在建筑立面地穿插应用，又增添了调和的色彩关系，连续的柱廊、花岗石勤脚台阶等成为这组建筑的主要特征。

第五节　龙舟池

图 3-85：集美夜色
摄影：魏可丰

图 3-86：辉映
作者：谢雨杉

　　龙舟池体现了陈嘉庚先生的理水理念，陈嘉庚先生借用海水建设的龙舟池不仅有观赏价值，更重要的是在龙舟池进行体育运动，达到增强国民素质的目的。龙舟池位于道南楼南面，宽约300米，长约800米，面积约2万平方米，通称"外池"，原系陈嘉庚先生围筑南堤后形成的池塘，是根据集美流传的民间传说设计并命名的。自20世纪50年代中后期对其不断修筑，并对堤岸及周围环境进行美化。1954年后每年端午节村民及师生都会在池中进行龙舟训练和比赛，每到此时龙舟池边人山人海层层叠叠的观众把龙舟池围得水泄不通，热闹非凡。

　　龙舟池原计划在池中心及池周围设计建筑"启明""南辉""长庚"和"左""右""逢""源"七座星亭，后因故停建"逢"、"源"、"长庚亭"也半途停工。其余四座均在70年代完工。"左亭"位于北岸道南楼前，"右亭"位于北岸华文学院南大门口，"左""右"两亭之间的"南辉亭"又名"中亭"。另外，龙舟池的南岸中段还建有一亭名为"宗南亭"，并在龙舟池的中部和西部各建一座无名小亭，所以加起来仍旧为七座星亭。

图 3-87：龙洲池夜色
摄影：朱斌

图 3-88：激情四溢
摄影：邱银施

图 3-89：龙舟池畔
作者：刘逸群

图 3-90：龙舟池畔
作者：蔡雯静

第六节　华侨补习学校

图 3-91：华侨补习学校远眺
摄影：李全刚

　　由陈嘉庚先生亲自负责筹建的华侨补习学校。始建于 1953 年，至 1959 年全部落成。建筑面积约 47000 平方米，大小建筑共 26 幢（含校区外教工宿舍），可以容纳 3000 多名学生学习和生活。在筹建华侨补习学校的七年中陈嘉庚先生除亲自选址参加规划与工程设计外，还时常冒着酷暑严寒，徒步深入工地检查施工现场并提出指导意见。学校以原航专滨海一排四幢平屋为基础向北面后山坡延伸，依山面海、坐北朝南，扩建三排校舍，每排四幢，中间教室，两旁宿舍，东西两侧修建大膳厅和厕所，将整个校舍设计为退出式

图 3-92：华侨补习学校入口

布局：一排平屋，二排两层，三排三层，四排四层。因为嘉庚先生认为走廊的设计可以让学生生活更加舒适，走廊是学生乘凉和换取新鲜空气的地方，所以每幢楼都考虑在南面或北面设置外廊，极大地方便了学生们学习。

97

　　校内楼屋之间的间隔16～18米，每幢楼房左右间隔4米，安排活动场地和道路。道路采用白石铺地，红砖镶边，中间道路宽8米，并在南北两端分别设计南大门和北大门。南大门面朝学校大操场和龙舟池，北大门朝向集美学村正中大马路。

图3-93：高低错落的侨校建筑
摄影：范宗银

图3-94：南侨十四教学楼

图3-95：拱形廊柱

图3-96：华侨学生补习学校"天南"门楼

图3-97：门拱装饰

图3-98：南侨十六教学楼

图 3-99：窗饰

图 3-100：墙与窗饰

学校第一至第四座建筑采用绿色琉璃瓦顶的中式建筑风格，屋顶及墙的处理借鉴闽南民居的燕尾马脊的形式，马脊的处理选用红砖、嘉庚瓦、琉璃瓦三种不同材质搭配应用，将绿色琉璃瓦镶嵌在红褐色中形成对比效果，窗套的设计注意细节推敲与表达，增加了装饰美感。学校第五至第八座建筑地上两层（局部地下一层）为木石混砖结构，条石围墙白灰砂浆外墙，木结构红瓦大屋顶。学校第九至第十二座建筑，地上三层（局部地下一层），其建筑结构与外部装饰与第二排一致。学校第十三至第十六座建筑地上四层（局部地下一层）钢筋混凝土木石混砖结构，外墙角柱及拱开廊柱用砖石装饰，使褐红色的红砖与灰白石材形成醒目又和谐的色彩效果，窗套处理中既有简洁的白色直线造型，又有利用红砖进行丰富造型变化的不同设计，立面腰线的设计中既有色彩的连贯性又注意造型中的起伏，使整个建筑远看色彩美丽，近看细节表达充分、生动。尤其是山花的设计，没有沿用传统的表现形象，而是以象征工农业的典型形象来表现山花的内容，显得新颖，具有时代气息。

第七节　群贤楼

图 3-101：群贤楼

摄影：常云翔

图 3-102：群贤楼的楼名题字

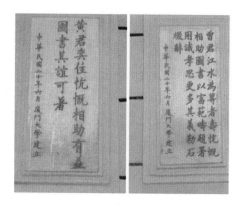

图 3-103：群贤楼的纪念捐建石碑

图 3-104：囊萤楼

群贤楼群包括囊萤、同安、群贤、集美、映雪五个建筑，也是厦大校园里最早的建筑物。最初是由美国建筑商茂旦洋行的建筑师墨菲对其进行设计，并对厦大校园进行详细规划。墨菲在总平面图中将群贤楼群设计成品字形状，陈嘉庚先生认为这样的校舍设计，必然会多占演武场地面，妨碍日后运动场的设置，因而将其改成一字形。中座面向南太武高峰，背倚五老峰中峰，沿着南普陀观音阁，正好呈一条直线，楼前场地宽阔，是辟为运动场后师生课余休息的理想之地。

图 3-105：屋顶角翼的花饰　　　　　　　　图 3-106：屋顶角翼的花饰

1921年5月9日，陈嘉庚先生特地选定在国耻日这一天，请厦大校长邓萃英及全体师生贞工到演武场，举行了隆重的奠基典礼，目的是告诫全体师生勿忘国耻，奋发图强。就此拉开了厦大校舍建筑的序幕。

1922年正月中旬，首座校舍楼完工，并命名为"映雪楼"；5月间，第二座楼舍完工，命名为"集美楼"；7月，当正中的那座楼完工后，陈嘉庚拒绝别人建议命名为"嘉庚"和"敬贤"楼而起名为"群贤"楼；接着西边的两座楼舍完工后，则分别命名为"同安"和"囊萤"楼。

群贤楼群中，以占地面积最大建筑最高的群贤楼居中，其功能主要是办公楼及会议室。1922年落成，建筑面积2593平方米。中部三层，重檐式绿色琉璃瓦屋顶，中部入口门厅立面有四根西式石柱，柱门下部有三个圆拱形石门，上部有三个田字形石窗。两侧的护楼为两层，绿色琉璃瓦屋顶（现为红瓦），二层外廊上分别竖立五个西式柱子，较好地分割了空间，使其既不影响采光又增加了美感。

群贤楼的屋顶有着典型闽南古民居大屋顶"三川脊"的建筑特色，造型高低错落，富有节奏感。重檐歇山顶绿色琉璃瓦屋顶，有着灵巧多变的造型，体现出闽南古建筑风韵。石砌的立面简洁，通过窗口柱头、拱券、屋顶、檐口部分的细节处理，传达出庄重与灵动之美。映雪楼和囊萤楼位于厦大体育场对面，是1921年5月陈嘉庚兴建厦大首批校舍之一，1922年落成，共三层，这两座建筑同为石砌墙面。楼层顶是砖木结构，80年代维修时楼层地面改为混凝土结构，从外观来看，其建筑风格更趋于西洋式。层顶为双坡顶，铺橙色机平瓦，设有出檐，整体感觉造型简洁。由于建筑整体美观，进深较大，所以，在第三层造型设计中，采用了退台式使之形成一列带露台的光线充足的房间。巴洛克式的曲线山墙为建筑增添了许多美感。

同安、集美二楼于1922年落成，为两层教学楼，建筑面积分别为1096平方米和1062平方米，其建筑特点是绿色琉璃瓦屋顶（现为红瓦），屋脊呈弧形曲线，向两端吻头起翘，秀美雅致。楼层为砖木结构，石砌墙面，下层为半圆拱券的形式，上层大的方形窗洞之间立有圆柱，使之产生方与圆的交替节奏感，既成为建筑上一大特色，又与群贤楼呼应一致，加强了相互间联系（因陈嘉庚原籍同安县集美村而得名）。

集美楼早期为厦门大学图书馆，后为教学楼，当年鲁迅先生在厦门大学工作、生活过的住所，现辟为"厦门大学鲁迅纪念馆"。群贤、同安、集美楼应该是中西结合的产物，也是将传统建筑与西方建筑配合的典型实例。

第八节 芙蓉楼群

芙蓉楼建于20世纪五六十年代，由陈嘉庚先生的女婿李光前先生捐建。"芙蓉"二字是因李光前先生祖籍是南安芙蓉村人。芙蓉楼群共四幢，以芙蓉湖为圆心形成半合围型。芙蓉第一共三层50间，于1951年落成，占地面积850平方米，建筑面积6045平方米；芙蓉第二共四层70间，于1953年落成，占地面积950平方米；建筑面积4820平方米；芙蓉第三共四层57间，于1954年落成，占地面积850平方米，建筑面积4120平方米；芙蓉第四共三层51间，于1953年落成，占地面积720平方米，建筑面积4254平方米。

图 3-107：凤凰火映芙蓉楼
摄影：董复东

图 3-108：芙蓉楼
摄影：孙爱国

图 3-109：芙蓉第四的立面

图 3-110：芙蓉第一的台基

芙蓉楼群中的四座建筑平面布局大致相同，风格上也较近似，而其中最大一座当属"芙蓉第一楼"。这座建筑自投入使用后一直是厦大化学化工学院的学生宿舍所在地。

芙蓉楼第一至第三栋建筑的立面具有明显的三段特征，底层基座高60厘米，由花岗岩砌成，利用腰线将其与上部清水外墙分开，入口上方和两侧角楼采用传统歇山顶其余部分则为连续的"断檐升箭口"屋顶形成，屋面平缓，起伏不大，与柱廊共同构成平和、庄重的整体感觉。

图3-111：芙蓉第一的墙角

图3-112：芙蓉第一的外廊

图3-113：芙蓉第四的柱饰

图3-114：栏杆柱饰

芙蓉楼主体建筑高三层，局部四至五层，顶层则设计为拱券式外廊于屋檐滴水之下。首层为梁柱式外廊，第三层的外廊采用砖石相混的拱券与砖砌的柱式相连，很典型地应用到闽南建筑中特有的"出砖入石"设计手法。一、二层外廊则采用平段连接外廊挑梁正直接搭在柱上并设平直封口石梁，另外门楣窗楣柱头梁底还设计有精细美观的砖拼图案或泥塑雕花。两侧的楼梯间及中部门厅的外墙利用石板的线条进行过渡，外墙的转角部分采用马牙石咬槎的做法，灰白色的花岗岩与暗红色的砖交叉运用，使整个建筑的外墙转角和窗套部分造型精致耐看，体现出整座建筑本来色彩的和谐与呼应。

虽然芙蓉楼群的建筑更多地参照了20年代明良楼的造型，但此时芙蓉楼群的造型中更加熟练地将中西建筑语汇融合在一起，两侧角楼屋顶与主体屋顶均采用歇山顶的造型，注意整体对称与呼应，用折线曲线的线条进行装饰与变化。外廊用花岗岩石入置在栏板的底座及压顶，中间镂空部分则采用具有闽南特色的绿色葫芦瓶花格栏杆，其浑圆变化的造型呈现柔美之风韵。屋脊为闽南特色的燕尾脊。

图3-115：翘脊花饰

图3-116：廊柱装饰
摄影：郑燕萍

图3-117：芙蓉楼背面

第九节 建南楼群

图 3-118：2006 年的建南大礼堂
摄影：常云翔

图 3-119：建南大礼堂侧面

位于厦门大学海滨的建南楼群，由李光前先生捐资兴建，陈嘉庚先生亲自督造，先后于1952年、1954年落成。该建筑包括南安楼、成智楼、建南大礼堂、南光楼、成义楼。该建筑群自西向东相距300余米，整组建筑给人以整齐、雄伟之感觉。建南楼群与群贤楼群同样是轴线对称，不同的是建南楼群与地形结合呈半月形排列。由于形式上接近群贤楼的组合方式，在厦大统以"老五幢"称呼群贤楼，以"新五幢"称呼建南楼群。同时由于邻近厦门港口的山坡上，其位置显得更加重要一些。另外，建筑上砌筑技巧及门窗洞框的装饰工艺灰白色花岗岩的雕琢程度也都比"老五幢"更加精细考究。不仅是厦门大学象征性建筑，也是厦门的标志性建筑。

图 3-120：建南大礼堂墙面

图 3-121：建南大礼堂飞檐
摄影：常云翔

主建筑建南大礼堂，高25米，进深总长65.3米，最宽处达50.15米，建筑面积5578平方米，正面入门廊的外沿也有别于群贤楼而采用四根巨大的灰白色花岗岩石柱间进出。无论是结构设计或是装饰效果都更加别致，加之圆形石柱与长方柱础的和谐搭配，一方面使圆柱更加美观大气，另一方面又不影响门廊后和中大厅的通风与采光。建南大礼堂的设计中又采用"断檐升箭口"的歇山顶，两翼采用半个歇山顶，绿色琉璃大屋面由石材构成的西式墙身与闽南当地砌筑工艺相结合，与群贤楼相比，建南大礼堂在门、窗户框的装饰上也更加讲究，图案变化多，雕刻精细，异常美丽。门廊为敞开式，通大厅的隔墙面尽量少开门，多开窗户，既能保证通风采光之需求，又能适应各种气候，尤其是抗风能力强。

建南大礼堂在底层入门廊处到门厅里有两组石板台阶踏步，外面五级，里面三级，据说是按照陈嘉庚先生的意图设计的，意为中国人民经历八年抗战与三年解放战争所取得的胜利。底层门廊大厅中间的大门对拱采用辉绿岩雕刻着龙虎图案，象征坚固与威力。楼前有20余米长的五级台阶，建筑雄伟高大，气势非凡。

位于建南礼堂两侧的南安楼、成智楼、南光楼、成义楼，其设计采用以建南大礼堂为中轴的左右对称式布局。南光楼，又名厦大化学馆，与东西的南安楼相对称。共三层47间，建筑面积4518平方米，双坡红瓦屋顶，外墙由毛面花岗岩构成外墙角柱由花岗岩与红砖拼砌，在端庄中呈现变化。楼内原设有教室、实验室、图书室、教授及学生的研究室等。楼名系从"南安""李光前"中各取一字而成，借以颂扬捐资人的奉献精神。

南安楼又名厦大数学馆。位于建南大礼堂东侧，与西面的南光楼相对称。建筑面积4614平方米。共三层40间，1954年落成。其建筑面积、外观与南光楼一致。建成后作为数学系、物理系合用的大楼。楼名由捐资人李光前的原籍地名命名。

图 3-122：成智楼

图 3-123：南安楼

成义楼又名厦大生物馆。位于南光楼的西侧，与东面的成智楼相对称。建筑面积5710平方米，共四层49间，1952年落成。毛面花岗岩外墙，墙角柱花岗岩石材与红砖拼砌，双坡红瓦屋顶。陈嘉庚先生于20年代在厦大建成一座生物学院大楼，抗战期间毁于日军战火。成义楼即是按照生物学院大楼的原貌，在原址上重建而成。楼名由李光前之长子的名字命名。

成智楼又名厦大图书馆（旧馆），位于南安楼东侧，建筑面积3848平方米，正面四层，背面由三层减至二层，共32间，1954年落成。外墙面由毛面花岗岩石组成，墙角柱由花岗岩石与红砖拼砌而成，双坡红瓦屋顶。楼内原设有阅览室、古文和外文书库、个人研究室、装订修补室等。楼名由李光前之次字的名字命名。

建南楼群整体建筑外观给人以雄伟、庄重的感觉，其中建南大礼堂的细部装饰最为丰富、精细，无论是造型或是色彩，都经得起推敲。材质的合理对比，色彩的艳丽与稳重，都安排得恰到好处。而两侧的四座建筑，则相对简洁、端庄一些，这样又使得中间的主体建筑更加突出、明确。突出了中央部分的传统屋顶造型，设计中注重水平线条的组织与处理，注意两端建筑与中央的均衡，既主次分明又首尾呼应。

图 3-124：南安楼柱饰

图 3-125：南光楼柱饰

图 3-126：建南礼堂的石柱

图 3-127：仰视建南礼堂
摄影：刘艳

第四章　嘉庚文化环境的教育内涵

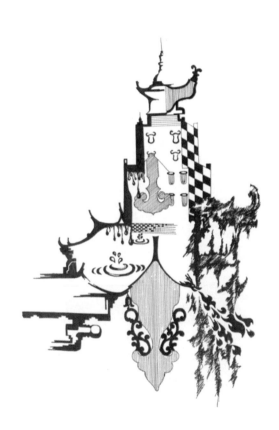

图 4-1：嘉庚故里
作者：黄蕾

图 4-2：嘉庚故里
作者：陈梦萍

　　"历史建筑"也可以称作"历史性建筑"。英国国际古迹及遗址理事会主席、罗马 ICOMAS 总主任、UNESCO 文物古迹保护顾问伯纳德·费尔顿（Bernard Feilden）认为："历史性建筑是能给我们惊奇感觉，并令我们想去了解更多有关创造它的民族和文化的建筑物。它具有建筑、美学、历史、记录、考古、经济、社会，甚至是政治和精神象征性的价值，反映城市风貌特色和地方特色的建筑物。但最初的冲击总是感情上的，因为它是人类文化自名性和连续性的象征——我们传统遗产的一部分。"[①] 历史建筑不但体现了特定时期的建筑风格和设计手法，而且体现了当时的建筑技术和建筑艺术，还体现了民间文化的丰富性。它在一定程度上反映了特定时期的经济和社会发展的真实状况，也是人类对一定历史时期环境和社会的认识和理解的记录。历史建筑是该特定历史时期创造力和精神的表现，展现给我们的不仅是它的外观，更蕴含了其特有的个性和魅力，甚至是一定历史阶段的灵魂，这是其他事物无法代替的。历史建筑伴随着历史的进步，它的社会和经济价值也会变得越来越高。每一个历史建筑就好比是一个历史时期的灵魂，它会随着生命的持久，显现出顽强的生命力，被人们重视的程度也就会越来越高。所以，历史建筑拥有的价值不能简单地去衡量，而是需要我们在深入认识和理解中充分尊重。

　　建筑具有物质、精神双重性，由于建筑与人类生活的密切联系、巨大的艺术表现力量以及它与人类文化深刻的同构对应关系，杰出的建筑艺术作品

———————————

① 陆地. 建筑的生与死——历史性建筑再利用研究［D］. 南京：东南大学出版社，2004.

都是文化最鲜明、最深刻也是最长久的体现。我们可以透过嘉庚建筑认识集美学村和厦门大学的历史,认识陈嘉庚先生的文化与精神品质,认识隐藏在建筑形式之下深厚的民族文化。嘉庚建筑以闽南特殊地域社会生活环境和文化环境的物质依托作为建筑的载体,陈嘉庚先生对校舍的规划,强调科学性,强调与自然的和谐,根据经济、实用、美观的原则,结合使用乡土材料,展示了人工与自然环境之间的和谐统一。嘉庚建筑从更广泛的角度去解释传统,从空间构成、装饰材料、建筑布局、序列组合等方面创造出具有西方建筑和闽南特色有机结合的嘉庚建筑形象,它通过新的技术、材料、思想、结构,用自己的语言阐释了建筑的美。

嘉庚建筑代表闽南华侨办教育历史过程的重要证明与实体,具有重要的历史意义与社会价值:一是艺术价值:嘉庚建筑与环境所包括的建筑艺术、雕刻、建筑工艺等所具有的艺术及专业价值;二是环境价值:嘉庚建筑及环境本身就是一种独特的环境和景观,既具有厦门的标志性,又构成了所在地域的基本面貌和文化氛围,对进入此地域的新建筑环境具有约束性和引导作用;三是审美价值:嘉庚建筑及其环境和谐的比例、完美的造型、精巧的工艺带给人们高度愉悦和丰富的审美感受;四是人文价值:嘉庚建筑含有地域和历史特色的文化象征,在当今社会和文化情境中具有功能作用和使用价值。

图4-3: 航海
作者: 罗馨萍

在嘉庚建筑的集中地厦门大学和集美学村,嘉庚精神呈现出城市区域的场所精神,建筑的每一个细节都表现了深厚的文化底蕴,耐人寻味。其价值和内涵是非常丰富的,这里着重讨论嘉庚建筑具有的场所精神、艺术、教育价值和意义。

第一节 嘉庚建筑的场所精神

一个好的场所，它的精神是层次丰富的，能被不同文化背景和年龄层次的人接受。"不同的文化产生了不同的建筑环境，因而也就划定了人们环境经历的基本框架。文化在此被理解为共享生活方式的人群。"场所精神是挪威建筑理论家诺伯格·舒尔茨在1980年的《场所精神》一书中提出的："场所精神就是在特定的环境中，在文化积习和历史积淀下形成的具有时空限制的外在意义空间。场所精神是建筑现象学的核心概念和中心议题。场所精神是一种氛围，一种导向，一种活力。场所精神无处不在，任何成功的事物都缺不了一种富有张力的场所精神。"[①]场所精神的特征是由两个方面内容所决定的，一方面它包括外在的实质环境的形状、尺度、质感、色彩等具体事物所蕴含的精神文化；另一方面包括内在的人类长期使用的痕迹以及相关的文化事件。我们诠释场所最终也是为能表达这样一种源于场所、高于场所、"神形合一"的令人感动的精神意义。

嘉庚建筑风格映射出陈嘉庚先生的人文精神与教育理想，嘉庚建筑反映了陈嘉庚先生爱国、为民的精神，嘉庚精神中含有大量的社会改革因素，嘉庚建筑是人文新精神的载体，他很早就认定教育不但是切实的有助于革命、有助于国家，更是启迪民智的千秋万代的事业。嘉庚风格校园的建设是陈嘉庚用以体现其新思想面貌、新人格的载体。嘉庚建筑从一个侧面映射出陈嘉庚先生是一位伟大的爱国主义者，他一生都坚持民族团结和民族尊严，并为祖国的繁荣和建设倾尽全力。87年的人生生涯赋予了他在政治、经济、社会活动、文化教育等方面的崇高的品质，构造了"嘉庚精神"。这种精神集中表现在他对祖国的无比热爱，对教育事业的高度重视，对巨大财富的无比奉献，和对一切不公正现象敢于坚持真理，不怕任何压力的大无畏精神。陈嘉庚先生的爱国主义精神是"嘉庚精神"的核心，这也是一种民族精神。民族精神

---

① 诺伯格·舒尔茨. 场所精神——迈向建筑现象学［M］. 施植民，译. 武汉：华中科技大学出版社，2010.

是一个国家的脊梁，是一个国家在历史的变迁、国与国的竞争中永不落败、永不消亡的支撑和动力。陈嘉庚先生一生艰苦创业，一生倾资兴学，一生忠贞爱国，他的一生孕育了伟大的嘉庚精神。

　　透过嘉庚建筑我们可以看到嘉庚先生的社会意识、精神特质和富有生命力的优秀思想品格、价值取向和道德规范。陈嘉庚长期办学形成的教育思想和良好的育人环境，使一代又一代莘莘学子受益无穷。嘉庚的办学思想是校园建设的文化基石，嘉庚精神始终是集美学校和厦门大学前进发展的不竭动力。1918年3月，陈嘉庚先生创办集美学校师范部；1920年创办集美学校水产航海科，同年创办商科。后来经过几十年的建设与发展，师范部发展成为集美高等师范专科学校，水产航海科发展成为集美航海学院，商科发展成为集美财经高等专科学校。1923年，陈嘉庚先生曾明确提出要将集美学校办成集美大学。此时的集美学校，教学设备完备，名家名师云集，师生思想活跃，学术氛围浓厚，充满了活力。当时著名散文作家、画家孙福熙在《社会与教育》杂志上发表文章，称赞学校是"世界上最优良、最富活力的学校"。厦门大学由于从一开始兴办时起点就比较高，陈嘉庚对厦门大学的建设可谓是全力以赴，从校长的选拔到教师的安排以及专家的聘任都亲力亲为、严格要求。1926年曾在厦门大学任教的鲁迅先生，对陈嘉庚精神给予了高度评价："我看最主要的一点，就是陈嘉庚痛感我国国弱民愚，内困于迷信、械斗，外愤于日人侵侮欺凌。长此下去，我国不受制于日人，亦将沦亡在旦夕。为此他才决定倾家办学，期望国振民智，兴邦之道，教育为本，嘉庚先生高瞻远瞩，胸怀宽广，深思熟虑，挽华夏于濒危之际，这是他生平大志，对我国影响至为深远，真可谓是前无古人，后领来者，德范长存，这才是我最为折服钦敬的……我不是为谁而来的，只是受到嘉庚的精神感召，为闽中弟子效劳

图4-4：群贤楼
摄影：何松青

而已。"①

第二节 结合自然、关注发展的科学规划设计理念

一、风水理论科学成分的吸收

首先，嘉庚建筑在选址、规划、布局、设计建造上充分体现了科学的原则。受传统文化的影响，陈嘉庚先生在选择校址时请风水先生帮助勘察，吸收了风水理论的科学成分。

风水研究，在我国有着悠久的历史，风水理论有一定的科学性，符合系统论的观点。它所包含的审美观对城市规划和住宅设计、景观设计产生了很

大的影响，在建筑上具有很强的适用于自然生态性的原理。"风水建筑强调建筑物的自然环境氛围，比如说植被茂盛，背山面水，视野开阔等。在布局时建筑和建筑、建筑和山水、建筑和植被、风向的对应关系，把建筑放在一个系统中进行思维。在建筑过程中，点和面的关系，单体建筑和建筑群的关系，时间和空间的关系，山和水的关系，还有

图4-5：秋色
作者：郑依芃

阴和阳之间的关系都要巧妙地配合起来，所以风水建筑思维实质上是一种建筑系统论的思维。"②

---

① 杨岳.鲁迅谈论陈嘉庚［J］.集美校友，1988（4）：4.
② 范静.风水建筑的文化表征及意义［N］.建筑时报，2005-07-11.

图 4-6：集美延平楼

图 4-7：厦门大学建南楼群

它有几个基本要素：第一个是因地制宜，也就是根据当时当地的自然条件和大环境、地理状况来选址、设计。第二个是采取最经济最天然的手段去抵御各种不利的因素。风水布局本身就是一种最经济的设计手段，避免一些不利因素。第三个是顺应自然，融于自然，并"依靠人的智慧"即靠人的悟性去体验自然条件和自然环境，选择一个良好的风水环境。还有一个则是中国传统文化特色。

厦门市位于东经118° 04′ 04″，北纬24° 26′ 46″，地处我国东南沿海——福建省东南部、九龙江入海处，背靠漳州、泉州平原，濒临台湾海峡，面对金门诸岛，与台湾宝岛和澎湖列岛隔海相望。总体气候比较温和，雨量充沛，属海洋性气候。气候宜人，四季常青，旅游资源丰富，具有山、海、岩、洞、园、花、木诸种神秀，加之名人古迹和具有特色的民俗文化乡土风情，是一个理想的学习生活的地方。陈嘉庚先生在建设规划中的选择背山、面水、临木，使通风、光线和日照问题得到很好的解决。背山，可以阻挡北面来的寒风；面水，夏季可以充分迎接东南海洋的湿润凉风；负阴朝阳，可以获得良好的日照和避免直射；而临木，可以利用植被调节小气候，这跟当今提倡的生态规划、保护环境是一致的。

　　从填池作为集美小学校址就可看出陈嘉庚先生在选址上的才智："集美乡住宅稠密，乏地可建，且地形为半岛，田园收获不足供二个月粮食，村外公私坟墓如鳞，加以风水迷信甚深，虽欲建于村外亦不可得。幸余住宅前村外之西有大鱼池一口，面积数十亩，系昔从海滩围堤而成。乃以二千元向各股主收买，作集美校业。从池之四周开深沟，将泥土移填池中，作校址及操场，高五六尺，俾池水涨时，免被侵及。即鸠工建筑校舍，可容学生七班，及其他应需各室。"[①]"盖校舍四周围环以绿水，为一个人造的岛屿，北靠天马山，南临高崎海，青山环抱，绿水围绕，海水晨夕来朝。自然的环境，堪称优美，实为理想上的教育圣地……"[②]从风水角度看这种选址符合现代生态保护的要求。建筑顺应自然、融于自然，强调顺应自然条件，建筑与自然环境融为一体，具有鲜明的生态适用性。

图4-8：陈嘉庚先生遗著
出处：《陈嘉庚》，文史资料出版社1984年版

　　陈嘉庚先生选址除了吸收风水理论融于自然的因素外，还考虑到要有宽阔的面积有足够的学习生活空间。1919年陈嘉庚先生回国，"念广东江浙公私大学林立，而闽千余万人，公私立大学未有一所，不但专门人才短缺，而中等教师亦无处可造就。乃决意创办厦门大学"。创办厦门大学时即与黄炎培

---

①　陈嘉庚.南侨回忆录［M］.北京：中国华侨出版社，2014.

②　资料来源：林沙论坛 http：//home.live.com/?mkt=zh-cn.

"一起设计筹建厦门大学，一起去南普陀选定校址……"①根据陈嘉庚《南侨回忆录》创建厦门大学的记载，可以看出陈嘉庚先生选址时的深谋远虑，他说："校址问题乃创办首要；校址以厦门为宜，而厦门地方尤以演武场附近山麓最佳，背山面海，坐北向南，风景秀丽，地场广大……厦门虽居闽省南方，然与南洋关系密切，而南洋侨胞子弟多住厦门附近，以此而言，则厦门乃适中地位，将来学生众多，大学地址必须广大，备以后之扩充。""教育事业原无止境，以吾闽及南洋华侨人民之众，将来发展无量，……故校界之划定须费远虑……计西自许家村东至湖里山炮台，北自五老山，南至海边，统计面积二千余亩……概当归入校界。"②

　　陈嘉庚选址、规划建设是以一种开放的胸怀来进行的，他对选址的地理位置与未来发展有深刻地分析："厦门港阔水深，数万吨巨轮出入便利，为我国沿海各省之冠。将来闽省铁路通达，矿产农工各业兴盛，厦门必发展为更繁盛之商埠，为闽赣两省唯一出口。又如造船厂修船厂及大小船坞，亦当林立不亚于沿海他省，凡川走南洋欧美及本国东北洋轮船，出入厦门者盖当由厦大门前经过，至于山海风景之秀美，更毋庸多赘。""台湾统一后，将有万吨十万吨的外国和本国的轮船从东海进入厦门，让他们一开进厦门港就看到新建的厦门大学，不，看到新中国的新气象。那巨大的客轮中将载来许多来厦门大学、集美学校学习的华侨子弟。"③

　　陈嘉庚先生在建筑选址上的背山面水、避风聚气、植被茂盛、视野开阔等，处处都体现出传统的自然美学，比如重视左右对称、左右环抱、后高前低、前屏后障，形成合理的空间布局；并且特别强调空间排列，主次分明，建筑群强调主楼的核心位置，副楼则处在右护左持的位置上，符合风水理论中的系统思维。陈嘉庚先生的这些思想主张，决定了厦门大学群贤建筑群和建南建筑群这两组主要建筑的布局面朝大海，在天风海涛里庄敬自强，展示出厦门大学无与伦比的风姿。

---

①　陈永水.浅论陈嘉庚先生的人道精神［J］.陈嘉庚研究，2006，23.

②　陈嘉庚.南侨回忆录［M］.北京：中国华侨出版社，2014.

③　陈嘉庚.南侨回忆录［M］.北京：中国华侨出版社，2014.

二、对体育、卫生、经济及科学性的重视

　　嘉庚建筑功能的多样性显示了陈嘉庚先生重视科学教育的思想，陈嘉庚先生以"国民天职"办教育。"他办教育不是办一所或数所学校，而是创办了中国一个现代教育体系，从幼儿园、小学、中学，直至大学。办教育过程，也是陈嘉庚先生不断创新过程。"①他说："何谓根本？科学是也。今日之世界，一科学之全盛之世界也。科学之发源，乃在专门大学。有专门大学之设立，则实业、教育、政治三者人才，乃能辈出。以教育言，有良好之大学，自有良好之中师。有良好之中师，自有良好之小学。譬植树焉，不培根本，枝干何处发达，理势然也。"

图4-9：鳌园左右门额横批"卫生""体育"

　　陈嘉庚先生对卫生科学与人的健康特别关注，编写了《住屋与卫生》一书，详细介绍新加坡及西欧各国的经验，并将该书赠送国内各省，他认为卫生为建国的首要，人民身体的强弱、寿命的长短与国家的命运密切相关。陈嘉庚先生在创办集美、厦大二校，倾资兴学的同时还创办医院场馆，为我国卫生建设、为中华民族健康尽心尽力。"陈嘉庚先生创办的集美各校及厦门大学都建有体育馆、篮球馆、足球场、排球场、游泳池及大小体育场。"②1952年，为解决集美居民中困难户的生活问题，组织他们在滩涂上挖泥筑岸，发给劳动报酬，并由建筑工人完成池岸砌石工程，建成龙舟池。龙舟池呈椭圆

①　资料来源：林沙论坛 http：//home.live.com/?mkt=zh-cn.

②　资料来源：林沙论坛 http：//home.live.com/?mkt=zh-cn.

形，长约1公里，宽160余米，面积达10余万平方米。之后，陈嘉庚先生又建造了可坐16人的彩色龙舟10艘。陈嘉庚先生回国定居以后，集美学校每年都举办大规模运动会，曾多次举办过龙舟竞渡。1957年举办的龙舟竞渡是规模较大的一次，由陈嘉庚先生亲自主持。

陈嘉庚先生十分提倡科学卫生的建筑设计，指出"有益卫生诸事实，且言日后重建，应当取法"，新建筑"势必以求最近代化，以适合卫生"，"凡全国各城市，不论被炸与否，均应预为全盘计划。至于乡村应当从易于办到者着手改善"[①]。他的专著《住屋与卫生》从国民死亡率的比较和建筑高低、密度、空间比例、开窗多少、大小以及对当时我国住房及不合卫生之处提出改进意见，指出必须高度重视卫生与建筑的高度。

陈嘉庚先生在他自己督建的建筑上，更是认真贯彻其建筑科学卫生的理论。例如把美国建筑师墨菲的厦门大学规划方案进行的修改，把"品"字形改为"一"字形，每个建筑空间都有良好的通风和采光。建筑前方还可以留出充裕的场地作运动场。"夫毛惠（莫菲）绘师之'品'字形者，亦有一种美术，若今日改横为纵，则'品'字反背矣。盖屋前左右各一座，乃毛惠之绘式，而非屋后亦可左右两座也。美术既不成，方向又失利，缘西照最烈，失南风之益，故不敢赞同之理由。"[②]"以其（品字形校舍）多占演武场地位，妨碍将来运动会或纪念日大会之用，故将图中品字形改为一字形，中座背倚五老山，南向南太武高峰。"[③]

图4-10：福东楼

陈嘉庚先生十分善于发现建筑中的不足，从各个建筑中获得经验："学生宿舍不拟采用博学楼或映雪楼的形式，因为光线不足，应当采取集美学生宿

---

① 陈嘉庚.南侨回忆录［M］.北京：中国华侨出版社，2014.

② 资料来源：1923年2月3日致陈延庭信.

③ 陈嘉庚.南侨回忆录［M］.北京：中国华侨出版社，2014.

舍的样式建筑。"① "如得加建（五脚气），不惟要有休息或看书之处，且更雅观。然需加费许多项，此项事当先论外观有无关系，照来图为坐北向南，南北两面均无五脚气，东西两面仅西面尚有之。西向有五脚气，实为势所必然，既可防西照日之炎，又可当外观之方面，建五脚气甚为得意。东向可免之。若南北两向，如异日无别屋遮塞者，弟意仍建五脚气为佳，如后日需建之屋能遮塞者，则勿建也。"②

在集美大学和厦门大学建的建筑群墙面尽可能大面积地开窗，"成智楼在每两个2.5米宽的长方形大窗户之间的墙面上还增开了1.5米宽的正方形小窗洞，使室内教室的光线更加充足，符合照明要求"。③

陈嘉庚学习西式建筑的卫生、舒适、科学性，并在集美学村和厦大的建设中实践应用。"早期嘉庚建筑卫生间独立设置在主体建筑之外。传统福建民居的卫生间也是和主体建筑分离的，而且厦门大学、集美学村所选用地在当时都比较偏远，市政管道和其他卫生条件匮乏。在这种情况下采用这种形式，虽然使用上不是很方便，但是保障了学习环境的整洁、空气清新。"④

图4-11：芙蓉楼走廊

陈嘉庚先生对建筑的细节与人体工程学也认真思考，一丝不苟。在兴建华侨博物院的过程中，原建筑的台阶为箕斗形，陈嘉庚几次站在大楼台阶前，反复观看，对负责工程的陈永定说："大楼门前的石阶是大众参观必经之地，要雅致美观，石阶应改为半月形，且每层阶石须宽一尺一寸较好上落。"⑤过后又给陈永定书信交代石阶的造型，"永定侄：博物院门前石阶体式不甚雅观，

①　资料来源：林萼给王亚楠校长信转达陈嘉庚先生对厦门大学校舍建造的意见. 厦门大学校史.

②　资料来源：1923年5月6日陈嘉庚给陈延庭的信.

③　谢弘颖. 厦门嘉庚建筑风格研究［D］. 杭州：浙江大学，2005.

④　谢弘颖. 厦门嘉庚建筑风格研究［D］. 杭州：浙江大学，2005.

⑤　曾讲来. 陈嘉庚研究文选［M］//陈永定. 莫道桑榆晚为霞尚满天. 厦门：厦门大学出版社，2007.

不若半月圆式之准，兹将改为半圆式与本校水族馆前一样，然每阶阔必有十尺方好上落。告刘工程师另绘图出办开石坯开琢，或需来水族馆前参观然后开石。石阶为本院重要大众参观经过，要雅妙美观为至要。其旧石阶待新石阶换过后打包托运来本校。"[1] 陈嘉庚在1923年2月28日给叶渊的信中对集美教员住宅的建造就尺寸问题提出意见："教员住宅之建于和处，总是屋身不甚正差（不好），如来图一房一厅进二丈四尺，屋既小，而住楼上之人，上落必经楼下之厅房则不妥。走廊四尺亦嫌太小……'五脚气'留八尺，亦有至十尺，最合休息之佳地位。"[2] 陈嘉庚在1923年3月4日与陈延庭讨论学校建筑的建造时也曾说道："至三楼，下高十五尺，楼上高十尺，当然不和。盖上层之减下层不合，差五尺多，定失配合之程序，而害雅观，如下层一丈五尺，则上层至少一丈二尺，方配得过。此后建筑，切记为仰。"[3]

图4-12：尚忠楼学生宿舍廊柱装饰

　　嘉庚建筑在功能和感觉上都构成一种和谐的、科学的尺度，具备审美和功能的协调统一。嘉庚建筑的人体尺度标准，是在适合人的居住的功能要求上自觉形成的，符合人体工程学的有机规则。因此嘉庚建筑中的尺度相当规范，比如栏杆、扶手、阶梯、座凳都参照了人体尺度制作。在考虑教学大楼立面尺度效果时，首先确定阳台栏杆的高度值，然后在它的造型，及其配置的窗的位置、墙体的分划等地方作变化，以求得尺度感的协调。楼梯踏步，

　① 资料来源：1923年5月6日陈嘉庚给陈延庭的信.

　② 资料来源：1923年5月6日陈嘉庚给陈延庭的信.

　③ 黄顺通，刘正英.科教兴国的先行者陈嘉庚［M］.北京：中央文献出版社，2001.

参照一种人体习惯动作的尺度来制作，使人上下楼时感到轻松自然。

图 4-13：华侨博物院
摄影：周红

在嘉庚风格建筑中，强调了适用、经济、坚固、美观的原则，从设计、施工到用料，嘉庚先生都亲临现场督导，精打细算，一丝不苟。为节约建造成本，嘉庚建筑的建造尽量减少使用须用外汇购买的钢材和水泥，大部分采用闽南当地的石木、砖木结构。"福建地区的主要地方材料为土、木、竹、石、砖、瓦、灰等。福建省的土壤多为红壤和砖红性红壤，二者加起来占全省土地总面积的81.24%左右。这两种土壤肥力低，水土流失严重，并有干、瘦、酸等特点，生产力较低。但拿它来做建筑的墙体材料却十分合适，只要与沙、灰混合成一定的配合比，就可以造出高达4～5层楼高的墙体。"①

陈嘉庚先生充分开发地方材料，自己烧砖瓦、白灰。"早在20世纪初，他开始兴建集美学村之时，就与龙海等地的专用的砖瓦厂挂钩，按自己要求生产特殊规格与统一规格的砖瓦，最有名的是规格为橙色带些釉面的大瓦片，人称'嘉庚瓦'，简称'庚瓦'。这种瓦片，在闽南厦门地区的建筑上越来越广泛应用。"②

为了适应大规模建筑校舍的需要，"陈嘉庚特地于一九五〇年十二月成立

① 陆元鼎，杨谷生．中国民居建筑［M］．广州：华南理工大学出版社，2003.

② 陈天明．厦门大学校史资料（第八集）厦大建筑概述［M］．厦门：厦门大学出版社，1991.

厦门大学建筑部，聘请陈延庭任建筑部主任，招收闽南各地石匠、木匠、泥水匠千余人，组成基建队伍，并在龙海县石码镇设砖瓦厂，烧制砖瓦，石料多就地开凿石山取用，以节省运费，木料则向山区采购。对于当时需要从香港进口的钢筋、水泥和小五金等，他都精打细算，实在没有别物可代时，才同意采购一些。由于他领导有方，校舍建筑工程，进展得十分顺利。"①

地方材料石材得到了充分应用。不仅外墙用清水花岗岩，建筑梁柱、楼梯、门窗洞的台、嵋、线脚也用石材，并且大量运用石雕，石材加工工艺精细、美观、耐久。厦大早期建筑建设采用的石材开采于校园后面的不见天山、顶沃厝山和蜂巢山。厦门大学所处位置石材原料丰富，在建筑材料的获取上具有得天独厚的优势。"左右近处及后方坟墓石块不少，大者高十余尺，围数十尺。余乃命石工开取作校舍基址及筑墙之需，不但坚固且亦美观。"②

嘉庚建筑在材料上大量应用白色的花岗岩、釉面红砖、橙色的大瓦片和海蛎壳砂浆等闽南本土化材料，既大大减少了工程造价，又使嘉庚建筑具有浓厚的地域风格。

图4-14：建南楼群之成义楼

陈嘉庚曾说："凡本地可取之物料，宜尽先取本地产之物为至要。不嫌

---

① 王增炳，余纲.陈嘉庚兴学记［M］.福州：福建教育出版社，1981.

② 陈嘉庚.南侨回忆录［M］.北京：中国华侨出版社，2014.

粗，不嫌陋，不求能耐数百年，不尚新发明之多费之建筑法；只求间隔合适，光线足用，卫生无缺，外观稍过得去。"① "能免费少资，粗中带雅之省便方可也。" "余料不出二三十年，世界之建筑定必更大变动，许时我厦大师生额万众，基金万万，势必更新屋式及合其时科学之用法，故免作千百年计，而作三五十年计已足矣。"②

图 4-15：简单处理的建筑后墙

图 4-16：航海俱乐部

特别有意思的是，嘉庚建筑正面的精雕细刻华美艳丽，与背面的简洁简单处理形成的强烈对比，反映了陈嘉庚先生经济实用、美观相统一的建筑思想。"嘉庚风格建筑正面与背面不求统一，而更注意每个立面与所对应的建筑环境协调一致。"③

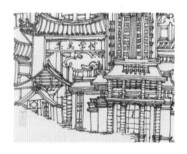

图 4-17：集美学村
作者：郑依芃

图 4-18：2008 年的芙蓉楼
摄影：常云翔

---

① 资料来源：1923 年 4 月 15 日陈嘉庚给陈延庭的信.

② 资料来源：1922 年 12 月 26 日陈嘉庚写给陈延庭的信.

③ 梅青.嘉庚建筑与嘉庚风格［J］.建筑学报，1997（4）.

图 4-19：南薰楼

图 4-20：绿树掩映的嘉庚建筑

三、建筑与自然环境的结合

"建筑环境是由自然元素和人造元素组成的整体，这两种元素基本质量的相互作用与联系产生了建筑环境的基本质量。"[①] 嘉庚建筑以建筑的高度的适应

图 4-21：延平楼一角
摄影：周扬

性与对建筑环境意象的讲究，在设计思维上追求建筑与环境、与自然的亲和与结合，表现出整体和谐的思维取向，达到同周围环境的形神相通。置身其中，可强烈地感受到建筑对自然的回归感和建筑与环境的亲和感。陈嘉庚建筑"折射出陈嘉庚先生丰厚的建筑艺术修养和尊重自然、以人为本的建筑思想。他兴建的一系列校舍大都'依山傍海，就势而筑'，有的利用原有的地形地貌加以改造，有的配以楼台亭阁点缀自然景观，有的将雕刻、绘画、园林艺术融入其间，较好地处理了建筑与环境的关系，使人工美与自然美、整体美与局部美交相辉映，和谐统一"。[②] 建筑规划上追求与自然山水环境有机结合，显示出人与自然的和谐，在集美

① 扬·盖尔.交往与空间［M］.北京：中国建筑工业出版社，2002.
② 陈耀中.陈嘉庚建筑图谱序［M］.香港：天马出版有限公司（香港），2004.

学村的规划上充分利用三面环水，一面向海的盆地，凭借地形形成良好的对景关系和空间向心感。各组建筑内部有一定的轴线关系，通过道路的曲折蜿蜒，使空间和景观随之始终处于变化之中。另外，校园中还散点式地布置了桥、亭等景点。建筑风格上中西并蓄，但布局上又颇富中国园林自由活泼中又不失精心组织的传统意趣。陈嘉庚的规划设计思想在给叶渊的信中表露无遗："论集美山势，凡大操场以前之地不宜建筑，宜分建两边近山之处。唯从海口看入，直达内头社边之礼堂，而从大礼堂看出，面海无塞。大操场、大游泳池居中，教室数十座左右立，方不失此美丽秀雅之山水。"[1] 说明了陈嘉庚以自然为依据进行建设的观念，他说："厦大校舍之最重要不出三件事。第一件就是地位之安排，因关于美术上之重要及将来之扩充是也。其次就是间隔与光线……第三便是外观。"[2]

图 4-22：南薰楼

陈嘉庚的《演武场校址之经营》一文，记录了对厦大规划思想："地界面积二百余亩，下系沙质，雨季不湿，平坦坚实，细草如毯。北负高山，南临海洋，西近厦港许家村。"西南"两方面无扩展可能。北虽有高山若开辟车路，建师生住宅，可建许多层级由下而上，清爽美观，至于东向方面，虽多阜岭起伏，然地势不高，全面可以建筑，颇为适宜"。此时的陈嘉庚已对整体环境有了把握，他说："厦大今无异于一匹新布，任我剪作何式衣裳若干件，预有算划，庶免后悔。"[3]

图 4-23：延平楼

① 给叶渊的信.

② 陈嘉庚.南侨回忆录［M］.北京：中国华侨出版社，2014.

③ 1924年3月8日陈嘉庚写给陈延庭的信.

第三节　思政育人的建筑环境

　　陈嘉庚先生是一位坚定的爱国者，"教育兴国"是他一生的思想和办学理念。他希望通过办教育改变中国贫穷落后的状况，我国伟大的文学家、教育家鲁迅先生在评价陈嘉庚的伟大之处时说："我看最主要的一点，就是陈嘉庚先生痛感我国国弱民愚，内困于迷信、械斗，外愤于日人侵侮欺凌。长此下去，我国不受制于日人，亦将沦亡在旦夕。为此他才决定倾家办学，期望国振民智……"[①]

　　陈嘉庚从办教育的初衷、类型，到建筑选址、规划、布局、空间，甚至校训、建筑的命名，都注重对学生的爱国主义教育，在提高国民素质的同时，培养他们的民族精神与民族尊严，以期达到教育立国，"兴学即所以兴国"的理想。

图4-24：建盖大小担山寨城记略

　　"学校选址，颇费嘉庚心思。他在建集美学村时，选在延平故垒一带。他认为'颇表示我汉族独立精神，故保存之，以示后生纪念'。学习民族英雄郑成功敢与西方扩张主义相抗衡，收复台湾，并取得胜利精神。陈嘉庚不但要'后生纪念'"，而是自己先体力行，如他在新加坡与英商抗衡，学习郑成功以商养战，走出一条以商养学新路子。"[②]南薰楼与延平楼为邻，西靠黎明楼，高耸云天的那座大楼叫作南薰楼，它建于1956年，高15层。主楼从7层开始，层层紧缩，最顶端15层建了方亭。整座楼左右两边各伸展5层，顶上各建一个八角亭，别具一格，引人瞩目。建设南薰楼倾注了陈嘉庚先生的心血，陈嘉庚先生不仅从教学需要的

---

①　杨岳.鲁迅谈论陈嘉庚［J］.集美校友，2005.

②　林沙论坛［D］http://home.live.com/?mkt=zh-cn.

角度认真考虑，精心策划，而且顾及民众的利益，全面衡量。陈嘉庚先生认为，集美与高崎隔海相望，各种船只来来往往。自古以来，急风暴雨夺取宝贵生命。于是陈嘉庚先生决定选择临海高地，建成15层高的南薰楼，在楼顶上建一个亭子，安装一个巨大的时钟和一颗大型灯泡，为海上船只指引方向，播报时间，体现了对人的关怀。

嘉庚建筑在设计上还带有华侨特有的爱国主义情感宣泄的象征性："陈嘉庚先生在南洋20余年，亲身经历了帝国主义殖民者的欺凌压迫，尝尽了洋人趾高气扬的滋味，心灵深处受到极大的创伤。他发明创造了把闽南的燕尾脊、马鞍脊和中国传统的歇山顶，压在西洋建筑上，以表现中国人的自尊，他长久以来被压抑的心情得到了宣泄，从而获得了扬眉吐气的快感。这就是'穿西装，戴斗笠'的'嘉庚风格'建筑的心理特征。这一点外国人都感觉出来了，美国人毕腓力在《Inand about Amoy》一书中直言：'这是由于华侨在海外遭受欺凌，因而在建造房子时产生了一种极为奇怪的念头，将中国的屋顶盖在西洋建筑上以此来舒畅他们饱受压抑的心情。'"①

为了适应闽南地区气候湿热的特点，嘉庚建筑设计窗户特别大，门也比较开阔，采光通风效果好，在各楼的南面甚至南北两面均设有外廊，可以遮风挡雨，避免日晒。大多数建筑物周围都留有足够的运动空间，适宜师生学习、运动和居住生活。充分体现了陈嘉庚先生丰厚的建筑艺术修养和尊重自然、以人为本的建筑思想。

图4-25：道南楼与南薰楼大面积的窗户

---

① 杨岳.鲁迅谈论陈嘉庚［J］.集美校友，2005.

陈嘉庚重视女子教育，1917年2月，他创办了集美女子小学，并规定凡是上学的女孩，每月给津贴2～3元。开男女平等风气之先，具有划时代的意义。在五四运动之前，"重男轻女""女子无才便是德"的封建传统思想锁锢着人们，陈嘉庚打破牢笼，为女子上学创造了环境和条件。

厦大开工建设，选在5月9日"国耻日"，以加强爱国思想教育。他在开工典礼上说："五年前的今天，五月九日，北洋军阀袁世凯，奴颜媚骨，签订了日本军国主义亡我中华的'二十一条'，这日子遂成为国耻纪念日。我大中华国民，永远不会忘记卖国贼的可耻行径，也永远不会忘记帝国主义者亡我中华的滔天罪行！我们择取这个国耻纪念日，在郑郡王演武场上，举行厦大校舍开工典礼，不寻常的意义在于告诫：告诫大家勿忘国耻！今强邻环伺，存亡继续迫于眉睫，吾人若复袖手旁观，则后患何堪设想！？""余以办教育为职志，聊尽国民一分子之义务，乃不辞含辛茹苦，身家生命均不是念虑，披肝沥胆，竭尽绵力，乃爱国愚诚所驱迫矣，教育乃立国之本，兴国是国民天职，不为教育奋斗非我国民也。"

图4-26：厦门大学开工奠基石碑

陈嘉庚借"国耻日"，作为厦大奠基建设之日，寓意深刻：何以有国耻？国弱被人欺。其积弊是，闭关锁国，故步自封，妄自尊大，人才短缺。中国欲富强，必须"兴学"。我们办教育目的是为国家培养人才，培养各种专门人才，只有在高等教育专门知识里培养。道出他爱国、富国的办学宗旨。

图 4-27：陈嘉庚、陈敬贤先生亲订的集美学校校训

陈嘉庚先生吸取中华民族优秀文化传统，结合自身立身处世的感悟，概括提炼了"诚毅"二字，于1918年立为集美学校校训，用以教育和规范学校师生的言行。陈嘉庚先生曾语重心长地对学生说："我培养你们，我并不想要你们替我做什么，我更不愿你们是国家的害虫、寄生虫；我希望于你们的只是要你们依照着'诚毅'校训，努力地读书，好好地做人，好好地替国家民族做事。希望诸位要抱着大公无私的精神，凭着'诚毅'二字的校训，努力苦干。"《孟子》对"诚"的解释："诚者，天之道也；思诚者，人之道也。"《左传》对"毅"则解释说："毅者，坚韧不拔也，志决而不可摇夺者谓之毅。"陈嘉庚先生曾用"诚信果毅"对"诚毅"加以展述。[①]

从陈嘉庚先生亲自制定的校训中可以看出教育育人的人文精神："自强不息，止于至善"，确立了"南方之强"的奋斗目标。"自强"一词出自《易经》，《易经》云："天行健，君子以自强不息"，"地势坤，君子以厚德载物。"指自觉地积极向上、奋发图强、永不懈怠。先哲已意识到人只有自强，才能不息，才能自立。结合当今时代，自强仍是一个民族自立之本。回顾中国历史，尤其是近现代史，不自强，中华民族任人凌辱，无处求助。哀之，悲之。"止于至善"指通过不懈的努力，以臻尽善尽美而后才停止。世间很少有什么事情能达到十分完美的程度，那么这种追求和努力就永不停息。而且，"止于至善"这四个

---

① 杨岳.鲁迅谈论陈嘉庚［J］.集美校友，2005.

字还隐含着"大学之道"的意蕴，因为"止于至善"语出《礼记·大学》："大学之道，在明明德，在亲民，在止于至善。"大学之道的最高境界或最终目的在止于至善。

嘉庚建筑的很多楼，名字各式各样，但是比较老的楼都有其深刻含义：厦大的群贤楼为40年代所建，取自王羲之《兰亭序》"群贤毕至，少长咸集"，其意为贤才聚集，反映了陈嘉庚"没有群贤就办不了大学，办了大学才可以群贤"的建校初衷。群贤楼两边各有楼两座，对称排列。群贤楼西侧为同安、囊萤；东侧为集美、映雪。同安、集美为厦门地区的地名；"囊萤"源自《晋书·车胤传》，"胤，博学多通，家贫不常得油，夏夜以练囊盛数十萤火虫以照书"；"映雪"则典出明人廖用贤《尚有录》，"孙康，性敏好学，家贫无油，于冬月尝映雪读书"。以古代著名的苦读学子车胤与孙康，激励后学之子勤奋好学，为国争光。

"笃行楼"意在鼓励学生和教师言行笃实。"笃行"取自朱熹的"博学之、审问之、明辨之、笃行之"，所以嘉庚先生以"笃行楼""博学楼"和"审问楼"为学生宿舍命名，要求学生要有诚笃、忠实的传统美德。"集美学村早期的'居仁楼'的'居仁'二字，是儒家倡导的'仁风'，南薰楼的命名典故与北海琼华岛的'延南薰'同出自《孔子·家语》中的'昔者舜弹五弦之琴，造南风之歌，其哥曰，南风之薰兮，可以解吾

图 4-28：精美的黎明楼
摄影：刘祥伦

民之愠兮，南风之时兮，可以阜吾之财兮'。道南楼名字取自《论语》'我道南行'隐喻中华文化向南发展的意愿。"[1]

集美航海学院的即温、明良、允恭、崇俭和克让楼大致呈一字排开，各楼名的第二字顺序组合成儒家所倡导的"温、良、恭、俭、让"的行为法则，

---

[1] 谢弘颖.厦门嘉庚建筑风格研究［D］.杭州：浙江大学，2005.

表现出陈嘉庚对中华民族传统文化的推崇，寓意深长，用心良苦。

第四节　教育与旅游经济的载体

陈嘉庚精神是中华民族宝贵的精神财富，学习研究和弘扬陈嘉庚精神对于尽快完成祖国统一大业，落实科学发展观，全面建设社会主义和谐社会，加快推进社会主义现代化，实现中华民族伟大复兴的中国梦等有着重要的现实意义。

一、教育与旅游价值

嘉庚胜迹的教育资源得天独厚，集美的三园三馆（鳌园、归来园、李林园，陈嘉庚故居纪念馆、李林纪念馆、校史展览馆）已成为爱国主义教育和思想品德教育的重要基地。

华侨史上有一个光辉的名字，永远铭刻在每一个中国人民心中，受到祖国人民的尊敬和怀念。这便是被称为"为中国人民革命胜利做出了重要贡献"的陈嘉庚。他在特定的社会环境下，经历了长期复杂的历史阶段，集政治、思想、社会、经济、文教诸项成就之大成，被毛泽东主席誉为"华侨旗帜、民族光辉"。

"集美学村既是一所高等学府，也是集美旅游观光的主要景区。学村与嘉庚公园、鳌园（陈嘉庚墓园）和陈嘉庚故居等名胜一起构成了集美特色城市景观的骨架，加上浓郁的闽南传统小镇风情，每年吸引国内外游客超过百万人次。这是一种别具特色的旅游景观，展现在游人面前的都是真实的生活场景。保持建筑和城市环境原有的使用功能是从根本上延续文化渊源的重要手段。依托原有的人文景观和历史风貌，挖掘旅游潜力，开发杏林湾旅游资源，大力发展旅游业。"[①]

---

① 赖敏平.城市化过程与地域文脉保留问题研究［J］.中外建筑，2007（6）.

图 4-29：道南楼

　　以鳌园为例。在嘉庚先生耗费10年心血亲自设计建造完工的鳌园里，点点滴滴都倾注着他的一片爱国热诚，每一处都透露出他寓教于游、寓教于乐的教育理念。鳌群是嘉庚教育建筑的典型，其特点是选址均为临海，面海，通视率好，与延平楼高丘如龟形成"龟蛇把水口"的态势。这其中除陈嘉庚先生具有浓厚的故乡本土文化、风水知识因素外，更多地融入了陈嘉庚先生独特的地理美学和艺术概念。他希望青少年一代不仅要有丰富的文化知识、科学知识和艺术知识，还要有健康的体魄、高尚的道德情操，成为建设新国

图 4-30：鳌园石雕——三湾改编

家的优秀人才。他认为，要达此目的，最佳的方式就是寓教于乐。他早年非常重视对未成年人行为规范、思想品德和综合素质的教育，为此，他通过大量的石雕艺术，呼唤全社会共同关注未成年人的健康与成长，并通过这种生动活泼、潜移默化、寓教于游、寓教于乐的方式，达到增长知识，陶冶情操，诚以为国，毅以处事，关爱他人，奉献社会的目的。可以说，鳌园石雕，绝不是一种单纯的政治说教，她已远远超出石雕艺术本身，而以博大精深的文化内涵和深刻意义，深深地吸引和感染着每一个参观者。

图 4-31：鳌园石雕长廊
摄影：卓扬姝

图 4-32：长廊中的历史故事雕塑

在鳌园的短墙、栏杆、亭柱等处，都镌刻着党和国家领导人、各界名流题赠的诗词和对联，真、草、隶、篆、行等各种书体均有，书法上乘、殊姿共艳。这些题字不仅在盛赞陈嘉庚先生的精神品德，更使鳌园成为一座琳琅满目的书法艺术博物馆。

图 4-33：放飞
作者：陈佳琪

第五章　集美学村嘉庚文化的传播

学高为师
身正为范
个眉之寿
改建军乐
嘉庚精神
四海传扬

第一节 集美学校与集美学村

集美学校与集美学村是两个不同的概念。前者是指陈嘉庚先生在集美创办的、始于1913年的一系列学校的集合，后者指这些学校的所在地、陈嘉庚先生的故乡——集美，1923年始称"集美学村"。[①]

1920年，军阀混战，闽南战事紧张。当时，闽军臧致平部驻厦门岛高崎大石湖牛家村，粤军王献臣部驻海沧吴（鳌）冠排头村，隔海对峙，开枪互击。舟行其间，流弹横飞，厦集交通，为之断绝。集美学校教职员生不得不冒险由海道往厦，或由吴冠陆行至东屿，渡海经鼓浪屿而转厦。

1923年9月3日，集美学校中学部八组侨生李文华、李凤阁乘帆船赴厦门，行至高崎大石湖附近，被闽军臧致平部枪击后死于医院。鉴于闽南战事紧张，集美交通阻梗，军队屯驻校内者，动辄千数百人，诛求无厌，供应殊苦。兼之溃兵过境，哗变时虞。叶渊校长怵于战祸之蔓延，倡议划学校为"永久和平学村"，并缮具请愿书及各种文件，派代表分别向南北军政当局请求承认划集美为"和平学村"。同时，向

1923年10月20日，孙中山大元帅大本营
内政部承认集美学校为"永久和平学村"的批文

图5-1：孙中山大元帅大本营批文
来源：林斯丰网文

本省军政各机关、各长官，请其签名承认；请求全国实力派领袖、名流签字赞同；向驻厦领事团声明，如有犯及集美学村之事发生，请其主张公道，为精神上之援助。目的是为了鼓励华侨兴办教育，学生能安全求学，将来为国家建设出力。在新加坡的陈嘉庚也同林义顺和新加坡中华总商会分别致电闽

[①] ［百年学村］"集美学村"的由来和"学村之门". 集美校友，2005.

军、粤军首领，要求他们把驻军撤出集美村界外。[①]孙中山大元帅大本营于1923年10月20日批准在案（内政部批第36号），并由大本营内政部电令闽粤两省省长及统兵长官对集美学校特殊保护。

图5-2：1923年的集美学村示意图
来源：林斯丰网文

电文说："广州廖省长、福州萨省长鉴：现据福建私立集美学校校长叶渊，呈请大元帅电饬粤闽军民长官，一体保护该校，永久勿作战区一案，原呈并请愿书一件奉发到部，查教育为国家根本，无论平时战时，军民长官对于学校之保护维持，皆有应尽之责。厌兵望治，人有同心，国内和平，尤政府所期望。不幸而有兵事，仍应顾全地方，免为文化之阻碍。该校创设有年，规模宏大，美成在久，古训有征，芽蘖干霄，人才攸赖。兴言及此，宁忍摧残！应请贵省长转致两省统兵长官，对于该校务宜特别保护，倘有战事，幸勿扰及该校，俾免辍废，则莘莘学子，永享和平之利。"

电文附上承认集美学校公约：窃维敬教劝学，治本所关，思患预防，古训尤著。陈君嘉庚敬贤兄弟，创办集美学校，规模宏远，成绩斐然。迄因军事之蔓延，深恐校务之停滞；历请军政长官核准集美为学村，通饬保护。得法律之保障，期教育之安全；同人等共仰高风，难辞大义；理当承认，乐于观成；谨订约章，藉资信守。

一、公认集美学校设立地为学村。

二、集美学村之四至，北以天马山为界，南尽海，东暨延平故垒及鳌头宫，西抵岑头社及龙王宫。

三、学村范围内，不许军队屯驻、毁击及作战。

四、有破坏前项规定者，即为吾人公敌，当与众共弃之。

集美学校所在地自此被称为"永久和平学村"，"集美学村"由此得名，并享誉中外。

---

① ［百年学村］"集美学村"的由来和"学村之门".集美校友，2005.

图 5-3：20 世纪 20 年代的集美学校全图
来源：林斯丰网文

图 5-4：集美学村及其附近图
来源：林斯丰网文

第二节　嘉庚文化的集中展示——陈嘉庚纪念馆

2000 年 9 月，厦门市委统战部、集美学校委员会提出《关于保护建设陈嘉庚纪念胜地和遗址的若干意见》，提出建设陈嘉庚纪念馆的初步设想。9 月，中共中央办公厅和国务院办公厅复函福建省委、省政府，同意修建陈嘉庚纪念馆。2003 年 10 月 21 日，陈嘉庚纪念馆奠基，国务委员陈至立参加了奠基典礼。陈嘉

图 5-5：湖光月夜
作者：蔡金钟

庚纪念馆工程于 2005 年 3 月 18 日开工建设，2008 年 10 月 21 日开馆，全国政协副主席万钢莅临剪彩。陈嘉庚纪念馆位于嘉庚公园北门以东外填海处，总占地面积 104484 平方米，建筑面积 11000.5 平方米。主体建筑三层，一层包括行政办公区、文物库房区、图书资料室、报告厅及 1000 平方米的临时展厅，二、三层由一个 360 平方米的序厅和四个 780 平方米的陈列厅组成，面积约 3080 平方米。建筑主体秉承独具特色的闽南建筑风格，与集美鳌园、嘉庚公园和谐统一，交相辉映，构成一个较为完整的旅游纪念胜地。

图 5-6：集美学村印象
作者：周逸韩

陈嘉庚纪念馆属社会历史类名人纪念馆，为陈嘉庚文物资料的主要收藏机构，宣传教育机构和科学研究机构，充分发挥了博物馆的社会教育功能和作用，成为人民喜闻乐见的爱国主义教育基地、终身教育课堂和文化休闲设施，为推进厦门经济文化建设和社会发展进行爱国主义教育发挥了积极作用。2003年10月奠基，2008年10月开馆。

图 5-7：集美学村印象
作者：谢雨杉

图 5-8：2003 年 10 月 21 日陈嘉庚
纪念馆奠基典礼
作者：闭锦源

图 5-9：2008 年 10 月嘉庚先生的七儿子
亲自参加开馆仪式并剪彩
作者：闭锦源

图 5-10：开馆仪式
作者：闭锦源

图 5-11：爱国主义教育基地

图 5-12：陈嘉庚纪念馆广场

图 5-13：陈嘉庚纪念馆

图 5-14：陈嘉庚纪念馆示意图

图 5-15：陈嘉庚纪念馆建筑浮雕

图 5-16：陈嘉庚纪念馆大厅展示的《习近平总书记给厦门市集美校友总会回信》

2014年陈嘉庚先生诞辰140周年之际，中共中央总书记、国家主席、中央军委主席习近平给厦门市集美校友总会回信，希望广大华侨华人弘扬"嘉庚精神"，深怀爱国之情，坚守报国之志，同祖国人民一道不懈奋斗，共圆民族复兴之梦。

福建省厦门市纪委监委蔡怡琳在中国纪检监察报发表的《陈嘉庚的爱国情操》一文中提出：爱国，是贯穿陈嘉庚87年生涯的一条主线。可贵的是，陈嘉庚的爱国精神不是一成不变的，而是随着时代的发展不断丰富。

从辛亥革命到九一八事变爆发，陈嘉庚的爱国精神主要表现为倾资兴学、以商养学。陈嘉庚认为："国家之富强，全在乎国民。国民之发展，全在乎教育。"因此，他以"教育为立国之本，兴学乃国民天职"为信条，自1913年在家乡集美兴办小学开始，一生资助或创办的学校有118所。1921年5月9日，厦门大学第一座校舍群贤楼奠基，之所以选择此日是因为六年前，也就是1915年5月9日，袁世凯签订的"二十一条"生效，陈嘉庚希望以此来提醒厦大学子勿忘国耻。可见陈嘉庚强烈的爱国心。

从九一八事变到1949年全国解放，陈嘉庚的爱国精神主要表现为抗战救国、明辨是非。从爱国募捐慰问抗战各省到组织华侨机工队，陈嘉庚付出了巨大心血。

新中国成立后，陈嘉庚的爱国精神主要表现为支持社会主义建设、坚决维护祖国统一。他说："人生在世，不要只为了个人的生活打算，而要为国家民族奋斗。"

实现中华民族伟大复兴，是海内外中华儿女的共同心愿，也是陈嘉庚先生的毕生追求。晚年的陈嘉庚，请人在鳌园刻录

图 5-17：陈嘉庚纪念馆收藏的文物集美小学牌匾

台湾地区全图，念念不忘国家统一，这位老人最后的遗言是"最要紧的是国家前途"，"台湾必须回归中国"。正如陈嘉庚在他1946年撰写的《南侨回忆录弁言》中写道的："公——永无止境的奉献；忠——永不动摇的爱国；毅——永不言败的坚强；诚——永不毁诺的铮铮傲骨。"他以一生的行动实现了他的信条。

陈嘉庚先生爱国主义事迹在纪念馆进行了集中展示，文物藏品是陈嘉庚纪念馆一切工作的基础。据介绍，纪念馆成立了专门的文物征集小组，在华侨博物院专家的指导下，经过2年左右的时间，先后到过上海、南京、昆明、北京、重庆以及新加坡、马来西亚等地方，征集到文物500多件。

在所有馆藏品中，最珍贵的是陈嘉庚的《南侨回忆录》手稿，堪称"镇馆之宝"。较重要的还有陈嘉庚遗嘱、陈嘉庚证件证书、陈嘉庚公私信函、陈嘉庚工作和生活用品、集美学校"诚毅"牌匾、集美学校各机构印章等。

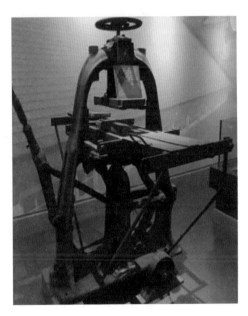

图5-18：嘉庚瓦制瓦机

新征集藏品中，如陈嘉庚在第一届全国人大一次会议的大会发言录音，集美小学校、集美医院牌匾，生产"嘉庚瓦"的制瓦机，生产橡胶制品的绞胶机，陈嘉庚赠送亲属和身边工作人员的手表等物品以及一批南侨机工文物等藏品，均十分难得。

陈嘉庚纪念馆的基本陈列有两个：第一至第三展厅为"华侨旗帜 民族光辉——陈嘉庚生平陈列"，第四展厅为"在陈嘉庚身边——嘉庚现象 诚毅同行"。

"华侨旗帜 民族光辉——陈

图5-19：陈嘉庚与群贤

嘉庚生平陈列"以350多帧图片，310多件文物、实物为基础，力求真实、形象、生动地展现陈嘉庚伟大光辉的一生。该陈列包括陈嘉庚生平大事记、南洋巨商　矢志报国、倾资兴学　情系乡国、纾难救国　民族之光和尾声五个部分。

第一展厅

以十年为一个自然段，记录了每个自然段陈嘉庚有代表性的事件，并配有他不同时期的照片，使观众对陈嘉庚的生平有一个概括的了解。

图5-20：第一展厅

陈嘉庚是著名的华侨企业家，东南亚民族工业的先驱。他恪守"国家之富强在实业教育为立国之本"的信念，艰辛创业、勇于开拓、诚信经营，建立起一个遍布世界的企业王国，既为大规模兴学办教奠定了坚实的经济基础，又为东南亚的经济发展和社会进步做出了贡献。本部分包括四个单元：第一单元为"青年嘉庚　心系社里"。故乡山水的养育、母亲的言传身教、中华文化传统的熏陶，在他幼小的心田里播下了爱国爱乡的种子。在少年时代，陈嘉庚就立志要尽国民一分子的天职，服务社会，造福国家。第二单元为"代父还债　艰苦创业"。代父还债，使陈嘉庚在社会上赢得很高的信誉。以诚信为本，凭着敏锐的眼光和过人的毅力，陈嘉庚开始了在南洋艰苦的创业并迅速成长为著名的企业家。第三单元为"开拓创新　橡胶大王"。陈嘉庚是第一个集橡胶种植、制造和贸易为一体的企业家，建立起世界性的销售网络，被誉为橡胶大王。他善于审时度势，开拓创新，建立起以橡胶业为主兼营航运、食品等跨行业、跨地域的企业王国，极大地促进了当地经济开发和社会发展，成为东南亚民族工业的先驱者。第四单元为"时势艰危 企业收盘"。资本主义世界经济危机的打击、日本人纵火焚烧工厂、垄断金融资本的强制兼并等遭遇，迫使陈嘉庚在顽强抗争后将企业收盘。陈嘉庚的企业虽然收盘了，但他对社会的贡献是巨大的。他的事业后继有人，李光前、陈六使等杰出人才再续辉煌。

图 5-21：馆藏陈列

图 5-22：陈嘉庚新加坡工厂模型

第二展厅

倾资兴学 情系乡国

该部分以三个单元集中反映陈嘉庚在海内外倾资兴学的教育实践、教育思想与不朽贡献，表现他为民族教育事业贡献全部心血和资财的崇高精神。第一单元"教育立国"展示陈嘉庚在国内兴学办教的业绩，按时序重点介绍陈嘉庚百折不挠、坚持不懈创办、发展集美学校以及厦门大学的曲折历程与历史贡献。第二单元"开拓侨教"展示陈嘉庚在海外兴学办报的事迹，他创办、赞助各类学校，推动华文教育、传承中华文化；创办报纸，传播科学知识、引导侨胞争取自身权益。第三单元"重建乡社"展示陈嘉庚在家乡创办新式学校的同时，还对集美的社区建设作了全面规划，先后两次进行大规模的建设，举办各种公益事业，同时通过各种形式向社区居民传播新知识、提倡新风尚。

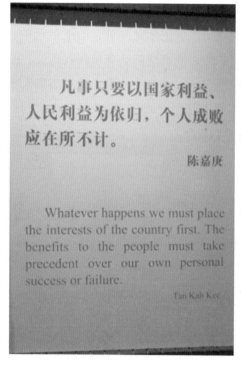

图 5-23：第二展厅

图 5-24：兴办学村展示

图 5-25：第三展厅的华
侨技工纪念碑

第三展厅

纾难救国　民族之光

　　陈嘉庚是中华民族最忠诚的儿子、新加坡马来亚的社会中坚。在中国和东南亚遭受侵略、生死存亡之际，他挺身而出，无私无畏，以天下为己任，领导南洋1000多万华侨全力支持祖国的抗日战争和世界反法西斯战争；他追求公义、不惧强权、明辨是非、公忠诚毅，不论身处顺境、逆境，一以贯之；是华侨史上第一位超越地域、语言、阶级局限的华侨领袖、是屹立于亚洲的巨人，无愧为"华侨旗帜，民族光辉"。该部分包括"统领南侨　共赴国难""洞察是非　公忠谋国""回国参政　华侨旗帜"三个单元。

图 5-26：展厅历史场景 1

图 5-27：展厅历史场景 2

图 5-28：展厅蜡像

　　陈嘉庚"先天下之忧而忧，后天下之乐而乐"，为实现强国富民的理想，倾其所有、毕其一生以赴之。他的作为，影响、感召了一代又一代中华儿女；他的典范超越政治分野、跨越国界，为人类文明增添了一份宝贵的财富。先生之风，山高水长！

　　第四展厅

　　在陈嘉庚身边——嘉庚现象　诚毅同行

图 5-29：历史画面

图 5-30：陈嘉庚与身边人士

图 5-31：参观学习　　　　　　　　　　　图 5-32：参观路线图

　　专题展是主题展览的进一步丰富和深化，旨在反映陈嘉庚的事业襄助者及嘉庚精神对同时代人及后人的巨大影响。

　　陈嘉庚是亚洲近代史上极具影响力的华侨代表。陈嘉庚的诚毅、正直、无私、无畏、果敢、奉献等品格，折服和激励了他的同时代人和后人，不同的历史时期，陈嘉庚身边始终聚集着一批出类拔萃的人才，他们从不同领域、不同方面支持、襄助陈嘉庚成就宏伟大业。而直接受其精神感召的集美学校和厦门大学的校友，无论身居海外还是在祖国各地，都为社会进步事业做出了杰出的贡献。本专题展特别展示了与陈嘉庚关系密切、从多方面大力支持陈嘉庚事业且对社会贡献卓著者；各个时期、在不同领域襄助陈嘉庚事业者；在陈嘉庚精神感召下，为居住国和祖籍国振兴科学教育、匡扶桑梓社稷、造福社会大众等做出贡献的海外华侨华人团体和校友代表。颂扬践行嘉庚精神、与诚毅同行的嘉庚现象。

　　陈嘉庚精神是中华民族的宝贵遗产，是全人类共同的精神财富。嘉庚精神的旗帜将世代飘扬，传承永远！

第三节　鳌园——思政、人文教育与艺术雕刻的大观园

　　鳌园既是陈嘉庚先生的心血，又是陈嘉庚先生的教育理念和广大劳动人民智慧的集中体现，这里汇聚了那个时代的优秀石雕艺术。陈嘉庚先生认为石雕艺术是中华民族的国粹，于是不惜重金，聘请惠安的雕刻名人，独具匠心地将民间雕刻艺术融入爱国与艺术教育的鳌园建筑景观中，使已步入成熟

期的石雕艺术奇葩得以发扬光大。

陈嘉庚先生热爱艺术，每天不管刮风下雨都必到鳌园工地，跟师傅们共同研究雕刻的质量与进展情况，并根据雕刻技艺水平的高低付给劳动报酬，足见陈嘉庚先生对鳌园石雕的高度重视和对民间艺人的爱惜。而惠安石雕艺人也以极端负责任的劳动态度、高超的雕刻艺术、优异辉煌的石雕艺术景观回报了陈嘉庚先生。时隔50多年，这些精美的石雕艺术形象仍栩栩如生，无时无刻不向人们传达美的信息，进行艺术的熏陶。这是陈嘉庚先生和惠安雕刻家留给后人一笔取之不尽、用之不竭的精神财富和艺术财富。

为使鳌园成为一座集爱国和艺术教育的园地，陈嘉庚先生重视雕刻石材的选择，其原则是就地取材，节约资金；本地没有，利用外地。鳌园当时使用的石材主要有两种：泉州青石（较硬）和泉州白石（花岗岩）。另外，陈嘉庚先生注重园中的教育意义和故事内容的选择，主要有本土文化、风土人情、动植物标本、名胜风光、民族优秀历史故事、古今中外教育题材等。据离休老人陈乌亮先生回忆，雕刻于鳌园的大部分创作素材，均为他受陈嘉庚先生的委托在厦门地区及北京等地收集的连环画册和风光照片，再经陈嘉庚先生精心选择后确定的。另外，在石材与内容选定之后，陈嘉庚先生独具匠心，将他那"戴斗笠、穿西装，东方压倒西方""美观、大方又耐用"的中西合璧的建筑理念巧妙地应用于鳌园的景观建设。

嘉庚建筑对经济以及文化具有促进作用，嘉庚建筑群是促进城市旅游业发展的重要资源，这对于发展中的厦门集美区尤其重要。对嘉庚建筑的保护是符合旅游经济发展要求的，嘉庚建筑也是旅游经济的重要元素，同时还可以带动周边地区的发展。对保存完好的嘉庚建筑及建筑群在不影响其使用情况下，可以向游人开放，作为厦门集美区的又一旅游资源。结合旅游配套项目、服务设施、线路，使文物保护与旅游参观成为有机整体。可以针对城区的建筑文化中心地位，在各区域进行功能划分，创造特色环境和人性空间，使嘉庚建筑成为发展城市旅游的重要资源，大力推动城市旅游经济的发展。还可以对现有的商业网点进行增、并、转等，使经营品种及网点设置达到多样化、体系化。结合文化传统，形成以商业购物、文化教育为主的现代商业街。

修学文化旅游近几年在我国的一些文化发达地区，如北京、上海、广州等地已渐成时尚。而闻名中外、独具特色的集美学村，无疑是开发文化修学游的最好地点。陈嘉庚先生创建于1913年的集美学村，经过100多年的发展，现已形成一个占地3平方公里，集高等、中等、初等、学前教育为一体的，在校生3万多的门类齐全、全国独一无二的学村。集美区规划以原有的集美学村和正在建设中的集美大学城为基础，结合修学旅游，打造内容丰富的学村文化旅游。一方面，将继续挖掘和完善陈嘉庚纪念胜地，结合嘉庚纪念馆和嘉庚文化广场的建设，合理整合传统景区的旅游资源，特别是着力推进鳌园、嘉庚公园、故居、归来园等传统景点与嘉庚纪念馆、嘉庚风貌建筑的整合，形成人文观光大景区，从而增强竞争力和增加经济效益；另一方面，学村内集美大学各模拟、仿真操作实验室、艺术体育资源等，均是学村文化的代表，可以通过论证、包装、宣传、组合等一系列工作，给予重视和开发。同时，正在建设中的集美大学城将作为集美区的另一个文化景区，将在规划建设中融入旅游这一概念，除教育、文化等主要特征外，还将大力发展高校旅游。

第四节　嘉庚文化环境的教学传播——嘉庚建筑主题桌游引入中学美术课程的探索

"游戏"一词的历史由来已久，根据马斯洛需求理论，人们在基本生存需求被满足之后开始追求更高的需求，如社交需求等。人们在工作之余追求自己的娱乐生活，随着精神需求和消费观念的发展，各种娱乐活动进入人们视野，人们对于"游戏"的概念与观念发生变化。随着网络与各种新媒体的发展，不管是网络游戏还是其他游戏，由于有了不同的平台与宣传方式，因此也都随之较快地发展。人们也开始相信游戏不仅有娱乐作用，还同时兼具文化传播和教育意义。

桌面游戏与传统意义的电子游戏有一定区别，相比电子游戏，更注重参与游戏者的社交能力、思考能力、合作能力等方面的能动。桌游除了相应文化衍生产业以外，一定程度上还带动了教育发展，如在高校举办桌面游戏比赛或者桌面游戏设计比赛，挖掘优秀桌面游戏人才，还有一些设计较为独特的桌游成为教学方面的玩具教育进行使用，以在相对轻松的学习氛围当中培养学生的能力。

　　嘉庚建筑是厦门地区独特的建筑，是由爱国华侨陈嘉庚先生亲自设计构思，饱含了嘉庚先生的爱国之情。嘉庚建筑逐渐在厦门地区形成建筑群落，同时具有鲜明的闽南地域特色，这对于地方乡土美术课程而言有着较大的价值。嘉庚建筑兼具人文和美学价值，地方的乡土美术课程正需要立足本土特色，让学生发挥主观能动性去增加对乡土美术的兴趣，提高学生的审美能力。嘉庚建筑既丰富了闽南乡土美术课程资源，也使学生对于嘉庚建筑有着亲切感、认同感。同时对学生的情感态度、价值观产生一定影响。

　　我们还设计出一套带有嘉庚建筑元素的桌面游戏，应用到课堂当中，引起学生学习兴趣，从而在游戏活动中发现嘉庚建筑之美，在愉悦中获取知识，在尝试中培养创新思维。让学生产生新鲜感、亲切感，激发创作欲望，体验艺术与生活乐趣。

一、嘉庚建筑桌游概述

（一）桌面游戏概述

　　如今随着社会发展和生活节奏加快，网络的发展使人们面对面的交流逐渐变少，一种新兴的娱乐方式开始出现，那就是桌面游戏。桌面游戏让人们重新找回了面对面娱乐的交流方式，因此开始在年青一代的学生、白领等人群当中兴起。

　　桌面游戏，即在桌面上进行的游戏，简称"桌游"。桌游爱好者对于桌游的分类，最常见的就是德式桌游和美式桌游。美式桌游更注重趣味性，相比之下，德式桌游更注重策略性，因此也叫"德策桌游"。当然也有一些具有教育功能与思维训练功能的桌游。

（二）桌面游戏起源

　　广义上解释桌面游戏，是一个非常广泛的游戏类型，桌面游戏（Board Game）国外有一个较为权威的排行榜 BGG（Board Game Geek），当中便有围棋、象棋、五子棋等传统棋牌类游戏。但由于围棋、象棋、五子棋甚至国际象棋等具有独有的受众人群与历史渊源，扑克、麻将等在不同程度上增加了一定博弈或者赌注上的使用，因此这些在狭义上而言，一般不与传统棋牌类游戏相对等。

　　棋类游戏有着上千年的发展历史，除了棋类桌游还有一种类型也有较为悠久的历史，那就是卡牌游戏。卡牌桌游相比其他类型的桌游，所需要的道具相对简单。只要普通纸牌，不需要其他指示物道具，生产成本较低，携带方便。而且规则也相对简单，种类较多。最常见的卡牌游戏如 UNO 牌、扑克牌等，在国内比较有名的还有三国杀等。还有一些集换式的卡牌游戏，如万智牌、游戏王等。也有一些通过扑克牌简单加减达到教育孩子的作用，或是简单的益智类卡片游戏，都属卡牌类桌游。

桌游一词起源于20世纪初，以1935年经典美式桌游"大富翁"为代表，开始出现有游戏版图以及不同游戏指示物等配件的游戏。之后便开始出现各种不同类型题材的美式桌面游戏并且迅速发展。到了1995年德式桌游《卡坦岛》的推出，开始出现了偏向策略性更强更严谨的德式桌游的划分。但是随着现在的桌游发展，开始出现一些"美皮德心"的桌游，也就是美式和德式两种桌游界限开始不再那么明显，如最近推出的游戏和风题材的桌游《旭日战魂录》便是一款"美皮德心"的桌游。

桌游的中国市场近几年才开始打开，桌面游戏相比电子游戏，更注重一种面对面地交流，包括沟通、对抗、合作，需要一定台面，题材从历史、战争、美术、商业各行各业都有涉猎。不同的朋友因为相同的游戏需求，选择了某一款游戏，由于规则需要或选择同盟或选择对抗，在游戏当中与他人沟通，增进友谊。

图 5-33：旭日战魂录

（三）桌游基本类型与特征

1. 桌游类型

对现代桌游来说，需要一定版图，即一个地图。地图可以是太空、鬼屋、战场等一系列桌游故事背景地点，这些版图一般由纸板或者布制作而成，除了版图还有一些必要的人物模型、卡牌、骰子、指示物等。近几年推出的桌游在质量上都有较大的飞跃，不管是印刷工艺、模型制作，还是道具的丰富程度，都是以前无法企及的。

开始有比较完整的机制和特殊玩法的桌游概念大致出现在20世纪初，这个时期欧美正面临经济和战争的困扰，经济不景气，人们开始用一些简单的方式打发时间，这时一些简单的游戏开始流行。开启现代桌游的游戏——地产大亨（Monopoly）在这时诞生，这便是风靡国内的桌游"大富翁"的原型，在国内，可能大富翁更为深入人心。

大富翁的规则较为简单，也奠定了一定美式桌游轻松欢乐的气氛，规则核心就是通过投掷骰子，根据骰子的点数前进相应的步数，通过虚拟货币模拟买卖土地经营。也可以说是一种角色扮演的游戏，在游戏当中可以进行收购致富的角色扮演。大富翁现在在全球范围内有大量玩家，也根据不同地区的国情或者特色推出了不同版本，甚至也被改编成电脑游戏、手机游戏等。

除了气氛较为轻松活跃的美式桌游以外，还有一种侧重策略规划的类型——德式桌游。德式桌游更注重策略性、规划性，一般以计算分数区分胜负。德式桌游一般规则相比美式桌游看似更为简单，更容易上手，但事实上需要考虑规划的地方更多。德式桌游的道具指示物也不如美式桌游那么追求花哨，相比之下更为简洁而抽象。很多人提起德式桌游首先想到的是《卡坦岛》。这款桌游被翻译成多国语言，在全世界范围内拥有大量忠实玩家。当然每款游戏每个玩家的体验不同，也有人认为这款游戏运气成分较多，不能说是非常经典的德式游戏。较为有名的德式桌游还有《璀璨宝石》（SULENDOR）、《花砖物语》

图 5-34：花砖物语

（AZUL）。这两款游戏都属于看似规则简单，但是需要玩家多方面考虑，同时可以发展出非常多不同玩法的游戏。《花砖物语》美术设计更为精美，指示物设计成一块块好看的花砖，给人一种糖果般甜美的感觉。除了美术设计的精美，玩家可以感受到规则机制的巧妙之处，实际上需要考虑诸多方面，如这一局的棋子拿取会影响下一局的局势，是否要舍弃分数而换取下一轮的起始优势，以及其他玩家可能采取的策略，是否能够打断其他玩家的计划或者与其他玩家联合压制某一个暂时领先的玩家，等等。

桌游的难度因素叫作"游戏重度"，重度越高说明这个游戏越难，一般而言德式桌游的重度会大于美式桌游。重度值越高，游戏介绍和游戏推广的时间就越长，即这款游戏在游戏过程当中，需要思考的方面较多，如自己这一步的决策，可能影响下一轮的局面，甚至还要考虑对手的打算，是否需要干涉对手的操作。

现如今的德式桌游和美式桌游界限已经没有那么明显了，开始出现一些"美皮德心"的桌游，即有着美式合作欢乐的气氛、制作精良的指示物，同时有着德式桌游的算分规则，需要一定的大局观，是更注重规划策略的游戏。

设计者对整个游戏的规划、各部分军事或经济力量的平衡都设计得非常好，又不像一般德式桌游题材较为枯燥，但同时又需要德式桌游的大局观、外交观、战争观以及更接近德式结算和判定规则。大部分的桌游人数设置都是2～5人，而这个游戏最佳人数设置为5人。这个游戏向新手推荐难度较大（即推新难度较大），桌游重度为中等。

2. 桌面游戏机制分类

不同桌游有不同的故事背景题材，因此每款桌游都有不同的规则。这种规则在桌游当中叫"游戏机制"，事实上在别的游戏当中也同样使用"游戏机制"一词，当通过规则书了解游戏机制之后，就能够知道在游戏当中需要扮演的角色和游戏获胜方法或玩法。

常见的驱动（即起始机制或者判定机制）有卡牌驱动和骰子驱动两种。骰子驱动即通过扔骰子，根据骰子的不同面来决定需要执行的动作或者步数。如最常见的《大富翁》就是根据骰子点数决定步数。现代桌游的骰子很多不只是六面，还有八面骰、十二面骰。骰子不同面也不一定是点数，也有可能是一些判定。如《阿卡迪亚战记》的骰子则可以判定防御攻击等不同效果，克苏鲁题材的桌游骰子则一般分为命中或者没有命中两种面。

卡牌驱动一般存在于卡牌游戏，如《旭日战魂录》就通过四选一的卡牌决定下一阶段的执行动作。最著名的卡牌类型游戏有万智牌、游戏王等。玩家通过购买随机卡包，补充或收集卡牌以丰富自己的牌库，但购买的卡牌随机性较大，没有拆开之前谁都不知道会得到什么样的牌，若你买到的牌是你已经拥有的，那么可以在玩家之间进行交换。这也是这种游戏的乐趣所在，增加了玩家之间的社交与互动。这种卡牌游戏则需要长期投入，包括时间与金钱上的投入。也由于卡牌材质为纸质，在使用过程中会有一定耗损，不易保存。这类卡牌价值除了卡包开出的概率大小，通常还与卡牌的保存完整度有关，因此这类卡牌还有一定的收藏价值。

骰子驱动需要在设计过程中设计骰子的部分，相对于卡牌更为美观，更有质感，但骰子的概率不可控，如有的骰子驱动规则会有再投一次的判定，可能出现连续投骰子的时候；卡牌驱动则可以在点数的同时增加一定技能，卡牌的数量也是固定的，不存在概率不可控的情况，可以有很多不同的选择。

3. 桌游的其他分类

分为抽象游戏、儿童游戏、战争游戏（战棋）、家庭游戏、聚会游戏、策略游戏、主题游戏、构筑集换式游戏等。

前文提到战争游戏当中，有一种类型叫"战棋"，这是一种沙盘推演的游戏，其历史可追溯到第一次世界大战之前，即用小比例的军事模型配合沙盘场景推演战争场景。严格而言，军事类的兵棋可以自成一派，但近几年这类桌游的模型越来越精致，还出现了对模型进行涂装，或者对场景道具制作的衍生行业，不光涉及军事题材，也有科幻、机甲、玄幻等题材都统称为微缩模型类桌游，但这类型的模型制作精良，仿真度较高，因此造价成本也直线上升。这类型桌游在欧美国家的受众人群较大，有固定的赛事或展览。

（二）国内外桌游产业发展现状

1. 国外桌游产业发展现状

现代桌游发展至今已近一个世纪，种类也在一直递增，但随着网络的飞速发展，桌游发展还是受到一定电子游戏的冲击，因此还是一个相对较为小众的爱好，在国外属于出版行业，发行《大富翁》的公司一跃成了世界著名的玩具公司。

对于成功的桌游而言，公司不仅可以在原有的桌游基础上优化美术或者一定机制（如《大富翁》），也可以出不同的版本，即游戏机制类似，但桌游设置的游戏背景不同。还有就是出一定的扩展，即在基础版本上，推出一些新的角色、道具或者剧本。除了一些较为有名的游戏公司或玩具公司会代理或者发行桌游之外，还有一些众筹网站会众筹发行桌游。国内桌游玩家较为熟悉的国外桌游众筹网站就是 KS（KICKSTARTER），KS 是一个专为具有创意设计方案进行众筹的网站，其众筹的版本国内桌游玩家也称为 KS 版。当众筹金额达到一定程度会解锁一些扩展，有的达到则会解锁一些特殊的 token，甚至有的只有在众筹版本才有 token。国内类似网站则有摩点。

国外还有大量桌游设计比赛，或者桌游展会。目前影响力最高的桌游奖是德国桌面游戏奖（Spiel des Jahres，简称 SDJ），分为三个奖项：红标奖评选适合聚会玩的、推新较容易的、受众较广、规划感没有那么重的桌游，也是SDJ 比较重要的项目之一；蓝标奖则是更适合儿童的桌游，是亲子桌游购买一个比较重要的参考；黑标奖则是相对红标奖稍难一些的、策略性更重一些的桌游。

除了欧美地区以外，动漫游戏产业发达的日本也有一些关于棋盘游戏或者智力游戏的奖项设置。但日本的动漫游戏产业链完整，对于桌游的发展会有一定冲击，但桌游具有文化、艺术、工艺等特性，日本也是一个多元化的国家，不管是德式的策略还是美式的欢乐都能有一定程度的吸收，因此也有一些桌游奖项。

2. 国内桌游产业发展现状

桌游在中国的历史上，有五子棋、麻将等，国内桌游一开始主要以桌游吧的形式发展而来。现如今的桌游吧主要还是集中在一线城市或经济较为发达的沿海地区。

就厦门地区而言，厦门的桌游吧也以休闲娱乐功能为主，大部分桌游吧主推《狼人杀》，这是最近市面上较为流行的以沟通交流为主的游戏，也称为文字谈判类型。这种类型的桌游道具简单，适合推新。

目前我国大部分桌游产品来源于国外，现如今随着中国桌游市场的发展，有些中国的出版商开始汉化一些国外桌游。最开始的桌游汉化由桌游爱好者们自行翻译，在桌游爱好者当中叫作贴条。贴条的制作也是自发而来，不少贴条制作用心，甚至从外观上会尽力做到与原版卡牌相差无几。但由于国内市场的不成熟，当中容易产生一定的版权问题。

近几年中国的桌游研发都以卡牌类型为主，最成功的当属《三国杀》，这款桌游可以说在国内玩家人数最多，认识度也非常高。虽然三国杀在一定程度上参照了国外桌游的设计，但使用了中国元素，成功杀入欧美国家，也形成了一定文化传播，并且对于人们认识桌游有着较为积极的作用。许多高校也开始自发组织三国杀比赛，并且形成了桌游社团，"桌游"一词也开始逐渐进入中国人的视线当中。

国内桌游也出现过一些小说或者影视相关题材，如《风声》和《古董局中局》都有出过同名桌游。《风声》是一个卡牌类型的桌游，规则与机制类似《三国杀》，但相比《三国杀》规则会相对复杂一些。而《古董局中局》则是一款通过手机软件互动的一款推理类型桌游，这款桌游分为普通版与珍藏版，珍藏版的道具更为精致，将圆明园十二兽首的模型作为道具，普通版的兽首则以卡牌替代。由小说作者马伯庸亲自参与设计。

随着网络与各种媒体设备的发展，开始出现一些桌游与电子产品相结合的类型，或者直接出了电子游戏版本的，如常见的《斗地主》《大富翁》就出过手游或者电脑游戏版本。但总体而言，桌面游戏与电子游戏还是有本质的区别，桌面游戏还是强调一种面对面交流及一些道具摆放的乐趣等。二者其实相互不可替代，只能说一些优秀题材是共通的。

（三）桌游在教育当中的应用现状

1. 桌游在其他学科教育中教育应用

桌面游戏的题材十分丰富，这些题材对应各种学科。如《三国杀》对于人们了解三国人物、三国文化背景有着较大的作用，甚至可以超越国界走向世界。这个就对应历史学科。

化学学科领域则有中学化学题材方面的卡牌游戏，主要针对初中化学学习，是一种卡牌游戏，是三套卡片游戏的玩法，这一玩法可以将化学抽象知识转化为一定可视化对象，培养学生好奇心与探究欲望，从而增加课堂趣味性。让学生在游戏中学会学习，培养批判性思维和创新思维，还培养一定的审美情趣和人文素养，也体现素质教育理念。

2017年新印发的《义务教育小学科学课程标准》提出科学游戏是科学学

习的有效方式之一。将根据校园文化、品德学科制作出棋牌类桌面游戏，以教育学生增强环保意识，安全学习。将德育规范要求具体化为一种生动活动的具体形象。学生在桌面游戏的参与当中提高表达能力、共情力和团队合作意识。

2. 桌游与相关教育理论

皮亚杰主张活动是儿童思维发展过程中重要的一环，杜威也强调"活动中心"的观念，寓教于乐是当今教育主流之一，以桌游为契机，探索新的学习方式。在游戏过程中学生学会解决问题，也形成一定的思考问题的习惯，并且形成学习迁移，在真实操作当中，激发学生学习兴趣与学习动机，还可以促使学生主动建构学习，主动构建概念并且主动探索学习。国外的桌游产业较为发达，也同样运用于教育。桌游还可以应用于认知发展方面的理解。

马斯洛需要层次理论当中，从低级需要到高级需要，分别是生理需要、安全需要、归属与爱需要、尊重需要、求知需要、审美需要、自我实现需要。前四种为基本需要，后三种则是成长需要。人与人之间的社交则属于尊重需要，也有书本将尊重需要翻译为社交需要，即与人的社交沟通，从而获得尊重，是人们最终达到自我实现目的的必经之路。通过社交寻求人与人之间交往，获得群体与社会认同。现代生活需要一定社交才能在交往互动中得到满足，从而获得健康的心理状况和较好的社会参与感。现代社会的节奏较快，学习压力较大，人们经常忽略社交上的需要。而桌游当中，谈判社交是一个重要的获胜条件。在虚拟世界中社交，同时也是和一同玩桌游的朋友们的交流。

建构主义理论是认知学习理论的一个新发展，其核心是知识是主客体相互作用当中建构，是学生进行主动建构的过程，学习不是一个被动的过程，而是主动建构的过程，强调知识的动态性。学习也需要一定的情境，桌游有其特殊性，提供了一定学习情境。

桌游与美术学科而言，从艺术起源说来看，艺术起源有一种说法叫"游戏说"，由18世纪德国哲学家席勒和19世纪英国哲学家斯宾塞提出，因此也将这种艺术起源称之为"席勒—斯宾塞理论"。这种说法认为，艺术活动或审美活动起源于人类所具有的游戏本能。席勒在他的《美育书简》当中指出，人只有在"游戏"时，才能摆脱自然的强迫和理性的强迫，获得真正的自由。

也就是通过"游戏",人才能实现物质与精神、感性与理性的和谐统一。谷鲁斯认为,"游戏"并不是完全没有实际功利目的,而是在轻松愉快的游戏活动中,不知不觉为将来实际生活做准备练习,如小猫追逐线团的游戏是为了练习抓捕老鼠;小女孩抱着木偶玩游戏,是练习将来做母亲。而前文说到,桌游正是模拟出一个新的世界来进行游戏,有打仗、商业、探险等不同的活动,在游戏当中培养学生的审美素养、人文素养。

最新的核心素养概念当中,以培养"全面发展的人"为核心,将中国学生发展核心素养分为三大方面,六大素养,并细化为18个基本要点。其中,审美情趣是人文底蕴素养中极为重要的一点。

（四）嘉庚建筑桌游设计

1. 嘉庚建筑设计说明

嘉庚建筑在近代建筑史上有不可磨灭的地位,也具有深厚的人文价值与文化内涵,有其独特的历史价值与美学价值,是嘉庚精神的表现之一。对于厦门地区的中小学学子而言,嘉庚建筑反映了陈嘉庚先生爱国为民、倾资兴学的精神,是嘉庚精神的重要载体之一,在建筑史上独树一帜,也是城市文明的延续,更是特殊时期的文化见证。

由于嘉庚建筑是一个较大的实物建筑,如何将嘉庚建筑艺术成功地植入美术课堂当中,如何使用一个更好的载体将建筑与课程进行展示或者导入,成为一个现实问题,因此可通过桌游的形式激发学生学习积极性。

本游戏便以嘉庚建筑为主题,寓教于乐,模拟外出游玩写生,让学生在游戏当中了解一定的嘉庚建筑知识,激发学生上课兴趣。

2. 原创桌游规则简介

（1）用户定位设计

这款桌游主要定位人群是中学生,中学生的认知能力、智力都较为成熟,前文强调过,桌游更注重的是玩家与玩家之间面对面的交流与对抗。中学生的认知能力或者理解能力都发展到一定程度,对于市面上大部分已有的桌游而言,其桌游规则中学生都能理解。

通过对中学生的访谈得知,桌游在中学生当中流传较广,《狼人杀》是由于直播平台的普及推广而流行,除了线下面对面交流以外,也有很多中学生通过网络或者手机软件进行这一游戏。此外,前几年比较流行的桌游还有《三国杀》,《三国杀》与《狼人杀》名字相似，实际上是两款区别较大的桌游。以《狼人杀》为代表的"杀人游戏"对于卡牌质量要求更低，甚至可以自己制作，只要写上代表身份的卡牌即可，受众性别而言，男女兼有。而《三国杀》对于卡牌质量要求更高，在男孩子当中受众更好。

（2）形式设计

嘉庚题材的桌游是一个模拟写生的题材，但本质是一个类似拍卖的题材。主要通过地图版块的嘉庚建筑对学生进行教育，在桌游当中辨认地图当中的嘉庚建筑名称，再对学生进行嘉庚建筑欣赏课程的讲解，引起学生的学习兴趣。

（3）题材设计

嘉庚建筑一定是最这款桌游重要的题材，通过购买美术材料及写生，学生形成理财概念，也形成经济能力与谈判能力，还可以在游戏中欣赏嘉庚建筑。

3.嘉庚建筑桌游的设计过程

（1）草图

首先是嘉庚建筑桌游，最重要的部分当属地图版块的设计，它涉及嘉庚建筑的选择，选择有代表性的嘉庚建筑成为一个重点，经过寻找摄影师的授权以及嘉庚建筑的典型度，最终选择了厦门大学嘉庚建筑群、集美中学道南楼楼群、集美大学航海学院白楼楼群、集美大学美术学院科学馆楼群、集美大学航海学院崇俭楼楼群、集美中学南薰楼楼群、集美大学财经学院尚忠楼楼群、集美华侨补校嘉庚建筑群八个地点作为代表。选择这八个地点主要由于这些地点的建筑较为典型，具有一定的代表性。也通过这些地图版块让学生对嘉庚建筑有所了解。

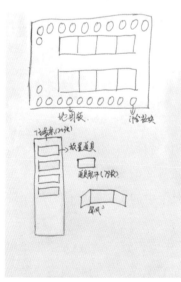

图5-35：位置安排

美术器材模拟的选择也经过了一定考虑，结合模拟写生这一背景，给学生安排美术写生作业。由于不同作业需要不同的美术器材，学生在游戏过程中需要收集这些资源，但同一种美术器材有不同的级别，与同伴竞争过程中也需要考虑收益是否能够达到成本，从而考虑需不需要继续竞价。

试玩的时候感觉分数比较低，于是在修改设计过程中，又在普通导师基础上增加了4个传奇导师，并且都是四颗星，使整个游戏流程更快一些。

计分板原先只有一个，在拿分数的时候，出现了有人没有拿到相应的分数，后来使用的方案是直接分数减一，向下拿取一个分数，但还是比较容易拿完分数，因此增加了一个同一分数加一个积分板的设计，即同一个分数可以获得两次。

桌面游戏发展历史悠久，将桌游应用到教育行业也早有先例，并且有较多相关教育理论支撑，每一款桌游都有着自身独特的题材或者独特的机制，内容广泛。国内的桌面游戏产业还有巨大的发展空间，群体也还是相对小众，将桌面游戏与教育教学相结合，在国外虽然由来已久，但在国内推广还较少。通过桌面游戏产业理论研究，寻找到实践思路，再通过实践设计与运用回归到理论，为理论提供一定依据。

二、桌游引入嘉庚建筑课程概述

（一）美术课程之嘉庚建筑

1.地方美术课程概述

《普通高中美术课程标准》当中有提到根据需要编写地方课程或者校本教材，并且提及"充分认识开发和利用课程资源的重要性"，同时广泛汲取优秀传统文化思想资源。这些都是地方美术课程实施的重要依据。

20世纪60年代左右，英美等较发达国家开始出现校本课程的观点，以反思国家课程脱离具体地方与学校实际的弊端，由此推动了校本课程的兴起。

闽南文化博大精深、独具特点，蕴含巨大的开发潜力，为厦门地区的乡土美术教程提供了丰富的自然资源和人文资源，将闽南本土文化引进中学美术校园，对于弘扬闽南文化，培养学生热爱家乡，感受闽南文化的价值与内涵有重要意义。闽南乡土文化具有艺术魅力，也同时具有闽南个性。

在美术闽南这片地域上，孕育了丰富的乡土美术文化，厦门地区的老师们以校为本，开发与利用乡土美术教育资源，将美术课程内涵丰富，也将美术教育外延。以美术自身独有的教育方式继承与传播闽南文化，闽南地区的乡土美术元素与人文内涵较多，为学生打开发现美、感悟美和创造美的机会，提供了体验闽南地域文化、自主研究学习的有效平台。厦门市的教育科学研究院就曾经发起课题，以引导学生从美术角度理解闽南文化，激发学生了解并热爱家乡传统。

美育是美术教学当中一个重要的内涵与目标。传播与继承优秀闽南文化，最新的《美术课程标准》指出，课程资源的开发与利用是美术课程中一个有机组成部分，美术教材的教学内容与学生的学习生活还有一定的距离。教材中的一些课程资源对于学生而言不够贴近生活，无法使学生如身临其境或者感同身受，课程上还是以应试为主，难以引起学生共鸣。通过对地方美术资源的研究性学习，培养学生创新精神与实践能力，以及收集信息、处理信息的能力，发现与解决问题的能力。同时加强教师课程资源的开发能力，发展学生的情感态度价值观及嘉庚精神的培养。增进课程与地方的结合性，从而形成闽南地方特色。

嘉庚建筑作为课程资源，是一个多元化的研究体系，横跨多个学科，多元化也是美术教育发展的趋势之一。学生学习嘉庚建筑过程中，提高审美情趣与艺术修养，有助于保护与传承闽南地方美术资源。学生了解接触嘉庚建筑的历史、样式风格及其所承载的嘉庚精神，了解闽南地区的人文环境，培养学生热爱家乡的情感。

《基础教育课程改革纲要》指出：加强课程内容与学生生活联系，关注学生学习经验。《九年义务教育美术课程标注》也强调：教材应尽量适应具体的教学情况，具有可操作性，应考虑不同地区学生的基础、地方资源和文化特色。《美术课程标准》则强调：要引导学生深入了解我国优秀民族、民间艺术，增强对祖国优秀文化的理解。

嘉庚建筑作为闽南优秀文化的代表之一，其艺术资源的整合，是将大教育背景之下的美术教育与中学美术教育学科的结合，在实践中合理分配，意义深远。嘉庚建筑独特的人文价值取向，及其特殊的历史价值、美学价值，都让嘉庚建筑成为闽南地区文化的优秀代表之一。

新颁布的《中学生核心素养发展报告》提出，以培养"全面发展的人"为核心，从而提出各学段学生发展核心素养体系，明确学生应具备适应社会发展和需要的能力，要求学生在新时代，应学会尝试用美术和跨学科的方式解决社会生活中的种种问题，并强调提升个人修养与国家情怀，注重自主发展、合作探究、创新实践，在美术课堂中引入传统文化资源是传承和发展较为有效的途径之一。

2. 嘉庚建筑风格之美

嘉庚建筑是指20世纪20—60年代陈嘉庚先生或捐资或募资兴建，或主持规划，或参与设计与监督施工的建筑。主要特点是"中西合璧"，在吸收中华传统建筑文化与闽南地方建筑及南洋西方建筑的经典元素与成分过程中，将其创新融合，形成独树一帜的建筑风格。

嘉庚建筑独特之处在于其吸收了多元文化后的兼容并包，在闽南古厝的传统技艺之上，进行总结创新，大胆尝试与多元建筑风格的融合。创新是艺术不断前进的动力之一，陈嘉庚先生正是诠释了这一点，在闽南红砖古厝的精华当中，汲取融合了欧式南洋建筑的风格，俗称"穿西装，戴斗笠"。屋顶是中国建筑当中重要的看点之一，有人将其比作是中国建筑的冠冕。嘉庚建筑的屋顶造型吸取了闽南传统建筑当中檐角和正脊的特点。同时运用夸张手法，檐角起翘较大，正脊的曲线也较为明显，给人"如翼似飞"的感觉。陈嘉庚先生出生与少年时期生活在闽南地区，闽南的建筑风格自然给他留下了深远的影响。

然而陈嘉庚先生常年生活的东南亚地区，西式的建筑风格也同样影响着他。如白色花岗岩的运用，将白色花岗岩与红砖相互镶嵌，形成彩色效果，红色与白色形成一种对比，同时又不失和谐，发挥了闽南地区能工巧匠的聪明才智。闽南地区位于我国东南沿岸，分布较广的便是红色土壤，因此闽南人民就地取材，将红土烧制成各种形状的红砖。闽南地区的古厝，最为醒目的就是那一墙红色。红色在中华传统文化当中代表的是喜庆、热烈、吉祥，嘉庚建筑的红色当中又夹杂着白色花岗岩，形成对比。不同形状的红砖拼成菱形、六角形等平面形状，走廊外墙则用釉面砖拼成各种代表美好愿望的图案。楼梯走廊天顶也有精致的装饰绘画，闽南传统建筑体现了一种细节之美，加上蓝色的门窗，体现色调上的调和。

嘉庚建筑风格的形成主要经历了三个时期：1913—1918年早期阶段，1918—1927年发展阶段，1950—1961年成熟阶段。早期阶段即主要是拥有拱券、柱式的南洋建筑。发展阶段则开始将闽南传统建筑元素与外来建筑风格相结合，二者各有特色，但融合度还不够高。成熟阶段则是外来建筑与闽南地区的传统建筑的结合，并且融入了人文特征。巴洛克、阿拉伯等建筑风格形式与闽南传统建筑形式相互交融、相互渗透，结合闽南地方海洋文明风土人情，创造出既有闽南地方文明又有西式建筑风格的建筑风格。

嘉庚建筑是陈嘉庚先生倾资兴学，出资主持修建与规划，或参与建设的建筑。其最大的建筑风格为中西合璧，将闽南地区的传统建筑风格与西方的建筑风格加以融合，形成了独具风格的嘉庚建筑。

21世纪初，为了进一步将"嘉庚建筑"的风格发扬光大，集美大学、厦门大学等新校区，及集美学村等地的新校舍的建设，都延续创新了这种风格的建筑。这些建筑试图在保留嘉庚建筑基本特征的基础上，结合现代的建筑风格形式，形成新的建筑形式，被称为"嘉庚建筑风格新建筑"。集美学村和厦门大学建筑群则是规模较大、保留较为完整的代表性建筑群。

3. 嘉庚建筑的分类

嘉庚建筑按照用途可以分为三类：

一是学校建筑，如集美学村和厦门大学。有集美小学的三立楼，集美中学的延平楼、黎明楼、南薰楼、道南楼，集美大学的尚忠楼、允恭楼等。二是学校与社会公共基础建筑，如厦门博物馆、科学馆，福南大礼堂，龙舟池建筑群等。三是集美风景区建筑，如鳌园、嘉庚公园、嘉庚故居、归来堂等。

按照时期可分为：

1913—1916年。这一时期，是陈嘉庚先生海外经商归国，首批在家乡兴建的教育和公共建筑时期，这一时期建设的有1913年建成集美小学木质校舍，1918建成的三立楼，1918年建成的敬贤堂以及1918年建成的西风雨操场等。

1919—1931年。这一时期是陈嘉庚先生事业鼎盛到衰落的时期。1919年他再次从新加坡回到厦门，创办了厦门大学，同时主持了集美学校校舍扩建工作，这一时期建设的有1922年的厦门大学校区的群贤楼群：映雪楼、集美楼、同安楼、囊萤楼、博学楼等。集美校舍的扩建则有1920年的立德楼、1920年的立言楼、1920年的即温楼、1921年的明良楼、1922年的集美学校科学馆、1920年的集美医院集贤楼、1922年的延平楼、1923年的允恭楼、1926年的崇俭楼等。

在这期间，受到全球经济危机的冲击，陈嘉庚先生的企业也出现一定亏损，此时有人劝说他停办学校，或是缩小教育规模，但是他宁可公司关闭，都没有放弃学校教育，同时利用自己在华侨圈子的影响力四处号召募捐支持所办学校。他的行为无不感动着国人。

新中国成立后的1950年，陈嘉庚先生回国于集美学村定居。制订了"重修集美学村的计划"，1953年成立了集美校友会建筑部，专门负责修缮战争时期被轰炸的校舍以及校舍的扩建，这些建筑可分为南侨华侨补校建筑群；南薰楼、黎明楼、道南楼代表的沿海扩建群；厦门大学建南大礼堂等；集美龙舟池及七座池亭楼阁；嘉庚公园的鳌园与集美解放纪念碑与归来堂等。

4. 嘉庚建筑文化背景

中国各民族之间由于地域、风俗不同而有着不同风格的建筑。闽南地区的建筑代表便是红砖建筑。偏居于中国东南沿海一隅的闽南，拥有海洋文化，文明有着自成一派的体系。西晋时期开始中原人的迁入，带来了新的文化碰撞，闽南文明开始了一个新的局面。到了宋代，开始有闽南人民漂洋过海，辗转到了东南亚，"下南洋"成了闽南人民勇敢肯拼搏的表现。冒险精神、爱拼敢赢的精神，正是在闽南文化影响下形成的。闽南文明中还带有不少东南亚文明，形成了兼容并包、海纳百川的闽南文明。闽南人民的精神也由此而来。一方水土养一方人，海洋养育了闽南人民，重视海洋贸易发展的闽南人民更易于接纳其他优秀文明的结晶，闽南与东南亚有着得天独厚的邻近优势，也让包括陈嘉庚在内的无数华侨外出经商。

嘉庚建筑是多种文明结晶碰撞融合的结果，甚至有人认为，传统中式的屋顶在上，也代表了陈嘉庚家国至上的思想。随着交通、贸易的发展，越来越多的华侨远赴南洋打拼，因此在思想上更为开放，愿意接纳新事物。

立柱上的拼饰图案，外墙使用优质釉面彩砖拼饰，组成精巧美妙的图案，红砖拼花装饰的窗户则富有东南亚风格。闽南民居常用的装饰手法是贴瓷加彩绘，即将彩色瓷碗摔碎，根据瓷片的边缘形状或色彩贴于墙上。闽南地区的古厝墙面上的红砖也有拼花，如用菱形砖、六角或八角砖拼贴成图案，砖缝再填入灰泥，具有装饰效果。

闽南文化同其他许多民族文化一样，在吸收外来文化当中不断发展。闽南人祖先部分源自中原，因此闽南古厝也具有中原文化的影子，如中原建筑常见的中轴对称，布局有主次，以及群体的组合。嘉庚建筑吸收闽南建筑精华的同时，自然也将这些吸收其中。后期则开始出现一些洋楼，这些洋楼大多由归国华侨修建而成，具有阿拉伯或古罗马的装饰风格，如百叶窗、西洋柱式、瓶式栏杆等，又保留有中式的飞檐斗拱、燕尾脊、红砖结构墙体、前后的院落等。这种中西结合的洋楼给陈嘉庚较大的启发，为后来的嘉庚建筑打下基础。

建筑可以反映很多现象，从政治、经济到文化各方面的变化，都能在建筑当中体现。嘉庚建筑也是闽南地区文化的缩影之一，闽南地区有特殊的地理条件及文化习俗，嘉庚建筑的人文精神正来源于闽南地区的文化精神。

5. 嘉庚建筑蕴含的民族特色

嘉庚建筑总体采用中式布局，外部装饰采用西洋柱式与细节处理，在保留西式建筑的体量组合基础上，融入闽南传统古厝的屋顶，但同时又注入新的元素。

中国传统的装饰图案与巴洛克风格的建筑装饰结合，中式元素当中最为醒目的大概是中式的屋顶。闽南地区许多古厝就采用了这种燕尾脊的形式，是闽南建筑亮点之一，给人积极向上、一飞冲天之感，嘉庚建筑也使用了燕尾脊的传统民族元素。闽南地区许多华侨冲破重重困难远赴南洋经商，他们虽然浪迹远方，但始终不变的是那颗心向祖国的赤子之心：他们背井离乡，在国外历经苦难与艰辛，但他们心中，这带着燕尾脊的闽南古厝，是他们根的所在。这也是中华传统文化十分注重的根系概念，也是所有在外华侨们的精神寄托。陈嘉庚先生也不例外，向上腾飞的燕子，代表无论多远，海外的赤子总能飞回祖国母亲的怀抱。

闽南民间古厝建筑当中，有许许多多的装饰图案，这也受到了传统中原文化影响，常用象征意象手法，如谐音、比喻等。题材之一便是神兽瑞兽的形象，如谐音为"禄"的鹿的形象，也有代表长寿祥瑞的仙鹤形象，也有谐音为"福"的蝙蝠形象，还有钱币、太极等，均运用到嘉庚建筑的装饰当中。

6. 嘉庚建筑与嘉庚精神

近代中国许多优秀的华侨在操劳了一辈子之后，放弃了国外优越的生活环境，选择回到家乡资助办学。侨胞们对于中国传统文化的保护更为重视，因此致力于保留中国传统文化的民族性，对于祖国民族文化更为保护。在这样的教育理念下，办校侨胞们开设的侨校课程，有本国传统经典课程的同时，也有美术、算术、理学、工学等有利于救亡图存的课程，又吸收了国外优秀的教育理念，在当时可谓十分先进了。

此外，还唤起学生们的爱国主义，唤起国内的民族主义，让国人知道此时的中国正在经历痛苦与耻辱，也使侨胞们明白，强大的祖国是海外侨胞永远的靠山。

中华民族意识的觉醒，也是无数华侨办学的不竭动力。这些华侨意识到了教育对于救国的联系性与必然性，因此他们不惜放弃国外打拼多年的事业，回到国内散尽家财在家乡办学。

陈嘉庚先生就是众多热爱祖国而回乡办学的华侨之一。陈嘉庚先生以其独到的商业眼光，随父亲到新加坡经营橡胶种植加工行业，在新加坡，他被誉为"橡胶大王"，业务辐射整个东南亚以及厦门等多个地区。由于他不懈拼搏、苦心经营、艰苦创业，获得了巨大成功，成为东南亚大名鼎鼎的实业家。

在事业成功的情况下，他开始兴办学校以报效国家，他认为：教育是立国之本。在新加坡，他发现海外的广大侨胞们对于中国传统文化的教育还是采用十分落后的私塾形式，因此开始了他的教育事业。他于1910年在新加坡创办了小学，其后陆续兴办了多所学校。由于新加坡当时还没有完善的华侨中学，在他的号召下，当地爱国华侨人士共同创建了新加坡南洋华侨中学，这也是东南亚第一所华文中学。

1913年陈嘉庚先生回到家乡，创办了集美小学，后又陆续创办师范、水产、航海等学校，还有幼儿教育、医院、科学馆、图书馆等一系列学校或机构，统称为"集美学校"。1923年孙中山先生批准"承认集美学校为永久和平学村"，声名远扬的"集美学村"由此而来。

1921年，陈嘉庚创办了全球第一所独资大学——厦门大学，同时也是当时唯一由华侨创办的大学。厦门大学有着很多美谈，如陈嘉庚先生在公司经营不善的情况下，坚持资助厦大的办学，为此卖掉了自己公司的大厦，留下了"出卖大厦，维持厦大"的说法。

陈嘉庚先生反对重男轻女，专门创办了女子学校，让女子得以上学。这一理念在当时十分超前，在当时的历史条件下十分难能可贵。其次他十分强调对于贫困学生奖励，讲究对师范生的培养以及对师资的培养。认为办好学校，教师十分重要。注重办学质量，注意学生的全面发展，倡导职业技术教育的创办及生产技能人才的培养，还有对于普及教育的推广，设立了教育推广部。

这些教育理念到现在也是值得推广与宣传的。陈嘉庚先生是一位拥有伟大爱国精神的实业教育家，燃尽自己毕生热情创办教育，但他的一生却生活简朴。竭尽全力倾资兴学，办学时间、办学规模及其毅力，都是全国乃至世界范围内罕见的。在他的大力倡导之下，许多有识之士、爱国华侨也纷纷效仿，学习陈嘉庚先生捐资兴学，全国掀起了一股办学风。他们在事业上披荆斩棘、努力拼搏，在事业有成之后，支援祖国教育事业。代表人物还有陈嘉庚的胞弟陈敬贤、李光前与李成义父子、陈文确与陈六使兄弟、李尚大和李陆大兄弟，还有李嘉诚、邵逸夫、庄重文等。

闽南地区遥对南洋，因此华侨在闽南地区尤其是厦门，都有着十分巨大的影响。厦门地区最早的航运、铁路、水路交通运输等，大多由华侨投资创办兴建。还有堤坝（最早链接岛内外的枢纽就是著名的厦门海堤）、码头、马路，甚至电网、电话、公共汽车等公共基础设施，无一不是在爱国华侨的大力支持下建成。

陈嘉庚先生的爱国精神十分值得我们敬佩，他对于民族团结和民族尊严的支持，是我们现阶段中学生，尤其是闽南地区中学生值得学习的。

陈嘉庚先生的爱国主义情怀是"嘉庚精神"的核心，是"爱国旗帜　民族光辉"最重要的彰显。民族精神是中华民族的国家脊梁，是中华民族救亡图存的动力与支撑。陈嘉庚先生和他的胞弟陈敬贤将集美学校校训定为"诚毅"，意为"诚以待人，毅于处事"，不仅要求所有师生牢记，陈嘉庚先生也以身作则，是"诚毅"校训身体力行的倡导者。

嘉庚建筑风格的形成，是陈嘉庚先生长达半个世纪的努力，吸收了中西方优秀建筑风格，嘉庚先生鲜明的风格也蕴藏其中。借助中学乡土课程的资源优势，以达到弘扬嘉庚精神的目的。闽南地区是陈嘉庚先生的故乡，拥有丰富的旅游文化资源，深厚的文化底蕴供学生了解建筑历史的辉煌，让学生在建筑领域的艺术殿堂得以升华。结合身边的生活环境，充分运用本地嘉庚建筑艺术资源，将其融入美术教学当中。传播与弘扬优秀传统文化，培养学生的审美情趣与艺术修养。培养学生的爱国之情、爱乡之情，感受陈嘉庚先生崇高的嘉庚精神。

7.嘉庚建筑楼名与其内涵

嘉庚建筑的形式美观而独特，嘉庚建筑当中蕴含的嘉庚精神不仅体现在嘉庚先生的事迹当中，嘉庚建筑每栋楼的名称也为其锦上添花，使嘉庚建筑更富有人文内涵。

陈嘉庚先生对于传统文化的理解，不仅体现在建筑设计当中，还体现在楼名中。楼名中包含着中华传统文化与闽南地区文化或华侨文化。

以集美中学延平楼为例，闽南地区的民族英雄郑成功，封号延平郡王，延平楼是在郑成功所建的寨内社遗址之上，嘉庚先生还在延平楼前的巨石上刻有"延平故垒"四个字，以纪念郑成功收复台湾的英雄事迹，延平故垒也成为集美十景之一。延平楼表达了嘉庚先生对民族英雄的钦佩之情并希望学生向英雄人物学习。嘉庚公园又名鳌园，这是嘉庚先生的安息之地，是一座形似巨鳌的小岛，因此取名鳌园，具有浓厚的闽南海洋文化特色。还有集美的福南堂与其姐妹建筑厦门大学的建南堂，福南堂和建南堂取自"福建"，"南"则是"南方之强"之意。

嘉庚建筑楼名有一部分来源于中华传统经典典籍，如《论语》《尚书》等，如忠勇、仁义、诚信、温良、礼让等字词的使用，经典楼名有尚忠、尚勇、崇俭、即温、明良等。还有如诵诗、务本、三立（立功、立言、立德）等楼名则是期望学生品行端正或者学习刻苦而命名。还有著名的集美中学南薰楼，南薰取自古籍《乐记》的"南风之薰兮"，指培养人才要像南风一般带着薰草香循循教导，同时体现了嘉庚先生的办学思想。

还有受到嘉庚精神熏陶的企业家、知名社会人士、校友，在嘉庚精神的引导之下一同捐建或捐资的，这样的楼名通常会用他们的名字作为楼名，如"尚大楼"就是以著名校友李尚大命名。"归来堂"是陈嘉庚先生去世前就已计划拟建的，后在周恩来总理的关怀下顺利落成，"归来"二字意在"归来时欢聚一堂"，代表着嘉庚先生希望海外华侨亲人们能够回归祖国，勿忘故土。

这些楼名都蕴含着不同的文化宝藏，激励着嘉庚学子们努力学习成才，共同形成了校风的一部分，在无形当中影响着一批又一批嘉庚学子。这些楼名有着深刻的教育价值，同时也继承与弘扬着中华传统优秀文化。

（二）嘉庚建筑桌游与嘉庚建筑

1. 桌游所选的典型嘉庚建筑介绍

首先是嘉庚建筑桌游，最重要的部分当属地图版块的设计，选择有代表性的嘉庚建筑成了重点。通过实际走访，拍摄了许多嘉庚建筑的图片，本着精益求精的理念，决定向较为著名的摄影师寻求帮助与参考。后经过摄影师的建议与授权，参照标准为嘉庚建筑的典型度及美感，还有特殊性。最终选择了厦门大学建南楼、集美中学道南楼、集美大学航海学院即温楼、集美大学美术学院科学馆、集美大学航海学院允恭楼、集美中学南薰楼、集美大学财经学院尚忠楼楼群、集美华侨补校嘉庚建筑群8个地点作为代表。选择这8个地点主要由于这些嘉庚建筑较为典型，具有一定的代表性。

厦门大学建南楼

建南楼群主体是建南大礼堂，是陈嘉庚亲自参与设计与督建的，包括南安楼、南光楼、成智楼、成义楼还有建南大礼堂。建南大礼堂有巨大的白色花岗岩石柱矗立在门口。绿色的琉璃瓦歇山屋顶，大理石砌成的西式墙身，与闽南工艺相结合。窗户及装饰讲究，图案雕刻精美细致。门拱上雕刻有龙虎图案，象征坚固与威力。建南大礼堂在底层门廊处到门厅有两组石板台阶，外面五级，里面三级，意为中华人民共和国经历了八年抗日战争与三年解放战争。建南楼群当中，建南大礼堂的内部细节最为细致与丰富。造型别致优雅，色彩搭配和谐，与另外四座楼形成主次，同时有所呼应。

集美中学嘉庚建筑群

道南楼

坐落于集美学村龙舟池畔的道南楼，目前是集美中学初中部的主要教学楼。最初由陈嘉庚先生于1963年主持建造落成。现在看到的道南楼是重新修缮后于2008年投入使用，同期翻修并陆续投入使用的还有延平楼、南薰楼、黎明楼，自2001年起，耗时7年。由于是国家级重点文物，从外观上看，修缮前后几乎无区别。但由于年代久远，最初建筑结构为竹筋混凝土结构，在修缮当中，将墙体换成钢筋剪力墙结构，楼板也换成钢筋混凝土结构等现代建筑工艺进行加固。

道南楼全长174米，绿色的琉璃瓦与白色花岗岩，蓝色的木质门窗，都在色彩上形成了较强的对比效果。外墙由花岗岩和红砖还有青白色的石头砌筑，红、白、青形成一定的节奏感。走廊用砖片拼贴成各种形状进行装饰，外廊的栏柱则是绿色的琉璃瓶柱。内部楼梯也有浮雕进行装饰，色彩的搭配、图案的设计，均能体现匠人的用心。

允恭楼

允恭楼楼群位于集美大学航海学院内，面对航海学院运动场。这一楼群当中最主要的允恭楼与其他以闽南红墙为主的嘉庚建筑不同，允恭楼外墙总体以白色调为主，中间部分有一个半圆形外凸的走廊，允恭楼一共四层，一、二楼为弧形拱券走廊，三、四层则是方形走廊。有人说像美国白宫，楼顶写有"乘风破浪"四个字。半圆走廊的支撑柱式是罗马柱式，楼的正前方是一尊陈嘉庚先生像，以及一块由我国唯一的南极破冰船船长，同时也是航海学院的校友从南极带回的南极石。南极是所有航海学子心之所向，南极石对于航海学子意义深远。

科学楼

科学馆始建于1922年，陈嘉庚先生在建设校舍的同时，还建造了许多服务学校的公共建筑，如图书馆、科学馆等。现为集美大学美术学院教学楼，也曾经受战火损毁，于1951年修复。外墙以白色为主，一楼走廊为拱券廊，二楼为方形廊。柱头、屋顶则有巴洛克式的装饰纹样。

图5-36：科学馆现集美大学美术与设计学院

即温楼

即温楼始建于1921年，但在

1949年遭战火毁坏，现在看到的即温楼为1951年修复。由于地势原因，即温楼正巧在一个坡下，因此很容易清晰地看见楼顶的大片红瓦。墙身主要是红砖砌成，西式拱券部分则是白色的，碧绿的爬山虎爬满了半面红墙。明良楼以闽南红砖为主，配有白石作为衬托，对于嘉庚建筑的"中西融合"起了十分重要的典范作用。

图 5-37：南薰楼

南薰楼

南薰楼于1959年落成，当时是福建第一高楼，建筑面积为8105平方米，南薰楼楼顶有集美二字，更使它成了集美甚至厦门的标志。楼体由中央主体和左右两翼组成，基本对称。主体楼共15层，顶楼为四角亭结构。左右两边依地势一侧为5层，一侧为6层，两端均有一八角亭，雄伟壮观。整个建筑看起来如同一个凌空起飞的战机。主体楼身同样是灰白色花岗岩建造，同时也有绿瓦飞檐及红砖装饰，体现了嘉庚先生的建筑思想。南薰楼最早还有航灯的作用，为远航的船只指引集美的方向，另外还有巨大的时钟向市民播报时间，体现了嘉庚先生的人文关怀。

厦门常受到台风灾害的影响，南薰楼经历多次台风袭击仍保持着雄厚伟岸的形象，这是嘉庚建筑较为典型的代表之一，也是嘉庚建筑风格成熟时期的产物。南薰楼的屋顶与外墙采用了穿插的形式，形成一定的韵律节奏之美。

南薰楼这个名字也表达了陈嘉庚先生的美好愿望，寄托了对教师、学生的期望，意指教育办学要像"南风吹来的薰草清香"谆谆教诲。

尚忠楼

现为集美大学财经学院的尚忠楼楼群，包括尚忠楼、敦书楼、诵诗楼三部分，尚忠楼居中，敦书楼与诵书楼在两侧。始建于1921年，原为女子师范学校教学楼（现楼顶依然可见女子师范四字）。尚忠楼的屋顶是西式双坡顶，与其他燕尾脊的嘉庚建筑有所不同，但外墙又是闽南传统红砖与乳白色花岗岩交替。走廊与其他嘉庚建筑一般，拥有绿色瓶柱状栏杆。尚忠楼的每层窗户装饰花式各不相同，总体色调为红色。敦书楼则是较为典型的闽南式飞檐屋顶、柱式和拱券，栏杆则是西式风格，还配有闽南传统木雕花纹装饰与山墙装饰。

华侨补校嘉庚建筑群

华侨补校建筑群也叫南侨楼建筑群，建于1952—1959年，共4排，16栋，依次命名为南侨1至南侨16，其中13 ~ 16较为重要，都是用花岗岩条石与闽南红砖建成的外墙，外墙配有不同的装饰图案。16栋楼依地势而建，排列整齐，有高有低。

2. 嘉庚建筑其他典型

21世纪初，为了进一步将"嘉庚建筑"发扬光大，集美大学、厦门大学等新校区及集美学村等地新校舍的建设，都延续创新了这种风格的建筑。这些建筑在保留嘉庚建筑基本特征的基础上，结合现代建筑风格形式，这种新的建筑形式被称为"嘉庚建筑风格新建筑"。

允恭楼楼群分别有即温楼、明良楼、允恭楼、崇俭楼、克让楼。明良楼以闽南红砖为主，配有白石作为衬托，对于嘉庚建筑的"中西融合"起了十分重要的作用。崇俭楼始建于1926年，最早为商科学校教学楼，与明亮楼样式基本一致，正好在允恭楼一左一右，屋顶为燕尾脊，两侧楼梯是角楼结构。白色角楼与红色楼体形成对比。克让楼在色彩上也极为特殊，是一座嫩黄色的三层建筑，辨识度极高，也是一座拱券结构的建筑。

群贤楼楼群包括群贤、囊萤、映雪、同安、集美几栋建筑，是厦门大学最早的几个建筑物，这几个建筑一开始设计是打算呈品字形排列，但陈嘉庚先生认为会过多占到演武场的地面，从而妨碍到运动场的设置，最终决定改为一字形排列。这几栋楼当中，占地面积最大的是群贤楼，中部为三层，有拱券石门，两侧护楼为两层，红瓦屋顶。屋顶是典型的闽南古厝的屋顶。

囊萤楼和映雪楼则在厦大体育场对面，原来为土木结构，如同集美中学的嘉庚建筑一般，修缮之后改为混凝土结构，带有一定的巴洛克风格。同安与集美二楼则是两座两层的教学楼。屋脊微微呈弧形，两端上翘，花岗岩墙面，同时与群贤楼相互呼应。

鳌园

鳌园的嘉庚建筑群比较特殊，现在的鳌园分为三个部分，分别是游廊、集美解放纪念碑和陈嘉庚墓。

鳌园最令人称奇的是园中的各种闽南石雕，融合了高浮雕、浅浮雕、透雕等各种传统闽南石刻艺术。石雕画面的题材也是陈嘉庚先生经过深思熟虑之后挑选而来，如同嘉庚建筑楼名文化一般，体现了陈嘉庚先生对中华传统文化的独特理解。石雕内容有各种地图、重大历史事件，如开国大典、长征、解放战争，也有西厢记等名著故事，以及常见动植物图鉴、名人墨宝碑文等，包容万象，题材丰富。另有集美解放纪念碑，上有毛泽东主席亲笔题字"集美解放纪念碑"，在夜景工程的照亮下，集美解放纪念碑宛如一把雪白的利刃划破夜空。

延平楼

延平楼始建于1921年，由于战火的毁坏，1951年陈嘉庚先生亲自主持重建，重建后的延平楼廊柱以红色的砖瓦与白色大理石相间而成。屋顶为绿色琉璃瓦，闽南传统燕尾屋脊，绿色釉质瓶状栏杆，同时走廊内墙用红砖拼成花纹。延平楼坐落于寨内社旧址之上，前有巨石，上书"延平故垒"四字。由于延平楼地势较高，楼前有石板砌成的阶梯，使延平楼气势更加恢宏。

桌游本身是一种比较新颖而小众的爱好，将嘉庚建筑植入桌游当中，同时还能走进中学美术课堂，是一次比较大胆的创新。桌游成功激发了学生的学习兴趣，同时在游戏当中熟悉了几个典型嘉庚建筑，也在桌游当中提高了学生的综合素质，培养学生对嘉庚建筑之美的欣赏，因此获得了成功。学生对于桌游这一形式保持了浓厚的兴趣与专注，为嘉庚建筑这一题材注入了新鲜活力。

通过对玩过桌游与没玩过桌游的学生上课情况进行对比，我们可以看出，玩过桌游的学生在课堂前表现出浓厚的兴趣，并且在学习心理上有着较好的准备。从这个角度而言，将桌游与嘉庚建筑的校本课程结合是可行的，也能作为一种模像直观，让学生感受典型的嘉庚建筑之美。

将嘉庚建筑作为载体，引导学生学习本土美术知识，符合核心素养对学生美术素养的要求及新课标要求。这一课题值得继续研究与开发，开发出其他不同的桌游与课程资源的结合。

嘉庚建筑与它所凝聚的嘉庚精神是闽南地区的文化精华，具有美学、科学、历史还有人文等价值。以爱国主义为核心的嘉庚精神，对培养学生人生观价值观还有情感态度都有不可估量的作用。通过嘉庚建筑，也让学生关注情境与生活，让学生发现美、感受美。让学生通过嘉庚建筑，穿越时空与陈嘉庚先生产生共鸣，继承与发扬嘉庚精神。

第六章　嘉庚环境特色在现代城市与校园建设中的传承发展

第一节　继承华侨领袖嘉庚精神，建设品质嘉庚文化校园

历史建筑是城市记忆保持最完整、最丰富的地区，体现着传统文化价值，也构成现实生活的背景。最真实、最宝贵的文化就存在于历史区域内人们世代的习俗、情感和生活方式中。

"著名建筑师黑川纪章曾讲过，建筑是本历史书，在城市中漫步，应该能够阅读它，阅读它的历史、它的意韵。把历史文化遗留下来，古代建筑遗留下来，才便于阅读这个城市，如果旧建筑、老建筑都拆光了，那我们就读不懂了，就觉得没有读头。这座城市也就索然无味了。"[①] 嘉庚建筑是厦门城市风貌的一个重要特色，是厦门城市文化底蕴的象征语言与个性表现，也是厦门城市经营的一张王牌和城市品牌形象的亮点。陈嘉庚给我们留下了类型丰富的建筑文化遗产，延续嘉庚建筑风格，弘扬嘉庚精神，是我们在厦门新的区域建筑设计规划中要承担的历史使命。

图 6-1：学村记忆
作者：郑依芃

一、延续城区文脉，弘扬嘉庚精神

"每个民族都有他的历史传统和民族性的建筑艺术，强同于异族而抹杀自己民族的建筑文化艺术，是没有国性的。"——陈嘉庚建筑风格的形成，是陈嘉庚先生兼收并蓄，善于吸纳古今中外优秀建筑文化的结果，陈嘉庚先生设计建造的建筑物在长达半个世纪的岁月里始终洋溢着鲜明的个性风格，成为厦门城市建筑风格、城市文化不可或缺的一部分。

"一方面千变万化的场所特征也必然映射到建筑和环境设计之上，会形

---

① 杨勇翔.城市更新与保护［J］.现代城市研究，2002（3）.

成建筑和环境的个性与特色。另一方面设计者通过解读场地特征，达到建立与自然和谐的目的。总之，设计的本质是显现场所精神，创造一个有意义的场所。"

城市文脉是一座城市在长期的发展建设中形成的历史的、文化的、特有的、地域的、景观的氛围和环境，是一种历史和文化的积淀。美国人类学家艾尔弗内德·克罗伯和克莱德·克拉柯亨指出："文化是包括各种外显或内隐的行为模式，它借符号之使用而被学到或传授，并构成人类群体的出色成就；文化的基本核心，包括由历史衍生及选择而成的传统观念，尤其是价值观念；文化体系虽可被认为是人类活动的产物，但也可被视为限制人类作进一步活动的因素。"克拉柯亨把"文脉"界定为"历史上所创造的生存的式样系统。"[①]

图6-2：红霞映晚亭
摄影：张维颖

嘉庚建筑形成的场所精神比场所有着更广泛而深刻的内容和意义。我们要延续城市区域文脉，避免城市特色的丧失。城市特色的丧失就意味着传统文化、传统风貌、传统工艺等诸多方面的消失，这就阻断了城市历史的文脉，丧失了城市应有的魅力。因此，城市区域特色的保护不是单纯的文物建筑保护，而是更多地立足于对区域自然环境和历史变迁轨迹的尊重，重新认识并充分利用自然、经济、社会复合系统中的现有资源，保护与城市血脉相连的传统历史文化，保留前人留给我们的街区、建筑、风土人情、生活习俗乃至

① 李中扬，夏晋.文脉——城市记忆的延续［J］.包装工程，2003（4）.

饮食起居，延续建筑的文化内涵，保留一个城市独一无二的特色，是特色保护的根本所在，因为只有这样才能保留住这个区域乃至城市的精神世界。

在厦门集美的镇区规划中，建设部门编制了《厦门市集美学村风貌建筑保护规划》《厦门市集美学村控制性详细规划》，融入城市设计思想，规划划定了风貌建筑保护范围，对集美学村重点地段，控制了建筑高度、体量及风格，特别是对集美学村内最高建筑物南薰楼周围的改造建设，建筑高度受严格限制，避免了现代建筑对建筑轮廓线的破坏。"在镇区规划中，充分尊重原有的城镇格局，虽然老城区因多属于私房聚集区段而改造困难，但在新的发展形势下经过审慎的规划，完全有条件保证传统老区的格局，并逐步完成对环境与建筑单体的改造。将其改造成商业步行街，从而延续原有的特色城镇风貌和社会生活。一方面，保持旧城文脉的延续性，塑造与传统文化相融合的现代城市特色；另一方面，为传统城市形态引入现代生活元素，赋予现代生活内容，实现老城区的有机更新。"①延续嘉庚建筑风格，弘扬嘉庚精神，对城市设计者提出了很高的要求，正如中国建设文化艺术协会环境艺术委员会专家委员、北京土人景观设计研究院副院长、教授级高级建筑师刘德华在《城市建设与环境艺术——中国环境艺术高峰论坛》中指出的那样："建筑师的任务就是要创造有意味的、有场所精神的场所，诗意的栖所。场地精神可以充分张扬每一区域，每一城市深层次的文化差异，发挥地区文化特点，充分发展各个地区，各种文化，环境的多样性和各自的特性。否则，势必会像现在这样，出现设计缺乏个性、风格迷失，形成千城一面的局面。""场地精神的倡导可以避免目前我国设计行业普遍存在闭门造车，与环境和地域文化相脱离的倾向。重新认识并发掘场地精神可以还原设计的本质，对设计有很好的指导意义。"②

---

① 刘德华．城市建设与环境艺术［D］．中国环境艺术高峰论坛．

② 赖敏平．城市化过程与地域文脉保留问题研究［J］．中外建筑，2007，（6）．

第二节　嘉庚建筑文化内涵和特色的挖掘、延续

　　地域性建筑也因为不断吸收先进文化而不断变化，为了我们原有的优秀建筑文化不被现在人们认为是潮流时尚的形式所淹没，保护传统建筑文化的地域性就显得尤为重要。保护传统建筑就要找出它的设计符号，挖掘运用整合建筑语汇。如何更好运用这些符号使其拓展，在历史环境中注入新的生命，赋予建筑以新的内涵，使新老建筑协调共生，历史的记忆得以延续，让地域性建筑保留它在建筑界闪光的一面，是我们要重视的问题。

　　设计符号是由人类创造的具有普遍性意义的一种代码符号。它作为思想沟通和不同创意理念的对接和融合的切入点，被人们所研究。设计符号的功能主要有：

一、实用功能

　　实用功能，主要就是指它在人们生活中所担当的角色，并且传达出来的价值表示。符号的实用功能由互相联系的三部分功能组成：一是由设计符号构成的信文对产品文化价值的意指功能。二是由设计师通过产品信文表现该文化价值的表现功能。三是所设计产品的实用价值通过使用，由使用者感官所认知并受驱动的驱动功能。

图6-3：厦门大学嘉庚楼群从楼

图6-4：古校新风
摄影：胡帆

二、审美功能

审美表达是设计符号的内涵之一。审美功能是设计符号所表达的内涵和实体形式在某方面唤起了人的感官触动，满足了人的审美需求，体现了设计符号对人产生的精神影响。

三、文化延续功能

符号的价值在于它包含了一定的信息并表达了一定的意义，设计符号的一部分价值在于能表达所在环境的视觉信息。例如，闽南传统建筑是我国一种重要的地域性建筑，它所使用和提倡的建筑符号多是从闽南文化、物种等里面抽取信息，传达所处区域内人们的生活方式、精神状态、社会关系等方面的信息等。

信息时代的今天，我们不得不承认高科技在建筑上的应用使建筑形式在发展中趋于统一的势态，但是各民族由于自然条件、人文因素、技术条件的

图 6-5：在鳌园写生的学子

不同，建筑就会表现出自己民族特有的符号和组合方式。我们要通过对现有实例的研究，把起点放在传统与现代的时空坐标上，将这些符号进行抽象、解构、综合。把传统建筑中的设计符号作为一种系统的方法在现代设计中综合地加以体现，适度把握，使我们的设计既富有传统意识又具有时代精神，更有创新的品质。

特色的挖掘也可以说成是个性的凸显，一个城市的个性取决于城市的意象。凯文·林奇的理论认为，构成城市意象的三个层次为：识别性（也可称之为个性）、结构和意义，其基本的组成元素是路径、边界、区域、节点和标志物。毋庸置疑，城市意象与城市文化因素是密不可分的，在意象构建中，文化因素起到关键作用。一般来说，具有历史感的城市意象性都较强，而历史环境通常在城市意象中占据重要位置。因此，挖掘历史建筑的文化内涵同样成为构成街区意象的关键所在。厦门区域文化是多元丰富的，我们应该尊

重它的原生态，分析历史文脉寻求切入点。发掘作为建筑历史之"根"的文化渊源，保护城区景观的文脉特色与人居环境，继承优秀的历史人文传统，弘扬城市区域鲜明特点与独特个性是建筑环境设计的中心任务。

图 6-6：厦门机场

图 6-7：厦门机场建筑的闽南屋顶元素

厦门有着富有特色的近代建筑文化，厦门建筑文化源于闽南历史文脉，属闽南地域文化范畴，加上 20 世纪二三十年代修建的骑楼街、嘉庚建筑和鼓浪屿欧式建筑，形成了厦门地区典型的四种特色建筑，在新建筑的设计中设计师都会情不自禁地在自己的作品中表现出这重要的历史文脉。"加拿大 B+H 事务所设计厦门高崎国际机场新候机楼时，对外观造型和室内空间的处理就是吸收了闽南建筑传统的屋脊形式和闽南民居木屋的室内空间形式。设计者是这样表述的:'外观造型结合内部空间需要逐层退台升高,由比例优美的折线型架空斜脊、尺度雄壮两端微有上翘的正脊共同组成的屋顶轮廓,这是闽南传统形式在现代建筑上运用的探索和尝试。'墙身局部段呈圆弧形,光亮精致银白色金属外壳的候机廊向左右两方水平延伸,它不仅比拟象征着航天物和高科技,又使人们对这座768米超长度的巨大空港产生无限的感受和无尽的联想。"①

2006年同济大学的集美大学新校区的设计方案对嘉庚建筑的特点进行了总结,并尝试从以下几方面考虑延续嘉庚建筑风格的特点:

"1. 在总体布局上,陈嘉庚建筑群布局特点注重群体构成,适应地形变化,呼应湖光山色。

2. 围合形的建筑适合于较小范围的活动,如集美财经学院内的尚忠楼与敦书楼,这种空间不是全封闭的,建筑与外部空间相辅相成,可以产生无穷无尽的变化。

3. 嘉庚建筑单体特点有兼收并蓄,吸纳古今中外优秀建筑文化的特点,陈嘉庚兴建的楼宇里面形态通常表现为古今结合、中西结合,往往是屋面中式、屋体西式,细部刻画南洋式;在建筑组团中主楼中式,其他西式或主楼西式,两侧中式。

4. 注重整体美与细节美的统一,在细部处理上,充分利用闽南地区盛产各色花岗岩和釉面红砖的优势,以镶嵌、叠砌的高超技艺,展示了陈嘉庚建筑的细节之美。

5. 尊重自然、以人为本的建筑观。

6. 陈嘉庚建筑具有浓郁的地域风格,陈嘉庚先生就地取材和保持闽南建筑固有的风格和做法,是他注重民族特色和尊重自然环境的具体反映。

7. 创造精神,陈嘉庚建筑是吸取欧式、南洋建筑精华的同时,不刻意追求洋外,不埋没本民族特色,而以"穿西装、戴斗笠"的形式实现了民族风格与功能结构的结合。"②

---

① 邱泽有.走向未来的厦门建筑［J］.建筑学报,1997（10）.

② 同济大学规划设计院集美大学新校区三期方案,集美大学基建处提供。

第三节 嘉庚建筑风格的传承与发展

图 6-8：乘风破浪
作者：王依芯

嘉庚建筑风格的传承与发展要求我们认真地研读嘉庚建筑本身的代表符号，在创新的过程中，恰当地把握嘉庚精神内涵，抓住其文化精髓。在现代城市建设的建筑活动中，我们需要考虑的是建筑未来的生存与发展趋势，探究设计符号是为了让我们真正尊重地域文化，把我们的优秀文化运用到建筑中发扬光大，而不是不考虑新建筑的功能，对老建筑单纯抄袭照搬。要把传统的符号信息系统地综合，作为一个整体的设计方法应用于建筑设计之中。

一、新建筑的创作语汇

（一）引借结合

传统地域建筑中，保留着许多中国优秀传统文化，给人优美的视觉享受，按照今天人们的审美情趣，我们把建筑中传统符号投射到现代建筑中，使其带有传统建筑的特征。引借建筑中的符号然后结合现代的欣赏观念，使它具有存在的价值和生命力，这是延续传统建筑使其发展的一种方式。

（二）解构重组

在建筑中强调传统设计符号，并不是要将其彻底与外界文化割裂，而是主张传统设计符号与世界文明符号相结合，提倡设计世界性的地域建筑。因此在建筑符号设计中，将地域中传统的设计符号进行解构然后与全球的建筑设计符号进行重组，是一种颠覆现有规则约定和发展保护传统建筑地域文化的好方法。

（三）抽象表达

历史建筑中有很多具有特色的局部，如造型、色彩、质感、纹样、线条等。把这些运用于现代建筑中，不能直接照搬，而是要将其抽象为符号，把传统建筑形象中有代表性的象征局部运用于创作中。这些建筑因为有人们熟悉的文化色彩蕴含其中而引起亲切感，容易让社会理解和接受。简化、提炼符号中有生命力和合理的部分，并且加工使其具有典型性，加深内涵的意义，这是抽象表达的关键。

总结嘉庚建筑的建筑语汇重在找出嘉庚建筑的特殊性，并将其发展创新，得到新的艺术产物，拓展地域文化，探索建筑的新出路。在同济大学对集美大学新校区的规划设计中对嘉庚建筑常用的建筑语汇进行了归纳，归纳起来有以下几个部分。

拱廊：连续而有变化的拱廊，表现在不同的拉式与起拱方式。

山花：山花不仅出现在建筑两端，也出现在建筑正面，是把建筑水平面划分成三段式、五段式的重要元素。

图 6-9：厦门大学新老建筑的辉映

摄影：张宏斌

窗套：花岗岩石拱的砌筑。

屋顶：中式屋面秀丽、轻巧，常位于建筑顶部，花岗岩与红砖以西式语汇叠砌，位于建筑的底部及两端山墙。

图6-10：嘉庚建筑常用的建筑语汇
来自同济大学建筑设计研究院方案

运用设计符号的方法是为了减少传统建筑与现代建筑多方面的矛盾，引起新老建筑对话，既能保留我们传统建筑的优秀文化，又能与现代的建筑功能接轨。嘉庚建筑艺术的形式、色彩和材料的应用，都是我们后人应该保护和学习的具有深厚内涵的设计符号。嘉庚建筑艺术的整体表象透出的不可抗拒的艺术魅力，对我们区域建筑日后的发展、对地域文化的发展都有着重要意义。

二、延续嘉庚建筑风格的实践

2002年厦门大学校园内建造的嘉庚建筑群是嘉庚风格建筑的创新和尝试，2004年新建成的厦门大学漳州新校区和2007年在建的集美大学新校区建筑群，是建筑设计师以及业主明确以嘉庚风格为建造目标和要求的新建项目。这些建筑群试图在保留的基础上创造出新的建筑形式，我们称之为嘉庚建筑风格新建筑。

厦门大学的黄仁、王绍森、陈阳在《厦门大学嘉庚楼群设计》一文中介绍了方案设计指导思想："1.确定可持续发展的观念，尊重历史、尊重环境；2.既满足现代办学的物质功能要求，又能满足纪念前人、激发后人、爱校爱国、艰苦创业的精神；3.继承传统、反映时代精神，嘉庚楼群的建筑风格应是嘉庚风格的继续和发展，使所建的嘉庚楼群，与现有校园中的嘉庚风格建筑一脉相传，既延续又相互协调，成为具有嘉庚风格和时代特色的现代建筑。""主楼与4幢配楼的组合沿南北向线性展开，东西向中轴对称，'一主四从'，主从高差错落大、节奏强；空间上以一高四低取得群体均衡。主楼成方形塔楼，主楼造型运用传统的塔楼手法，'基座、塔身、塔刹'，四角楼相拥，在四幢配楼的衬托下竖直向上，上方略作弧线收分，顶部为四坡锥顶，'卷刹'出檐，屋脊是高耸向上的弧形'翘脊'，体现陈嘉庚先生突出中国民族建筑为主的思想。中心主楼以富有闽南传统韵味的四坡锥顶收势，塔楼红瓦坡顶、重檐错落、楼栏悬空、气势宏伟，赋予民族建筑的精神与力量。"

图6-11：厦门大学新图书馆楼
王绍森等设计

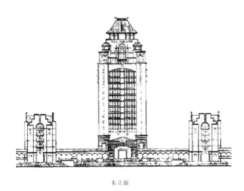

东立面

图6-12：厦门大学嘉庚建筑楼群设计图
黄仁、王绍森、陈阳《建筑学报》2001.6

厦门大学的嘉庚楼群继承了陈嘉庚的建筑布局传统，五幢楼取"五金定位""一主四从"手法，主楼建成为体现面向21世纪建筑，高21层，四从楼各为6层，组成具有现代气息的嘉庚楼群。"陈嘉庚先生的'五金定位''一主四从'，手法在于突出中心。而从楼则是重复的手法，这与现代构成手法相一致，即要素统一，而在组合上重复韵律中主体突起，嘉庚楼群也同样采用这种手法。其四幢从楼造型基本上一律，组合成沿东西轴线弧形展开，环抱中心广场拥向芙蓉湖，使与湖面、山峦相呼应，与环境有机结合。"[①]

① 黄仁，王绍森，陈阳.厦门大学嘉庚楼群设计［J］.城市建筑，2005（2）.

图 6-13：厦大嘉庚建筑群
摄影：陈向明

图 6-14：厦门大学漳州校区平面图
出处：厦门大学漳州校区宣传栏

位于龙海市港尾镇与厦大本部隔海相望的厦门大学漳州校区，其规划与建设，在建筑理念的传承和嘉庚建筑风格的发扬过程中，也散发着独特的魅力。

在设计方法方面，从厦门大学教授罗林、奚玉成、张开妍、郑琦珊、刘雨寒、陈炜力、冯叙、陈劭光、黄晟等建筑师设计的建筑投标方案和罗林、王绍森、张建成、奚玉成等的实施方案来分析，其建筑理念的传承和嘉庚建筑风格的发扬首先采用了引导定位的方法。导入包括地域文化意识在内的全新的设计理念，为新校区的建设寻求一条独特的、传承文脉的、生态化的发展道路。

厦门大学新校区是以2001年12月全国公开征集中标的上海同济城市规划设计研究院包小枫、张轶群、荣耀、韩冰等为主设计的总体规划为依据，以厦门大学教授罗林为主，奚于成、张开妍、郑琦珊、刘雨寒、陈炜力、冯叙、陈劭光、黄晟等建筑师设计的建筑方案获得一等奖中标，由罗林、王绍森、张建成、奚玉成等进一步完成实施方案。罗林教授在《新囊萤新映雪新群贤——厦门大学漳州新校区主楼群设计理念及表达》一文中对方案的设计理念及建筑表达从建筑样式、材料、嘉庚建筑语汇、人文情结、山水情结等方面进行了深入讨论："'新群贤'群楼首先将校主陈嘉庚先生主张的象征'国性'的中国建筑式样置于纵轴中央。远远望去，可见闽地中式'大厝顶'的平缓、舒展、飘逸，和在海风中高高扬起的翘脊燕尾。趋近细看，主楼的所谓'大屋顶''脊''墙身'等构成元素及构成关系等均迥异于传统：几片轻盈的由钢和玻璃以现代手法组成的巨大遮阳'棚架'，轻轻地浮于四组或许可谓之为'西式'的阶状形体之上。"[①]

　　厦门大学漳州新校区主楼群又一次以"一主四从"的形式"一"字形朝东构筑，五幢楼之间有连廊贯通，使楼群成为一个有机整体。置身其中会深深感受到嘉庚建筑文化的气息和特征。其他如学生公寓、学生食堂等建筑造型，从红砖粉墙、山墙坡顶、拱券连廊，到细部线角、色彩装饰，既承袭嘉庚建筑的风格，又展示着自己的鲜明个性。

　　在新建筑的设计中采用的第二个方法是抽象提取。历史建筑本身有一个不断演变的过程，与现实生活紧密相连。在与历史建筑相协调的新建筑的保护设计中，我们不可能什么内容都保护。因此，在确定了保护的内容之后，有些要素必须加以保护，而有些要素则可以与现实生活结合起来，采取抽象提取的方法加以继承。所谓抽象提取的方法，就是在历史地段整体保护的大框架下，把其中的一些因素同人们的现实生活结合起来，这

图 6-15：厦门大学漳州校区入口
摄影：周红

图 6-16：厦门大学漳州校区大门与主楼建筑群
摄影：周红

些因素虽然同原有的因素相比，有一些变形，但仍然保持着场所精神的一致性，这样，既在某种程度上保护了历史环境，又不与现实的发展相脱节。抽

---

①　罗林.新囊萤新映雪新群贤——厦门大学漳州新校区主楼群设计理念及表达［J］.建筑创作，2002（6）.

象提取一方面是建筑形式上的抽象提取，用类型学的方法抽象出在历史建筑中能够适应人类生活需要，又能与一定生活方式相适应的建筑形式，并去寻求生活与形式之间的关系，按照社会新的需要，创造出既与历史相承接，又能适应新的生活方式的类型物。抽象提取另一方面是场所精神的抽象提取，也就是根据原有物的内涵进行抽象提取，而不一定要保持物质上的对应。文化的变化发展是永恒的，许多具有特定意义的场所，随着历史的发展，正在失去原有的功能，如果物质空间尚保存完整，其中的"场所精神"可以通过设计的方法加以延续。以嘉庚建筑的空间为例，建筑空间是人流、物流集中的地方，是一定开敞的空间，人们在这里形成了交往的空间和场所特有的精神。在新建筑空间的设计中，我们不可能保留原状，保护本身也不等于不更改，设计应该在更新中注意充实现代生活内容，努力使其成为一个与人交流、接触、互动的活动场所，而具体形式不局限于原媒介物，主要是继承其中的场所精神。"典雅的西洋古典与闽南的石艺建筑似乎有某种天然的默契。四从楼和主楼的基部有机会充分展示中西石筑中山花的精美，拱券的韵致、柱廊的光影变换，透射出著名侨乡人乐见的淡淡洋味。然而这一切都必须经过职业建筑师和工匠们着意的变异、重构。"[①]

图6-17：厦门大学漳州校区主建筑群
实施方案设计：罗林、王绍森、张建成、奚玉成等等

　　厦门大学漳州新校区的选址布局继承了厦大校园传统："80多年前陈嘉庚先生择厦门岛东南侧背倚五老山，面向大海的一块2000多亩海滨建校用地，才有了今天美丽的厦大校园。厦大漳州校区几乎是一块与现校区面积相当、

---

① 　罗林.新囊萤新映雪新群贤——厦门大学漳州新校区主楼群设计理念及表达［J］.建筑创作，2002（6）.

地形极似，且同样背山面海的海滨用地。就像厦门校区'群贤''建南'楼

图 6-18：厦门大学漳州校区主楼上的校徽

群一样，'新群贤'群楼纵轴是一'山水轴'，发自主楼背倚的鼎仔内群山，顺山流而下至校园中心龙舟湖面，溯前广场流来的'演武'泉，经中央敞开的'嘉庚广场'，来到面海的'新上弦'广场指向大海，与厦门校区'群贤''建南'楼群纵轴在九龙江入海口处相汇。建筑群尊重所依托的山脉的自然形态，虽南北400米阵列，但不超过五层的躯体像山一样匍匐于坚实的大地。形体上作为母题一再出现的山形'跌台'与群山私语，刻意令建筑成为南太武山脉的自然延伸。"①

　　在新建筑的设计中第三个采用的是具象挖掘利用的方法。建筑是历史文化的载体，建筑的风貌是地域文化的集中体现。挖掘、整合、升华、提炼、延续区域的内涵和特色是规划设计的目标。要创造嘉庚建筑域独特个性，关键是要把握文脉延续性，进行适当地开发利用，这种开发一方面是对历史文化遗存等文化物质资源进行深入发掘、保护和利用，根据时代需要对建筑功能进行适当更新和改变以充分发挥这些宝贵资源的文化价值、社会价值和经济价值，以保证城市历史文脉延续。自然资源、历史人文资源、建筑街巷景观等资源的闲置的情况严重，这就需要我们在保护设计中有针对性地挖掘和

---

① 杨勇翔.城市更新与保护［J］.现代城市研究，2002（3）.

利用。"四座从楼东立面原型源自'群贤''建南'楼群精美的闽式歇山，只不过'新囊萤''新映雪'将'歇山'用现代手法处理成一处处可眺望大海的'海风阁'，四座从楼西侧阶状向内湖跌落，每年校庆时举行龙舟大赛，这里是最佳的立体观众席。"①

　　"陈嘉庚先生善于就地取材，也是其成就'嘉庚风格'建筑的重要因素。发扬闽南盛产石材的优势，经济节约，就地取材，才是他的初衷。"②

图 6-19：厦门大学漳州校区主建筑

图 6-20：厦门大学漳州校区建筑屋顶元素
摄影：陈媚媚

图 6-21：厦门大学漳州校区建筑屋顶元素 2
摄影：陈媚媚

图 6-22：厦门大学漳州校区建筑屋顶元素 3

---

① 罗林.新囊萤新映雪新群贤——厦门大学漳州新校区主楼群设计理念及表达［J］.建筑创作，2002（6）.

② 罗林.新囊萤新映雪新群贤——厦门大学漳州新校区主楼群设计理念及表达［J］.建筑创作，2002（6）.

图 6-23：厦门大学漳州校区建筑外墙

图 6-24：厦门大学漳州校区建筑外墙元素

图 6-25：厦门大学漳州校区建筑外墙元素

图 6-26：厦门大学漳州校区主从楼之间的连廊

图 6-27：厦门大学漳州校区主从楼之间的连廊 2

图 6-28：厦门大学漳州校区主建筑侧面

　　厦门大学漳州校区主建筑群的建筑材料与色彩使用恰如其分，既有嘉庚建筑的材料形象特征，又满足了新建筑的功能技术要求和现代审美要求。"新建的嘉庚楼群采用红瓦坡顶，使它与历史上建成的校园群楼相互协调，并体现现代气息。"

图 6-29：厦门大学漳州校区主楼石柱

图 6-30：集美大学文科大楼同济大学建
筑设计研究院方案

　　"红砖同样是闽南所特有的墙体材料，被普遍采用。用石材与红砖镶砌，即常说的'出砖入石'，在墙头、角柱拼出优美的图案，自然、清新，在嘉庚建筑中为常见。通过4幢从楼粗犷的条石勒脚与灰白色墙体间的红色'清水砖墙'的对比，更高度地强调'出砖入石'的材料组合，凸显了材料与技术上的传统的内涵和现代构成。"①

　　2007年新建的集美大学新校区建筑群是同济大学建筑与规划设计院的方案，该方案认为：分析陈嘉庚时代的建筑风格，不同时期的建筑具有不同时代的烙印，各个时期的一些建筑细部符号在校园内的建筑都有所表现，它们非常协调，也为我们今天设计这座建筑提供了丰富的素材。在陈嘉庚主持兴建的建筑中，很难用一两句话来概况描述具体的建筑形态特点，由于建设时期很长，可以看出他在不同时期不同建筑引用不同的建筑语汇，并不完全遵循历史形成的样式。法无定则，因时就势是陈嘉庚建筑的特点所在。所以，在现代设计思潮，现代建造方式已完全更新换代的今天，必须用新的眼光、新的语汇来充实与发展嘉庚建筑是必然的策略。

　　在设计中老校区建筑风格被给予充分的尊重，从而真正延续老校的历史，保留人们对校园文明的记忆。建筑的风格不仅仅是过去事实和形式堆砌，它是一个过程，是在一定的文化背景下的创造活动。造型设计不是对老校区建筑形式照搬，更不是简单地模仿。

---

　　① 罗林.新囊萤新映雪新群贤——厦门大学漳州新校区主楼群设计理念及表达［J］.建筑创作，2002（6）.

图 6-31：集美大学新校区楼群

图 6-32：集美大学新校区建筑过廊

方案对老建筑形态语言进行提炼、加工和重组，挖掘老校区建筑的一些细部处理手法运用在新建筑上，去掉烦琐的装饰构件，简化重复的线脚和雕饰，对之进行重塑。强化符号、细部节点的做法，保留建筑的象征性，对校园文化进行暗示和隐喻。用现代的技术与材料，后现代的设计手法，演绎集美大学建筑的新篇章，使之与历史建筑协调，并成为校园历史积淀的重要载体，延续校园的文脉。

图 6-33：集美大学新校区总体规划同济大学建筑设计研究院方案

（一）在建筑群体规划布局上体现嘉庚建筑思想

1. 在大空间处理方式上，体现"一主四从"的布局，沿着湖光山色展开，即以文科大楼高层为"主"，"四从"可以从不同角度理解。从东侧看，即集美学村看，教学楼、工科大楼、外国语学院、中文系社科系，四个部所在楼成为"四从";从西侧的人文广场看,文科大楼南北两翼,即外国语学院和中文系社科系,加上图书馆两翼成为第二个层次的"四从",从西侧的高速公路看也是以文科大楼为核心展开的建筑组群形象。

2.在小空间的处理方式上,也是依靠条形建筑体量的组合形成两面围合、三面围合、四面围合的各类空间形态,在建筑间形成庭院结合不同性质的活动创造不同的庭院景观。空间组织设计"以人为本",贯彻生态原则与"可持续发展"思想,营造公众的、开放的室内外空间,增强建筑空间与自然空间交流。建筑与建筑间的半围合布局所形成的内庭院,以及部分建筑屋顶空中花园的营造,不仅丰富了建筑的立面和城市的景观,也有利于建筑内部微气候的塑造。

图6-34:集美大学新校区建筑

图6-35:集美大学新校区建筑立面

图6-36:集美大学新校区建筑屋顶

图 6-37：集美大学新校区建筑屋顶元素

图 6-38：集美大学新校区建筑立面

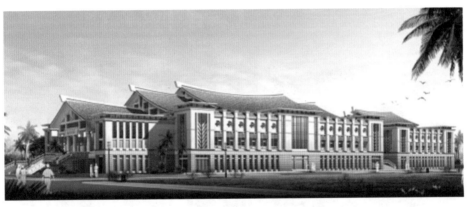

图 6-39：体育馆同济大学建筑设计研究院方案

图 6-40：工科大楼
同济大学建筑设计研究院方案

图 6-41：理科大楼
同济大学建筑设计研究院方案

图 6-42：集美大学新校区建筑立面

图 6-43：宿舍同济大学建筑设计研究院方案

3.透空长廊在建筑中组合也是重要的一种方式，文科大楼通过透空长廊连接四个部分，教学楼、工科大楼、理科大楼、实验楼、学生公寓等均有透空长廊连接，形成围而不堵、内外交融的空间形态。

（二）从建筑单体方案传承嘉庚风格

1.从造型上看，建筑造型总体追求现代气息与地方气候特色相结合，体现南方建筑轻巧、开敞通透的特点。规划建筑可以从下到上分成三段，下部采用通透的廊加上简化的线脚，在入口处及转折处着重处理，形成基座的意向，中段相对简洁，将实现引向顶部，顶部处理采用弧形起翘的坡屋顶，出挑层叠，形成墙翘多样的闽南

图6-44：尚大楼作者：陈梦萍

建筑屋顶形态。屋顶重叠在陈嘉庚建筑里可以找到渊源，包括两层檐、三层檐的做法。基本上建筑造型呈下西上中的组合。

2.从材料运用与色彩处理上，采用当地的石材、面砖与红色大波纹瓦，除了屋顶外，墙身以浅色调为主，局部以亚光红色面砖镶嵌，铺贴不同纹样。类似的尺度和体量都会保证建成以后将完全融入周边的环境。石材、砖与涂料的材料组合更是表达出了深厚的文化底蕴。外装修上选择与新校区其他建筑相融合、协调的材料、色彩，使得整个新校区浑然一体。

图6-45：集美大学校园湖亭
作者：黄蔚薇

图6-46：集美大学校区
摄影：邢延华

3. 从细部处理上，适当引用一些符号，起画龙点睛作用，如桩廊、石柱、拱桥、山花处理，圆孔透视窗等，更易与老建筑取得一致的呼应关系。

第四节　城市区域形象和品牌的塑造

作为嘉庚建筑主要区域，厦门大学与集美学村的城市区域品牌的形成是一个构建的过程，可以引入城市品牌的概念，城市品牌化的力量就是让人们了解和知道这一区域并将该区域典型形象和联想与这个城市的存在自然联系在一起。城市形象体系具有完整的文化内涵，城市形象的主体就是城市的CIS，但是，从城市品牌的基点上认识，城市形象作为"城市文化资本"的构成部分，其重要意义之一就是构筑城市的无形资产，城市形象塑造的最重要的意义是在城市内创造凝聚力，在城市外创造良好的注意力。

嘉庚建筑和嘉庚精神是厦门大学与集美区域的典型形象代表，嘉庚精神通过嘉庚建筑反映出来。城市区域形象是城市自然、人文诸要素在公众头脑中形成的总体印象。它包括城市社会文化、经济发展水平、生态环境、城市发展比较优势、城市规划等内容，是整个城市社会经济发展战略的重要组成部分。城市形象设计是运用企业形象设计的基本原理，对未来的城市形象进行整体设计。它也由三大系统组成，即城市理念、城市行为和城市识别。

城市理念属于思想和文化意识层面，对城市的建设具有统率作用。它包括城市精神理念、价值观、伦理道德水平、城市规划等。集美区域的理念的核心就是嘉庚精神的"诚毅"，这个富有特色的城市理念，能对城市内外部公众产生巨大的凝聚力和吸引力，能影响城市行为的价值取向，能引导公众实现共同的社会经济发展目标。

嘉庚建筑的个性和特色是集美区域的显著特征，是集美区域不同于其他区域的典型特性。科学技术的发展改变了世界的时空距离，地区、国际间的交往正变得日益频繁，在地球变"小"的同时，世界文化的趋同现象在不断扩大，城市似乎变得越来越像，在这样的背景下，城市的特色和个性变得越发重要。特色是城市的灵魂，没有特色就没有多彩的世界。一个美的城市以其独特的形象特征存在于人们的心目中，会吸引人们前往并让人难以忘怀。

反之，一个没有特色的城市会让人觉得乏味，缺乏吸引力。从这个角度讲，嘉庚建筑城市个性和特色的意义已经超越了狭义美学的范畴，而成为集美区域吸引人流、物流、资金流、信息流的重要因素。

地方政府行为方式是形成地区社会品牌的重要因素，保持集美区域的城市特色和个性是政府的一个重要任务，城市特色和个性由自然环境、人文条件和人工建造景观三方面因素共同促成的。因此，要研究集美区域特色，塑造具有个性魅力的城市空间，就要从这三方面着手，巧妙地利用各种要素，通过品牌设计，使集美区域产生不同凡响的超脱之处。城市品牌形象的构成要素中的城市建筑与城市绿化构成了人们视觉上的城市，即城市空间形象，这也是城市树立自己的品牌形象的重点之一。

图 6-47：精神长在
摄影：张维颖

厦门大学与集美学村区域的城市空间应该包括三个方面的基本内涵，一是首先必须是功能协调、适合现代人使用、可持续发展的。二是在功能协调的基础上，城市还应寻求自己的独特个性的保持，保持集美区域嘉庚建筑独特的个性魅力，就容易吸引人流，从而聚集物流、资金流乃至信息流。三是城市空间是都市生活的容器，城市空间规划设计的最终目标是包容一个富有活力的美好社会。因此，塑造城市空间不能止于物质景观的思考，还应为美好的社会氛围创造条件。城市空间是城市特性和特征的物质表现，它是城市中最易区别、最易记忆的部分，是城市特色的魅力所在。

地方政府要注重对嘉庚精神和集美区域品牌的传播。对内传播，重点锁定区域内部市民，可颁布一系列有关城市形象的城市理念、行为规范、视觉系统样本等，通过市民形象培训等活动的展开，选择城市各种名牌媒体，如电视台、报纸、杂志等黄金栏目。对城市区域新形象体系进行总体展示，以突出全新的形象；定期举办各类集会，如"城市形象推广日""旅游节"，同时策划与城市形象有关的文艺演出、体育运动会等，树立城市形象模范；让市民身临其境地了解区域形象的战略规划，谋求实现社会公众对城市形象建设与发展的支持和理解；做一些公益活动，借助社会公益事业的影响力宣传城市形象，提高城市的知名度和美誉度；另外，可邀请国内外知名专家对城市形象塑造工程进行多方位探讨，总结经验，发现和解决问题，同时邀请海内外知名媒体进行采访、报道，扩大声誉。

图 6-48：余晖
摄影：李鸾汉

　　对外的传播，可通过来往于世界各地的交通工具，主要是飞机，可多在航空杂志、闭路电视及机场、旅游区、大巴的网络上做广告；举办具有轰动效应的新闻活动，宣传在集美城市形象传播上取得的建设成就，创办大型文化艺术活动，正面推广城市。城市的大型文化活动是一个城市形象和城市文化水平、城市文化特色及城市文化整体性的体现和象征。但凡世界上一流城市都有世界一流的城市文化活动。大型城市文化活动与城市形象推广，一定要从本城市区域的特色出发，体现城市历史传统和地域特色。在进行文化活动传播时，一定要注意规模性、唯一性和地方性。

　　随着城市化的加速发展和工业化、标准化、机械化以及量大面广的城市建设形势，改变自然环境大量雷同建筑的出现，使20世纪的不少城市面貌千篇一律、城市的个性特色被淡化、减弱以至湮没，失去了该城市自己的特色和迷人的魅力。对集美品牌形象的传播，就是要充分挖掘集美的各种资源，按照唯一性、排他性和权威性的原则，找到集美区域的个性、灵魂与理念。没有个性就很难差异化竞争，没有灵魂就没有内涵，没有理念就很难做到可持续发展。

　　对集美区域嘉庚建筑文化品牌形象的塑造和传播，可以突出集美区域独特的社会文化环境，提高知名度，从而为经济的发展提供良好的外部环境，创造城市区域的发展优势，有利于城市现代化、国际化的进程。厦门城市与集美区域陈嘉庚建筑文化品牌形象的塑造和传播是摆在厦门市政府和民众面前的一个重要课题。

图 6-49：精神常在
作者：陈博圣

图 6-50：生机
作者：刘海涛

图 6-51：共生
摄影：郑林

第七章　嘉庚建筑环境的保护利用提升规划设计实践

随着现代化进程，文化的交流与融合导致了全球性的"文化趋同"现象，造成对原有文化的破坏，文化的多样性和地域特色逐渐衰萎消失，而城市化实践中的低水平同构，也使得根植于地域文化的城市、建筑和街区特色出现危机。从全球化对本土化、现代性与历史感的辩证要求看，"特色保护"是基于地域文化的现代城市保护的一项重要内容，包括场所精神、地方特征和建筑风貌。特色城市区域的生成和发展，是一种缓慢积淀、变迁并不断再生、扩张的过程，在这个过程中，街区逐渐形成自身独特的边界、形态、空间结构和地标等物质上的可识别性，以及相应的历史文化、社会风俗、居民的安全感、认同感和领域感等人文特征。因此，历史建筑的保护开发，是以现代可持续发展的思想和方法，了解和剖析历史建筑的空间结构和人文特征，运用社会、人文、经济和信息等手段对历史地段的物质要素和非物质要素加以保护和开发利用，使城市的文脉得以延续，并在今后的建设中得以继承和发展，给历史建筑注入新的生机与活力，使之与城市空间结构的调整和社会经济的转型相适应。

地方文化和特色对城市的影响是深刻和广泛的，这种影响体现在历史积淀化作一种城市精神。新的历史条件所引起的环境变化，并不意味场所的结构和精神必须改变。相反，场所的发展根本意义在于充实场所的结构和发展场所精神。嘉庚建筑的所在区域是厦门市历史文化风貌区，对于城市特色的传承、城市历史之延续，国外一些历史文化风貌地区的保护规划可以借鉴，结合厦门市的情况，在特色城市建设中尊重历史，延续嘉庚建筑风格和厦门城市区域文脉，保护特色，体现地方文化的独特性。建筑是一个文化生态系统，它随着历史的发展而发展，有着新陈代谢的规律。对待嘉庚建筑文化，不是要重视静态的文物保护，而是努力寻求传统文化与现代生活方式的结合点，求得两者的协调发展。

第一节　历史建筑及环境保护理念的扩展

历史建筑具有很强的风俗性、地域性和历史特征，还具有外在影响力。它们可以确定一定区域环境的特色，改善一定区域环境的景观质量。它们增添了环境的历史趣味和文化品质，其美学价值是新建筑所难以代替的。对于历史建筑的保护内容是多层次、多样化的，历史建筑并不只是形式上的建筑特色，也蕴含了多方面的文化背景和风土民情。因此，不仅要保护遗存的建筑，城市街区风貌、建筑风格，还应扩大到其周边的建筑环境、街区环境，地段内的自然环境及传统的文化艺术，从物质环境本身扩展至人文环境、文化特色和历史传统的层次上。因循保护整体风貌、分级保护和改造、重点保护、尊重历史地域文脉的原则。根据不同的情况，决定不同的保护手段，维护、保存、修复、重建或是改建，同时整治周边环境。使地域文化整体结合，并在社区和城市范围内达到物质与精神文化的统一，实现城市建筑的整体生态转型。

图 7-1：辉映
摄影：张维颖

　　欧洲的历史文化遗产保护给我们提供了可借鉴的经验，欧洲的历史文化遗产保护体系是在实践中不断扩展的，体系的关键就是立法。"在保护体系不断完善的过程中，几乎每确定一个保护概念，随之便会有一系列相应的法规、条例、政令等对历史文化遗产保护的各个层面作出相应的规定。欧洲历史文化保护的立法思路非常明确，它强调保护工作不是独立进行而是多元的，将保护与资金、住宅建设、税收、政府职能、公众参与等联系起来，目的是为保护工作提供良好的外部环境。整个体系使得保护工作具有很强的可操作性，政府和民间的力量都得到充分的发挥。保护体系涉及的制度、环节，如保护内容的形成及确立、保护机构的职能、保护行政管理体系、资金保障体系、监督体系、公众参与体系等，都以法律、法规的形式明确下来，从而为保护工作提供了重要基础和保障。"①

图 7-2：学村大门

　　历史建筑反映着当时的环境气候条件和生活方式，随着时代的发展，生活方式的变化，历史建筑面临着愈来愈多的改造和更新的问题。单纯的保护是不够的，只有将保护与适度更新、再利用相结合，才能使历史建筑获得新生。城市的特色历史文化建筑能够营造出特有的场所感和认同感，它是构成城市活力与魅力的重要部分。国外的保护区规划由于起步较早，通过多

图 7-3：艺术校园
作者：张茗

年的实践，保护和开发的办法也日趋成熟。例如，法国的保护区规划是由国家制定和执行的，对保护区采用一步到位的规划方法，直接用于城市的指导

---

① 资料来源：广东省城市规划建设考察团——南欧历史文化遗产保护工作考察报告。

建设，这样能够使规划产生比较好的效果。原真性保护上，他们强调对历史建筑价值的重现，是城市历史建筑修复和再利用的指导。整体保护上，政府划定了历史及建筑的保护区域，都要编制保护规划，保护区域内的每一块用地都要严格按照规划来实施。另外，他们开发了许多的保护区，这些保护区都对外开放，不但可以提供给游人观光，而且可以带动当地经济发展。

在现今城市保护运动中，"保护"内涵的扩充以及形式的改变，使我们对"保护"这个词语有更新的理解，归结起来主要有这样几个方面：

第一，保护建筑整体性的观点，即文物建筑包括建筑、结构、场地、环境四要素，其中任何一个受到破坏，就意味着其文化总体意义的缺少或少失。我们知道，人类文化在特定的地域空间中不断沉积、融合、多层叠置，形成具有多重文化属性和地域特点的文化景观。在历史保护方面，目前整个世界已经从最初的博物馆冻结式保存，发展到整体的城市历史环境保护，由强调单体城市建筑的年代和文物价值，到强调城市生活空间地永续利用和特色维持。这就意味着保护历史建筑的文化遗产不仅要保护单个实体，而且要保护它的自然环境和建筑环境，并使之与整个城市社会、经济生活更加密切相连。

第二，场所精神的保护。舒尔茨曾指出："场所精神与历史文化传统关联极大。一些历史文化名城中饱含着场所精神，因而能够使居留者产生心理上的安定感与满足感，场所在历史文化中形成，又在历史中发展。新的历史条件可能引起场所结构发生变化，但并不意味着场所精神的丧失，场所精神的变化是一个相对缓慢的过程，而场所结构的变化相对而言较快，这一组矛盾，是每一个设计者在设计中都必须应当考虑并加以平衡。"[①]场所的精神特征是由两个方面内容所决定的，一方面它包括外在的实质环境的形状、尺度、质感、色彩等具体事物所蕴含的精神文化；另一方面包括内在的人类长期使用的痕迹以及相关的文化事件。场所精神作为历史建筑的环境特色之一，它的保护应该从以前单一的实质环境的保护模式转化为内外结合的保护模式，从物质的保护发展到在场所中人的行为文化及精神的保护。所以，现今我们在把握历史建筑场所保护设计时，应该从构成场所的物态内容和构成场所的活动内容两个方面入手进行分析。

---

① 诺伯格·舒尔茨. 场所精神——迈向建筑现象学［M］. 施植民，译. 武汉：华中科技大学出版社，2010.

　　第三，保护的动态可持续性。自20世纪90年代开始，"持续规划""滚动开发""控制性规划"等带有鲜明的动态性的规划思想被规划界普遍接受，它们强调着眼于近期发展建设，对远期目标仅提供一些具有弹性的控制指标，并在规划方案实施过程中不断修正与补充，以实行一种动态平衡。动态保护的模式在历史建筑的保护中广泛提倡的"循序渐进式"的改造方法，将历史—现状—未来联系起来加以考察，使之处于最优化状态。不妨这样说，基于特色保护的现代城市保护，是将城市的历史文脉、文化建筑、建筑形态等物质形式，当作一种有"生命"的广义而动态的生态形式来对待，其主题，也正在从狭义美学的城市景观不断扩展到城市生活公共形态的社会学领域。

　　第四，正确处理保护与开发的关系。一般来说，特色历史建筑对于城市社会来说，通常具有多层次的价值，而其建筑的、美学的、文化的、城市文脉的和场所感的种种社会历史的价值基础，则又现实而集中地表现为它的经济价值。尽管经济上的理由常常被置于保护和维护的对立面，而过度的商业经济行为也确实会破坏建筑的历史文化氛围，但保护的目的与要求，

图7-4：集美大量的石板路已经消失
摄影：周红

最终一定是一种合理的、公益化的商业目标的选择和结合。这既能增强人们的保护意识和责任意识，同时也使保护本身的可持续发展更加具有现实性。保护的方法也是多样的，强调法制、个性和创意。从美国的建筑保护实例来看，不是千篇一律、一种模式的作业，而是形式多样，多渠道地推进保护。

图 7-5：绿树掩映的集美大学科学馆空间环境

摄影：周红

由上可见，保护的理念正在从"纪念碑"式的文物保护转向历史文化、城市文脉的保护，正在由对历史遗产的保护扩展到文化与地域特征的保存，正在由单纯的保护转向城市的更新与发展，正在由原来消极、静态的保护模式向积极、动态的保护模式转变。这些对"保护"内涵的新认识，将给予建筑特色保护设计明确的指导。在此意义上，嘉庚建筑的保护与挖掘区域的个性与特色，不仅关系到厦门市区域，同时也关系整个"海峡西岸"特区经济文化和社会发展的人流、物流、资金流、信息流的一个重要而多维的社会资本要素。

第二节　嘉庚文化环境生态保护的策略

城市特色的保护和城市历史文化的保护是密切相关的，城市的特色就是由一个城市独特的历史文化而形成的，保护了城市的历史文化也就保护了城市的特色。因缺乏建筑环境与人文历史精神的特色保护，缺乏科学发展观的指导下综合规划设计，也就难免表现出这样几个方面的突出问题。

首先，缺乏科学的保护规划。自然环境资源、历史人文资源、建筑街巷景观资源不仅未被充分发掘和利用，反而使其所蕴含的价值潜力遭到破坏。

其次，对文化景观保护存在曲解。一方面，认为保护好文化景观的个体，就是保护了建筑文化；另一方面，对文化景观采取单纯的功利态度，过多依靠商业、依靠缺乏精神特色的简单经营，忽略了对地域文化、场所精神的保护和培育，从而丧失了场所文脉的现代价值潜力和经济开发的多种可能。

文化遗产保护是社会可持续发展理念的具体实践；保护理念的扩展，意味着保护历史文化遗产不仅要保护物质实体环境，而且要保护它的人文环境。特色保护有利于突出地域独特的社会文化环境，有利于精神文化与物质文化的延续。

一、运用法规、规划保护嘉庚建筑整体空间环境

杨勇翔在《城市更新与保护》一文中用四处实例阐述了立法、规划的重要性："法国巴黎城由于规划科学，处理好了更新、发展、保护的关系，使老城区得以完整地保留了下来，城市的更新和发展也得以顺利进行，城市发展中并未出现以牺牲古城风貌为代价来换取城市发展的现象。""实践证明，规划决策的失误是最大的失误，新中国成立后北京的规划就是一个典型的例子，如果当初尊重梁思成等专家的意见，保留北京老城区及建筑格局，保留古城墙，老区新区分开，北京的古都风貌将会完整地保留下来，对中华民族来讲，其所具有的历史的、文化的价值和作用是无法估量的。由于决策的失误，导致了更新与保护不可调和的矛盾和冲突，不得不以牺牲古都风貌作为代价来进行城市的更新和发展，造成古都风貌的破坏，导致除紫禁城片区保存较完整外，其他片区已支离破碎，古建筑成了现代建筑群中的孤岛。""而丽江古城和平遥古城能完整地保存至今，得益于科学的规划决策，早在1951年丽江地区政府就作出了'保护古城，另辟新城'的决策。平遥古城的保护也是遵循'保护古城，建设新区'的指导思想，政府带头从古县衙迁出。"①

建筑风貌保护。历史风貌建筑有着自身独特的外部特征，风格、造型、材料、尺度、色彩等。但老建筑的材料日久老化，或内部空间不符合新功能的要求，需要作相应的更新。由于其外部风貌具有重要的保护价值，在更新时就必须保留其外部特征，根据原有的面貌进行必要的复原式修复，忠于旧有形态、原始建筑风貌。

---

① 杨勇翔.城市更新与保护［J］.现代城市研究，2002（3）.

　　外部环境改善随着城市的发展，老建筑的外部环境往往遭到破坏。而建筑的外部环境不仅是建筑物重要的组成部分，也是城市空间的组成部分。对建筑外部环境进行更新与改善，才能很好地体现老建筑的多方面的价值，同时创造良好的城市空间景观，营造出文化氛围，满足人们的精神需求，丰富市民的文化生活。

　　改善建筑外部环境首先要创造良好的生态环境，特别是对已污染环境进行整治和处理。其次改善原有环境的交通系统，组织好各种人流、车流，形成良好的道路交通组织。同时要细致考虑人们的室外行为的特征，合理安排室外公共设施。另外，要通过城市设计，突出环境的历史特色和场所精神，加强可识别性。

　　对嘉庚建筑的保护首先要利用立法划定保护范围。这是嘉庚建筑保护的重要内容。用申请文物保护单位的方式来引起人们对嘉庚建筑的重视是有必要的，只有申请了文物保护单位，不懂文物保护的人才不会对一些文物级建筑任意拆、改，只有这样才能更好地保护这些不可再生的资源。一旦这些风格建筑申报省级文物保护单位，甚至国家级文物保护单位成功，也就意味着没有人可以私自拆、改这些建筑，否则就是违法。保护范围的划定包含整体空间景观环境原则，即保护范围应有整体建筑空间环境概念，根据建筑场控制原则，即根据人距建筑不同的距离对建筑的不同感受控制建筑物的关系，对嘉庚建筑重点保护，保护协调区建筑，研究建筑的保存维护；制定建筑的控制范围、协调区，研究控制环境的方法政策。

　　其次要把握文脉延续性，嘉庚建筑具有很高的历史价值、艺术价值和经济价值，是任何粗劣的复制品和赝品无法比拟的。历史文化保护和城市的更新、开发之间存在一些矛盾；但从长期发展看，二者是可以统一和协调发展的。对历史文化及其与之相关的历史文化环境、历史文化遗存仅仅施以保护是不够的，还必须在保护的基础上进行适当的开发。当然，这种开发不是简单的房地产开发，而是对历史文化名城、历史文化遗存等文化资源进行深入地发掘和利用，根据时代需要对其功能进行适当更新和改变以充分发挥这些宝贵资源的文化价值、社会价值和经济价值，亟须开展对城区建设与开发的研究，以保证城市历史文脉延续。修旧如旧、形旧意新和循旧化新、有机生长是嘉庚建筑保护性设计方法。从建筑风貌保护与发展的角度，归纳建筑风貌保护的主体性、制宜性、时代性。嘉庚建筑群及周边环境要注意城市轮廓线的规划设计，嘉庚风貌与建筑特色是厦门城市集美区域的个性，创造特色环境和人性空间，城市轮廓线是城市印象的重要特征，富于特色的城市轮廓线可以成为城市的象征。

图 7-6：从侨校看集美城市轮廓线
摄影：刘艳

图 7-7：岁月
摄影：常书贞

2006年集美学村和厦门大学早期建筑（尚忠楼群、允恭楼群、南侨楼群、南薰楼群、科学馆、养正楼、群贤楼群、芙蓉楼群、建南楼群）成为全国重点文物保护单位。厦门市政府与规划部门对厦门市历史风貌建筑提出了保护规划要求。

1. 规定了历史风貌不同单体建筑的保护要求："列为重点保护的，不得变动建筑原有的外貌、结构体系、基本平面布局和有特色的室内装修；建筑内部其他部分允许作适当的变动。列为一般保护的，不得变动建筑原有的外貌；建筑内部在保护原有结构体系的前提下，允许作适当变动。附属于历史风貌建筑的围墙、门楼、庭院、小品、绿化、树木等均视为类同单体保护对象。"

2. 划定了历史风貌建筑保护范围内保护措施："在历史风貌建筑保护范围内不得新建、改建、扩建建筑物、构筑物。保护范围内与历史风貌建筑不协调、新的和破坏其景观的建筑应当有计划拆除。在历史风貌建筑保护范围内修建道路、地下工程及其他市政公用设施的，应根据市规划部门提出的建筑保护要求采取有效的保护措施，不得损害历史风貌建筑，破坏整体环境风貌。"

图7-8: 岁月
摄影: 周红

图7-9: 守望
摄影: 周红

3. 建筑保护协调范围的风貌保存要求:"建筑保护协调区可新建、改建、扩建建筑物、构筑物,但必须与周边的历史风貌建筑相协调,与整体空间环境相和谐。"

4. 制定不同存在形式历史风貌建筑的保护重点。

历史风貌建筑区域保护分为重点风貌保护区、重点风貌保护街道、一般风貌保护区、风貌协调区四类;历史风貌建筑组团保护按核心保护区和风貌协调区两个层次进行控制,提出了历史风貌建筑保护模式。

一是保护性开发模式:以保护为前提,可进行必要的内部改善和功能转换。

二是开发性保护模式:以开发改造为前提,在改造的基础上进行保护。

三是搬迁式保护模式:就是对那些环境已被破坏,建筑在原地保存已经没有意义,或者因为特殊原因,建筑在原地已无法保存的情况下,将这些建筑按原样搬迁到新址加以保护。

四是控制性保护模式:即暂维持原状,待以后条件成熟进再进行必要的保护。

二、公众参与嘉庚建筑的保护

城市历史环境的保护离不开市民的参与,市民对城市历史环境保护最有发言权。历史文化资源是典型的公共产品,应鼓励公众参与保护历史文化资源。在城市更新与保护规划中要提倡公众参与,坚持实行公告公示制度、听证制度,以充分征求公众的意见,体现公众意志和依法行政。提倡规划决策的科学性、民主性,建立起完善的规划决策体系,采取公示制,为公众参与提供多种渠道,以保证规划决策的科学性、合理性。真正体现以人为本,体现公共利益,体现出规划的社会可接受性,避免造成失误。但是,当城市大规模改建时，公众参与与公众利益往往被忽视，开发商的价值观取代了民众的价值观；经济实力强的阶层利益得到了满足，经济实力弱的阶层利益被忽视，市民对历史环境保护的发言权就会变成一句空话。苏州大学社会学院宋言奇博士在《城市历史环境保护问题》一文中就我国城市历史环境保护的公众参与现状进行了深入分析："一是参与中自发性的较多，制度性的较少。世界不少国家很早就将公众参与作为一项法律制度，例如，英国早在1968年的《城乡规划法案》中就已经明确了公众参与制度，后来，在几次规划法规的修订中都分别强调：结构规划在作为正式的法律性文件公布之前，必须按照立法的要求完成全部的法定程序，其中最重要的一个环节是公众参与规划评议，立法甚至认为'公众参与规划的制定是英国规划法规体系的骨架'。而且，英国编制规划中还有一条不成文的规定，那就是，规划如果被公众反对，规划就必须修改，被公众反对而规划又不修改的条目内容是无效的。而我国目前缺乏公众参与的制度性渠道，自发的参与也多是'事后性'的。二是参与中低层次的多，高层次的少。参与的范围往往局限于一房一地的范围上，因此总体参与效果不佳，对历史环境保护的帮助作用不大。三是参与过程缺乏开放性。尽管目前公众对历史环境保护的参与热情较高，但由于目前的城市规划与设计具有某种程度上的封闭性，因此公民缺乏参与渠道，最后往往只能以上访的形式来解决问题。"[①]

历史文化遗产保护是一项高投入的公益性系统工程，也是政府进行城市规划建设和管理工作的重要内容之一，必须坚持政府主导、全民参与的原则。为了使历史街区获得可持续发展，必须对其进行动态保护。历史文化遗产的动态保护是一种实行动态平衡的保护规划。在这种动态平衡的实施中，加强公众参与，使得公众的参与构成与政府的连续互动的关系，是保证历史街区动态保护目标得以顺利实现的有力保证。在充分发挥政府主导作用的前提下，可以积极尝试由政府或多种投资实体参与投资的资金运作方式，鼓励除国家资金外多种形式的资金渠道，还要加大对历史文化遗产保护和利用方式的改革力度，积极引入对历史文化遗产的经营理念，探索和完善保护工作机制。

陈嘉庚精神感召着社会公众，社会公众出于对嘉庚建筑的认可与热爱，纷纷参与嘉庚建筑的保护，厦门的政府部门、高校、中学、小学以及很多市

---

① 宋言奇.城市历史环境保护问题［J］.海淀走读大学学报，2004（1）.

民都对嘉庚建筑的保护开展课题研究发表保护意见。

在厦门市第二轮基础教育课程改革课题"地方美术课程资源在中学美术课堂教学中的有效整合与运用"之子课题"'嘉庚文化'在高中美术教学中的运用"研究小组的傅闰冰、吴勇等提出:"要引导学生从美术的角度去理解闽南文化,激发学生对家乡的了解与热爱;通过对地方美术课程资源的研究性学习,培养学生的创新精神和实践能力、收集和处理信息的能力、获取新知识的能力、发现和解决问题的能力以及交流与合作的能力,发展学生对自然和社会的责任感;促进教师加强课程资源的开发能力、利用各类资源生成课程计划的能力、组织和实施课程的能力以及评价课程的能力;增进课程对地方的适应性,形成厦门地方特色。"

"嘉庚文化博大精深,侧重于从其中涉及美术本体的一些资源来进行探究。这是一种对嘉庚文化的热爱与传承行为,这种自觉的行为能够引起社会广泛的关注。鳌园作为华侨领袖陈嘉庚兴建的中西合璧式代表建筑,已经先后被厦门市、福建省、国务院确定为重点文物保护单位。同时也是全国百个爱国主义教育示范基地之一、厦门市十大优秀科普基地之一、是厦门最著名的旅游景观之一,每年接待中外游客约80万人次,为厦门旅游业的发展和弘扬嘉庚精神做出了重大贡献。鳌园石雕从建成到如今,已经时隔50多年,这些精美的石雕艺术形象仍栩栩如生、巧夺天工,无时无刻不向人们传达美的信息,艺术的熏陶。

"集美中学学生在义务导游时,发现集美鳌园里的精美石雕受到不同程度的毁损。鳌园的石雕石刻,大多已变得模糊不清,表面出现了大量的风洞,有的已经受到一定程度的残损。经调查认定,石雕被风化主要是自然因素引起的。厦门属于亚热带季风性气候,鳌园建于大陆伸向海洋的一个半岛型地区,三面环海,海风中含盐,就意味着高速流动的空气中夹杂细小的颗粒。鳌园的建筑及石雕艺术品长期受这种海风的侵蚀,石雕表面由于摩擦等物理作用被磨碎、脱落,日复一日,年复一年,许多雕刻的表面被磨光,整体内容遂变得模糊不清。此外,厦门位于占我国国土面积40%的酸雨区内,全年降水量较大,长期受到 pH 值介于4.5～5.6之间的硫酸型酸雨的腐蚀,鳌园内的建筑和艺术品也严重受损。台风的影响也不容忽视。鳌园因其露天而建且三面环海,因而受台风破坏比较严重。1999年10月9日,14号台风正面登陆厦门,导致鳌园内积水1米深,园内大多数石雕浸泡在雨水中长达两天之久。王昕达、陈智鹏、李筱君、张苗4位同学组成课题组，在历史老师李淡猷地指导下，经过一年多的调研分析，提出了保护鳌园的方案。他们的调研报告引起社会强烈反响。他们提出了一个大胆的建议：在游廊墙上端，建议增建两侧透明遮雨棚或全遮盖式透明遮雨棚，以保护游廊两侧墙上镂空雕和浮雕诸文物不受雨水侵蚀。对于镶嵌在鳌园四周围栏上的影雕和浮雕诸文物，建议有关部门在其表面镶嵌透明度高、耐侵蚀的玻璃，并将其中抽成真空，保持玻璃内适当的温度、湿度以保护。如果有条件的话，有关部门还可以采用高科技纳米技术对鳌园的浮雕影雕诸文物进行保护，例如，在浮雕影雕文物上刷纳米级防护漆，这样既不影响游客参观，又可以很好地保护浮雕影雕诸文物不受风雨侵蚀。"①

调研小组认为，光这样保护起来还不够，政府和有关部门应该积极寻找当年修建鳌园景观的能工巧匠或其传人，聘请他们尽力修缮已遭损坏的石雕等文物，并留下雕刻工艺资料、草图以备后用。还应该聘请国内外文物保护专家、学者征求各种保护鳌园的意见和方案，再科学论证各种意见和方案的可行性来决定是否采纳，并分期分批地进行保护鳌园工程。

三、嘉庚物质文化建筑的生态保护

城市是历史文化的载体，建筑风貌是地域文化的集中体现。保护历史风貌，改善市政设施，修整建筑的立面外观，开发历史文化旅游资源，挖掘、整合、提炼、升华、延续区域的内涵和特色，把嘉庚教育建筑区域设计规划为一种集教育、文化、观光、休闲为一体的历史文化旅游环境，是这一特定建筑环境设计保护的现实目标。实现这一目标，要贯彻这样几个原则。

（一）原真性保护

嘉庚建筑历史建筑本身所带有的历史信息，是对特定的历史时期的环境和社会的真实写照，并构成其他原则基础的那些历史性的价值要素的保护和持守；对于厦门大学和集美学村这样具有丰富文化内涵的建筑来说，我们在保护和开发的同时，要尊重历史，做到原真性保护。原真性保护也意味着保存了真实的历史信息和区域的灵魂。

（二）整体性保护

历史建筑的保护是一个整体性的过程，对于嘉庚建筑这一处于特殊文化

---

① 政协委员建议：建个罩棚保护鳌园［N］.厦门晚报，2005-02-19.

环境的历史建筑来讲，整体性的保护原则尤其重要。不仅要关注人造的历史建筑本身的保护，还要关注作为历史建筑源流的地方性的历史文化传统的保护。还要保护其周围环境，特别对嘉庚建筑集中的区域、地段、景区、景点，要保护其整体的环境，珍惜不可再生的历史风貌；所谓完整性原则，包含了空间整体性、保护整体性、规划整体性。

（三）可持续性的保护

可持续性是通过历史保护激活历史环境价值，实现历史文化资源的活力再生，做到在保护中发展、在利用中保护，将保护与利用有机结合，保护嘉庚建筑的生态环境，延续城市文脉。延续是特指延续区域独特的人文环境的氛围和气息，不但延续悠久的教育传统，同时也延续其浓郁的历史人文气息，将其历史的、经济的、文化的元素和谐地融合在一起。只有在能够促进地方经济发展的力量的前提下，保护和开发的目标才能实现。历史建筑作为该地的文化遗产，必须把保护置于发展战略的前提下，通过对历史建筑的正确保护和合理利用，调整在时代变迁期必须改变的适当功能，带动该村的全面发展。保持历史的真实性和风貌的完整性不是最终目的，在保护的基础上利用，利用的同时加强保护，形成现实而动态的可持续效应，最大限度地发挥历史建筑的当代功能，是这一原则的根本目的。要创造区域独特个性，关键是要把握其文脉的延续性，进行恰当的开发和利用，这种开发，是根据时代需要而对历史文化遗存进行当代化的价值探讨、保护和利用，从而对建筑功能进行内涵上的发展和更新，充分凸显而不是削弱和破坏这些宝贵资源的文化价值、社会价值和经济价值。

坚持保护与开发利用相结合的原则，本质上也是历史文化资源现代化。在我看来，现代化不仅要有完善的基础设施、良好的生态和高质量的生活环境，同时更要有深厚的历史文化内涵和特色。作为文化遗产的重要组成部分，富有特色的历史文化建筑之所以能够唤起人们的历史记忆，生成一种精神的归属感，不是由于一栋两栋老建筑的存在，而是在于历史建筑的空间结构、文化氛围在人的深层意识里带来的领域感和认同感。这就要求我们既要在保护中求发展，又要以发展促保护，使建筑现代化建设和历史文化保护相得益彰，从而向世人展示一个可持续发展的现代历史型商业街形象。

（四）修缮保护

为了让珍贵的近代建筑遗产之一"嘉庚风格"建筑得以永续流传，厦门市启动了集美学村风貌建筑保护工作。方案确定了保护整体框架，即"一带、八组、若干点"。"一带"指龙舟池一带滨海风貌建筑群，它们丰富多变的天际线构成了集美学村标志性景观；"八组"即学村内成组成片的校园风貌建筑群；"若干点"即散落于学村周边的特色民居。方案主张"冻结保存"法，即允许对保护对象进行必要修缮和加固，但必须以不改变原貌为前提，即"修旧如旧"原则，确定了特殊保护、重点保护、一般保护三级保护对象及相应保护措施。

建筑是人类文明的一种重要标志，是人类历史的创造。建筑代表了那个时代的思想、文化、宗教和民俗信仰，但地理条件、气候条件和地方建筑材料都会对当地的建筑特点形成一定的约束，对建筑形成有较大影响。随着时光的流逝，嘉庚建筑接近或达到设计使用年限，其主要承重构件的承载力存在不同程度的缺失，梁、板、柱与砌体等建筑物的承重结构需进行不同程度的加固，这就需要采用新技术、新工艺使结构满足建筑的功能要求。当年因经济问题，节约建造成本使用的竹筋以及水泥标号达不到现代使用要求，需对建筑进行修缮性保护，南薰楼、道南楼等建筑的修缮基本采用的方法是加固地基，内敷承重柱梁、墙面，剔除旧楼板，重新配筋浇筑楼板，加固屋顶支撑结构、修整屋面、修缮门窗等。

对于历史建筑的保护和修缮，胡建平、朱学红、严新民在《历史建筑的保护和修缮浅议长》一文中提出："对于砌体结构的加固可采用钢筋水泥砂浆外加层，提高承重墙体的强度、满足抗震要求。更有甚者，可采用综合托换技术，通过托梁拆柱、托梁接柱、托梁换柱等施工工艺对建筑物进行加固。当然，对建筑的加固措施不能只采用一种办法，很多情况下要求多种方法的综合运用，保证历史建筑安全使用。而对于不牵涉到结构安全的部位，则采用一定的保护措施，如大多数建筑物的清水外墙，可对外墙进行清洗，做无色防水剂和清漆加以保护。对于建筑物的屋面，一般很难找到原有历史色彩的面层材料，可采用保证主立面的整体性为原则予以解决。"[①]

---

① 胡建平，朱学红，严新民.历史建筑的保护和修缮浅议［J］.长沙铁道学院学报（社会科学版），2006（4）.

图 7-10：道南楼的修缮保护——加固柱基础 1

图 7-11：道南楼的修缮保护——加固柱基础 2

图 7-12：道南楼的修缮保护——梁柱 1

图 7-13：道南楼的修缮保护——梁柱 2

图 7-14：道南楼的修缮保护——梁柱 3

图 7-15：柱梁墙体结构的加固 1

图 7-16：柱梁墙体结构的加固 2

图 7-17：柱梁墙体结构的加固 3

图 7-18：道南楼的墙面、屋面修缮保护 1

图 7-19：道南楼的墙面、屋面修缮保护 2

图 7-20：屋面修整 1

图 7-21：屋面修整 2

图 7-22：修缮后的道南楼

在集美南薰楼、道南楼的加固修缮中，采取的是保留原建筑不拆除，保证外观不变，内部的梁也按原结构花样布置，保证顶板的装饰特性也不变。基础采用施工较简单的扩大基础法和平板筏基法加固。为了保证基础受力的可靠性，在基底相距约3米，设基础拉梁，将新浇筑的扩大基础连为整体的方法。

第三节 厦门集美学村早期建筑即温楼维修保护工程施工设计案例——北京市文物建筑保护研究所

一、历史维修概况

使用情况：

1921年4月建成，为集美中学教学楼。

抗战胜利后改为高级水产学校教学楼。现为集美大学航海学院教学楼。

保护维修情况：

1949年集美解放前夕及解放初两次被国民党炮击损坏，1951年修复。

1959年因台风袭击倒塌，后原址修复。

2001年再次维修，将其木楼板翻修为钢筋混凝土楼板。

二、维修保护及建筑加固设计依据

（一）《中华人民共和国文物保护法》（2002年10月28日）

（二）《文物保护工程管理办法》（2003年5月1日）

（三）《中国文物古迹保护准则》（2000年10月）

（四）《古建筑木结构维护与加固技术规范》

（五）《建筑加固技术规程》JGJ116-2009

（六）《砌体结构加固设计规范》GB50702-2011

（七）《古建筑消防管理规则》

（八）《民用建筑修缮工程查勘与设计规程》JGJ117-98

（九）《福建省文物保护管理条例》

（十）《古建筑修建工程质量检验评定标准》（南方地区）

三、工程目的

（一）全面修缮即温楼这一单体建筑，修复损伤，清除后代添加改建部分，恢复建筑历史原貌，让文化遗产得以永续传承。

（二）在不破坏建筑外观及风貌的基础上，按照现行规范要求，对即温楼开裂部分进行建筑维修保护，提高文物建筑的安全性能，确保其安全使用。

（三）通过对即温楼这一单体建筑的建筑修缮，充分发挥了文物的社会效益，使人们对即温楼的历史及其在历史上的特殊地位有一定的了解，与此同时，人们也能够清楚地了解近代建筑遗产中杰出的建筑艺术成就及其所包含的深厚的文化底蕴，从而充分认识集美大学近代建筑遗产的历史文化价值，提高民族自豪感，激发爱国主义热情。

四、设计原则和指导思想

设计原则

（一）严格遵守不改变文物原状的原则。

（二）在保证结构安全前提下，遵循最少干预原则。保持建筑的真实性、完整性、延续性。

（三）在修缮过程中，最大限度采用原材料、原工艺。局部可采用现代技术和材料进行维修保护。

（四）对于后期新建、改造不符合原貌的部分，在依据充分的情况下进行拆除、恢复；为满足使用功能要求的添加改建部分暂予以保留。

（五）充分利用原有构件，对于残损构件经维修回转后能够重复使用的应继续使用。

（六）对即温楼的建筑修缮，不损伤建筑的外观及风貌。

指导思想

坚持"保护为主、抢救第一、合理利用、加强管理"的文物工作方针，正确处理文物保护与经济建设的关系，文物保护和合理利用的关系，促进文物保护带来的可持续发展。

五、工程主要内容

本次工程维修性质属于文物建筑的现状修整及局部的重点修护及建筑整体结构的加固。

修缮主要内容有：建筑老化损伤的维修，以及在满足现状使用功能的情况下，最大限度恢复被拆改的建筑原貌。拆除后期加建钢架楼梯，更换为钢筋混凝土楼梯。

建筑整体结构加固的主要内容有：对承载力不满足的墙体采用钢筋混凝土板墙或钢筋网水泥砂浆面层加固；对承载力不满足的梁、柱采用粘贴碳纤维加固；对承载力不满足的楼板采用钢绞线—聚合物砂浆面层加固。

六、建筑维修方案

建筑维护按照《中国文物古迹保护准则》第四章第二十八条和《古建筑木结构维护与加固技术规范》（GB50165-1992）的要求，综合单体建筑的文物价值，制定出建筑重点维修设计方案。维修对象为即温楼。

集美学村早期建筑为第六批全国重点文物保护单位，据资料可查，此单体建筑建立距今已有96年的历史。因此，本方案的重点是保护该栋建筑的真实性和完整性，根据嘉庚建筑和闽南传统建筑风格、做法，对其进行全面修缮保护。

设计时严格按照现存部位构件及结构特点，损坏构件按照其残破程度，分不同情况予以修整、复原，同时对影响建筑寿命的不合理之处采取相应的加固补强措施。保留现有内外墙体，恢复原有木门窗。瓦件采用嘉庚风格的红陶瓦（嘉庚瓦）进行局部更换。油饰、地仗油漆均采用嘉庚风格和闽南原传统材料、工艺施工。对所有部位的木构件，进行杀白蚁处理。所有新换木构件，均进行防腐处理。拆除现钢构楼梯，改为钢筋混凝土楼梯，花岗岩石板踏步，铁艺栏杆扶手（黑色油饰）。

本建筑在2001年改造中，统一将木楼板改造为钢筋混凝土楼板，室内地面全部改为水泥砂浆抹面。考虑到结构主体的稳定性，同时为了尊重文物建筑的现存面貌，避免大规模拆改给建筑带来的不必要的破坏，故保留现有钢筋混凝土楼屋面不变。由于年限较长，楼面地砖原始做法现已无从考证，现已无法原貌恢复，因即温楼为"温良恭俭让"（即温楼、明良楼、允恭楼、崇俭楼、克让楼）楼群之一，与集美大学尚忠楼群及厦门大学群贤楼群同系嘉庚风格建筑，为适应本次修缮建筑的风格，现参照集美大学尚忠楼群及厦门大学群贤楼群的地面进行修缮，保持"温良恭俭让"楼群风格一致。具体做法为：拆除走廊楼地面所有现有地砖，一层走廊重新铺设400mm×400mm红陶土砖，二层走廊及一、二层室内地面重新铺设400mm×400mm红陶地砖。彩色瓷砖地板砖质量符合GB/T4100-2006附录K优等品标准。

内墙墙面面层为水泥砂浆抹灰，因年限较长，加上环境因素影响，局部出现风化、空鼓现象，部分面层甚至开裂脱落。本次维修保留现有砖墙体，铲除所有内墙水泥砂浆抹灰层，剔除墙体表面松散的砂浆。在砖石墙体勾缝补强设计中，重新用M10水泥砂浆对外墙内侧和内墙两侧30mm深度范围重新勾缝，再抹灰、粉刷。重新勾缝的处理方法，要求施工时应沿墙每隔一米长度分段清理并勾缝，一侧施工完毕后再施工另一侧。二层走廊及教室内现代吊顶予以拆除，重新安装防火石膏板，下表面刷白色涂料。

即温楼建筑外墙以红色清水砖为主、花岗岩作装饰镶砌，内部为砖木结构。墙体用清水砖砌筑，做工细致考究。背立面外墙大部分被植被覆盖，局部发黑损坏，其余立面均存在局部杂草覆盖。由于墙面现基本保存完好，根据文物保护法中不改变文物原状的原则，不破坏建筑外观及风貌，故保留外墙不变，对于墙面的植物在不破坏墙体本身的前提下进行铲除，尽量避免破坏外墙面灰缝，铲除过程中确实无法避免的（如灰缝松动、脱落，灰缝内存在植物根系等），则剔除此处植物根系和松动的灰缝，再按照原样修补，采用原材质工艺并保证建筑立面效果颜色统一协调，然后对墙面作简单的清洗维护。在进行外墙面清洗施工时，应先小面积试验后再大面积操作，严禁使用水压力冲洗墙体，避免对墙体及灰缝构成破坏。

屋面瓦件为嘉庚风格的红陶瓦（嘉庚瓦），对于局部破损的瓦片采用原样更换。屋沿天沟防水采用防水涂料，前廊平屋面部分现为无组织排水，本次修缮过程中，在平屋面两侧增加两根管径110mm的PVC雨水管。

门窗现均为现代形制铝合金门窗，与原有建筑风格不符。由于原始做法不详，现已无法原貌恢复。为适应本次修缮建筑的风格，现参照"温良恭俭让"楼群其他建筑（如崇俭楼、克让楼）的门窗进行修缮，使楼群风格保持一致。具体做法为：拆除现有铝合金门窗，恢复木质门窗，朱红色油饰，窗外更换铁栅栏。

楼梯后期改为钢结构样式，不锈钢栏杆扶手，与即温楼建筑风格极不协调。因原始做法不详，参照"温良恭俭让"楼群中的崇俭楼、克让楼楼梯做法及即温楼楼梯引步台阶做法，改为钢筋混凝土楼梯，花岗岩石板踏步，铁艺栏杆扶手（黑色油饰）。

前廊护栏装饰瓶部分缺失、破损，护栏高度仅0.75米，不符合现行国家相关建筑规范1.1米的要求。维修时补齐或更换前廊护栏缺失、破损装饰瓶，栏杆压顶石上部增加装铁艺栏杆至1.1米高，防锈处理后黑色油饰。

七、结构补强方案

根据即温楼建筑物安全性鉴定报告可知，窗台下部墙体个别出现裂缝，16片墙体的受压承载力和44片墙体的局部受压承载力略显不足，差4%左右，这些现象集中表现在两翼纵墙及中部两片横墙，按照文物建筑"修旧如旧"的原则，保留纵墙室外一侧墙面不动，两翼纵墙内侧及中部横墙采用单面钢筋混凝土板墙加固，具体做法详见结构加固设计图纸。

8根梁的承载力安全性评级为 bu 级，本次采用粘贴碳纤维加固。

8块楼板的承载力安全性评级为 bu 级，钢绞线—聚合物砂浆面层加固。

图 7-23：校园花开
作者：苏家棋

第四节　数字校园、智慧校园发展趋势

一、打造数字校园、智慧校园

打造数字校园／智慧校园国内外发展趋势主要表现在政府部门和高校对校园信息化工作不断加大投入，更多的高校制定了整体建设规划和财务预算；以统一规划、分步实施为主要特征的数字化校园，已成为高校信息化建设的主流。数字校园是以数字化信息和网络为基础，在计算机和网络技术上建立起来的，对教学、科研、管理、技术服务、生活服务等校园信息的收集、处理、整合、存储、传输和应用，使数字资源得到充分优化利用的一种虚拟教育环境。通过实现从环境（包括设备、教室等）、资源（如图书、讲义、课件等）到应用（包括教、学、管理、服务、办公等）的全部数字化，在传统校园基础上构建一个数字空间，以拓展现实校园的时间和空间维度，提升传统校园的运行效率，扩展传统校园的业务功能，最终实现教育过程的全面信息化，从而达到提高管理水平和效率的目的。

通过数字化校园项目建设，构造能够满足数字化校园应用长期持续发展的应用框架，通过这一稳定、可扩展的应用框架为应用系统建设提供良好的支撑和服务。该应用框架将充分支持高校的应用需求和未来发展，同时考虑到系统的总体拥有成本，必须采用先进的理念和思路，辅以成熟的、主流的、符合未来发展趋势的技术，运用现代系统工程和项目管理规范标准，科学合理建设。

数字化校园体系架构是建成完整统一、技术先进，覆盖全面、应用深入，高效稳定、安全可靠的数字化校园，消除信息孤岛和应用孤岛，建立校级统一信息系统，实现部门间流程通畅，可平滑过渡到新一代技术，对校园的各项服务管理工作和广大教职工提供无所不在的一站式服务。提高工作效率，提高管理效率，提高决策效率，提高信息利用率，提高核心竞争力，满足教学、科研和管理工作的需要。具体目标就是实现"六个数字化"和"一站式服务"：

1. 数字化校园环境数字化

2. 数字化校园管理数字化

3. 数字化校园教学数字化

4. 数字化校园产学研数字化

5. 数字化校园学习数字化

6. 数字化校园生活数字化

数字化校园一站式服务

数字化校园教育优势体现在学生在任何时间都可以通过网络学习；老师可以在任何时间、任何地点接受培训；学校管理者可以自动分配教学任务；整个学校变成以学生为中心的学习环境；在固定空间之内，是一个个的学习中心、交互中心、分组教室、安静的区域；突破空间界限，人们可以通过交互式或基于 WEB 的交流平台，在任何时间、任何地点进入校园网，进行学习和交流，整个校园已经无线覆盖，课桌椅等设施可以灵活布置。

转向以学生为中心的教学系统：由于融合网络，应用资源的不断完善，可以为每个学生开展个性化的教育，形成以学生为中心的教学系统。教室、宿舍、礼堂、图书馆都智能化、网络化了，学生和教职员工可以在生活、工作的任何地方获得教学资源。

可视化、交互式教学：教师可以开展可视化教学，也可以通过交互、协作的资源引导学生互动式学习。学生能够以自己喜欢的方式学习，有丰富的课件，可以对信息进行搜索和分析，学生很容易联系到老师甚至全球的专家。接受继续教育的学生，可以得到很好的在线职业培训。

新型学习工具：通过多种新型的学习工具随时随地进行学习；通过网络远程学习；仿真、虚拟的学习环境，使学习者感同身受。

创建没有围墙的校园：将是一个终身的、没有围墙的校园，学生不会因为"毕业"而离开"学校"。学生和校友通过继续教育和成人教育课程与学校保持联系，随着他们职业生涯的发展不断获取知识和技能，实现终身技能训练。学生和教职员工可以通过桌面电脑获得超级计算能力，开展协作的、跨学科研究。

二、利用现代信息与数字技术对校园文化遗产进行保护

文化遗产的保护已经越来越受到世界各国政府和学术界的广泛关注。但是在新的历史条件下，文化遗产保护研究和开发利用面临着各种新的复杂情况和艰巨压力，如城乡建设规划与文化遗产保护之间的矛盾冲突，传统博物馆展出方式不能满足人们了解研究鉴赏传统文化的要求，有限的资金投入不能解决大规模文化遗产抢救与保护研究，等等。随着多媒体和图形图像处理技术的发展，随着20世纪末虚拟现实技术的兴起和网络的高速发展，文化遗产保护事业有了新的方法途径——高精度高逼真的数字化遗产保护技术。

高精度高逼真的数字化遗产保护技术采用人工智能、虚拟现实、多媒体、宽带网络与数据库等先进信息技术，开发基于计算机与网络环境的新型实用化辅助系统或手段，克服种种困难，为文化遗产的可持续发展服务。将通过文化遗产相关的文字、图像、声音、视频及三维数据信息提供数字化保存、组织、存储与查询检索等手段，并进一步建立数字化文化遗产数据库，为文化遗产的保护、开发与利用服务。信息技术的发展，尤其是数字摄影、三维信息获取、虚拟现实、多媒体与宽带网络技术研究与应用的发展，为物质、非物质文化遗产的数字化研究与保护开发提供坚实的技术基础。

如何利用数字技术解读嘉庚建筑文化遗产的内涵，这是我们所面临的新的课题。对嘉庚建筑文化遗产，我们不仅要保护它们，还要通过新的方法与手段对它们加以重新阐释，赋予它们新的含义，这样才能使它们与我们现实的生活永远息息相关。嘉庚建筑具有很高的社会历史价值、艺术价值和经济价值，该项目为保证城市历史文脉的延续，对嘉庚建筑的保护与开发提出理论依据，为政府及管理部门对城区建设与开发及传承嘉庚精神提供参考意见，对于其他城市的历史建筑保护开发以及城市建设具有重要意义。

将数字化多媒体与虚拟现实技术用于嘉庚建筑艺术文化遗产的保护与宣传的意义主要有：

（一）嘉庚建筑文化遗产的数字化保存与存档

随着信息技术的发展，高精度的图形图像技术设备相继产生，更精确真实的数字化保存与存档技术也随之诞生。数字化保护与存档就是利用先进的二维三维扫描、数字摄影、三维建模与图像处理等技术，实现文物图形结构

与纹理等信息的高精度获取与保存。目的就是在计算机里建立相关的数字模型，为文物的信息共享、保护修复、考古研究、参观观赏与开发利用等提供准确的数字化素材。嘉庚建筑文化遗产数字化保护与存档的核心是数字化信息的存档并建立数字模型。厦门市规划局与厦门大学已对厦门市风貌建筑进行了测绘，以保存这些建筑的数据资料。

（二）嘉庚建筑的数字漫游

信息时代，数字漫游已经成为一种时尚和潮流。在信息技术得到空前发展的今天，把计算机应用于文化遗产的展示领域，拓展了文化遗产展示的空间和手段，对于文化遗产的数字了解只需敲击一下鼠标就可以清晰且内容详尽地呈现在阅览者面前利用虚拟现实技术，人们更能实现在虚拟漫游效果，大众很难欣赏到的各个视角也通过互联网络实现了一饱眼福的殷切希望。

（三）虚拟建筑修复、复原及演变模拟技术

目前物质文化遗产常用的数字化修复与演变模拟技术主要分为两类，一类是将三维模型、虚拟漫游、图像处理、人工智能等技术集成应用于濒危遗产的现场调查和保护修复等各个环节。另一类是根据保护专家利用数字图像处理技术、人工智能等技术，实现作品的虚拟复原与演变模拟。虚拟复原就是把一些损毁、褪色、脱落的艺术效果通过数字化方式复原成最初画成时的辉煌效果。

（四）数字化历史编排与讲述技术

数字化历史编排与讲述技术是基于人工智能的一种虚拟环境，该虚拟环境整合了多种音乐、历史、典故等内容，具有自动对典故的情节编排、导演的智能。数字化动画编排与声音驱动技术的核心就是保护各种重要建筑文化的视觉效果与声频。数字化民族嘉庚建筑艺术文化遗产展示系统能够综合各种多媒体信息，在虚拟场景中混合视频、音频、图片及文字建立场景的混合模型展示系统，能够对该混合虚拟场景模型进行协调展示，支持环境漫游、空间的选择展示、工艺流程的详细表达等交互功能。

中国对于非物质文化遗产的数字化保护才刚刚起步。随着社会经济的发展，嘉庚建筑艺术地宣传起到促进旅游业的发展、吸引更多的游客的作用，从而带动市场全方位的发展。数字技术对嘉庚建筑文化艺术遗产不仅能够提供永久的数字化存储空间，而且能够提供更加广阔的宣传平台，把嘉庚建筑进一步推向世界，让更多人认识、了解嘉庚建筑文化艺术遗产。

图 7-24：三维动画截图 1
张文娟

图 7-25：三维动画截图 2
张文娟

图 7-26：三维动画截图 3
张文娟

图 7-27：三维动画截图 4
张文娟

我们处在一个新时代，文化是我们的精神家园，优秀的嘉庚建筑文化艺术遗产是厦门城市的灵魂的故乡。面对汹涌而至的各种文化大潮，应当积极实施数字文化工程，把博大深厚的建筑文化艺术遗产资源转变成数字文化产品，提高厦门集美地域在地区乃至国际上的文化地位，赢得竞争的战略主动。

第五节　集美中学文化环境育人与品质校园建设研究

校园文化是以广大师生为主体，以校园为核心空间，以育人为主要导向，以精神文化、环境文化、制度文化、行为文化建设为主要内容的一种全体性文化。创建成熟且具有独特品质的校园文化，是一所学校进步发展的核心动力。本文以嘉庚文化为出发点，分析了嘉庚文化对校园文化建设的影响，以集美中学在嘉庚文化环境育人特色工程中对校园文化建设的实践为例，从物质、精神、制度、行为等方面浅析探究集美中学在嘉庚文化影响下的校园文化建设。

图 7-28：集美龙舟池
作者：小武

　　文化是民族的血脉，是人民精神的家园。学校是传承、传播和创造社会主义先进文化的重要场所，是培养社会主义先进文化的主要阵地。集美学村是爱国华侨领袖陈嘉庚先生倾尽一生的资产，用尽毕生心血兴办的学校。在长期的兴学实践中，陈嘉庚形成了自己的教育观点和办学思想，同时也形成了集美学村良好的学风、校风，形成了集美学村特有的嘉庚文化。这种文化是集美学校的灵魂，融于景观建设当中，牵系到日常行为举止，影响着一代代的集美学子。

　　集美学村是集美各类学校及各种文化机构的总称，位于集美半岛集美村。由著名爱国华侨领袖陈嘉庚先生于1913年始倾资创办，享誉海内外。学村总建筑面积达3000余亩，拥有在校师生10万余人，形成了由学前教育至小学初中高中、从本科教育到硕士博士教育的人才培养体系。它既是钟灵毓秀之地，又是凝集众美的观光风景区，其建筑风格熔中西风格于一炉，体现了典型闽南侨乡的建筑风格。

图 7-29：集美中学
作者：小武

图 7-30：集美中学夜色
摄影：闭锦源

陈嘉庚是嘉庚文化的本体，嘉庚文化是由陈嘉庚精神，陈嘉庚兴办教育的思想和救国强国的举动，陈嘉庚的价值观、世界观、民俗观，嘉庚式建筑文化特征等一系列文化因子组成的一种"文化生态"。[①] 著者以集美学村嘉庚文化为载体，研究其对校园文化建设的影响，希望能为今后的品质校园建设提供思路。

---

① 资料来源：广东省城市规划建设考察团——南欧历史文化遗产保护工作考察报告。

一、嘉庚文化在品质校园建设中的体现

（一）以文化景观，构建校园文化物质层面

美国斯坦福大学第一任校长乔丹在新生开学典礼上所说的："长长的连廊和庄重的柱列也将是对学生教育的一部分。四方院中每块石头都能教导人们要知道体面和实诚。"在中国古代亦有"孟母三迁""近朱者赤近墨者黑"的典故，这充分说明了环境对人的成长和个性塑造上的影响。集美中学以嘉庚文化为载体，在百年的发展历程中，早已将文化融入景观建筑当中，成为校园文化精神、校园文脉传承最具代表性的物质载体，在引导师生树立正确的价值观等方面起到不可忽视的作用。

嘉庚风格建筑群。嘉庚建筑的风格是凝聚中外文化交流的产物，是厦门城市的一种形态，表达着城市意向的文脉，同时也是嘉庚文化生态中的一种物质体现。陈嘉庚主持的校园文化建筑，除"穿西装，戴斗笠"独具特色的嘉庚风格以外，在教学楼的命名上也深受传统文化影响，充满了校园文化韵味，具有深厚的底蕴。在建筑命名中有表达中华传统美德的，如即温、明良、允恭、崇俭、克让；勤奋学习的如囊萤、映雪；立身做人的如立功、立德、立言、尚忠、尚勇，居仁、约礼、群乐、渝智，敦书、诵诗、博文、博学、学思、养正等。[1]其中集美中学最具代表性的南薰楼则是出自《南风》："南风之薰，可以解吾民之愠兮"，寄寓着嘉庚先生"教育立国，科学兴国"的伟大理想。学子们在这一座座建筑中穿行、生活、学习，就如身处中华文化的殿堂，与时空对话，时时刻刻都在受到传统文化的感染和熏陶，这便是将文化融于建筑，达到"环境育人"的效果。

嘉庚系人文景观营造。校园内的景物是校园物态文化最直观的反映，是校园文化最实在的载体。集美中学在嘉庚文化的引导下，除了极具嘉庚特色的建筑外，还重点体现"嘉庚精神"的人文景观，赋予物质设施以嘉庚文化为核心的独特内涵，最终打造出了"一草一木皆有文化底蕴，一处一景尽显嘉庚特色"的校园文化景观。如屹立在校园门口的文化墙《集美中学赋》，向师生诉说学校百年发展历史；嘉庚雕塑、嘉庚文化浮雕的设计，昭示学生谨

---

[1] 诺伯格·舒尔茨. 场所精神——迈向建筑现象学［M］. 施植民，译. 武汉：华中科技大学出版社，2010.

记先辈教诲，传承先辈精神；校园里的文化石则是激励学生自强不息，努力成才。这些精心设计的人文环境，无不给学生环境的浸润、文化的熏陶和精神的传承，发挥了"润物细无声"的教育作用。为今后的校园建设，注重延续本校的历史传统，使其具有人文内涵，成为物化了的校园文化，成为永久性的、潜移默化的教科书提供了思路。

图 7-31：集美中学

图 7-32：集美中学入口文化柱

图 7-33：集美中学核心文化展示区文化墙

图 7-34：集美中学核心文化展示区文化墙

（二）以"诚毅"校训为内核，构建校园文化的精神内涵

校园精神文化是校园文化的重要组成部分，是校园文化中最深层的决定整个校园文化各方面的因子，是学校整体精神状态的体现。它主要包括校园文化历史传统和被全体师生员工认同的共同文化观念、价值观念、生活观念等，是一所学校精神面貌的集中反映。

集美学村在长期发展过程中，以内涵丰富的嘉庚精神为载体，可以概括为爱国爱乡之"忠"，倾资办学之"公"，言信行果之"诚"，百折不挠之

"毅"，艰苦朴素之"勤"，与时俱进之"新"。[①]"诚毅"是嘉庚精神的精髓所在，是陈嘉庚充分吸收中华优秀传统文化并结合自己立身处世的经验概括出来的，并在1918年定为集美学校的校训。集美中学在创办之初，就以"诚毅"二字代表自身的办学理念和办学精神，教导学子以诚待人，以毅处事。并在百年的办学历程中，充分挖掘嘉庚精神的实践内涵，通过举行各种关于陈嘉庚精神的讲座、征文、演讲比赛等活动，引导学子学习传承嘉庚精神，形成师生认同的公共文化理念。

（三）以嘉庚文化为依托，构建校园文化的制度保障

"没有规矩，不成方圆"，一个学校要保证正常运行，维护教学、生活秩序，就必须制定一整套规章制度和行为准则。在集美学校创办之初，陈嘉庚就十分注重制度建设，重视加强学校管理。他认为，学校要有良好的学习环境，但"学习环境，不宜片面强调地点问题，最主要的还是要有良好的学风，良好的学风要靠纪律来维持"。集美中学以嘉庚文化为依托，在教师校园行为准则、招生制度、中小学生行为守则等方面融入嘉庚精神，增添制度保障。

图 7-35：集美中学核心文化展示区文化墙　　图 7-36：集美中学核心文化展示区文化墙荣誉栏

（四）以嘉庚精神为载体，构建校园文化的行为准则

校园行为文化是校园文化的实践表现，它包括主要围绕教育、教学活动展开的各种行为方式以及学生在课外为了丰富课余生活而展开的业余活动方式。校园文化建设的参与对象主要是教师和学生，其行为方式直接影响着校园文化建设的成效。集美中学作为一所具有深厚内涵和文化底蕴的"中国名

① 杨勇翔.城市更新与保护［J］.现代城市研究，2002（3）.

校"，在强化教职员工和落实学生行为建设方面融入嘉庚精神。如在教师行为建设方面，学校强调师德、爱生、敬业建设，努力促使每位教师成为一个以信誉至上、敬业负责、正直诚信、好学力行的教育实践者；在学生行为建设方面，主要着力于诚信教育，主张自主教育，加强感恩教育，培养学生独特的文化气质和修养。[①]

二、嘉庚文化对现代品质校园建设的启示

（一）重视校园精神文化建设，以核心理念铸魂，打造展现特色的校园精神

校园文化以其独特的魅力贯穿一个学校发展过程的始终，它体现了一个学校所具有的特定的精神环境、文化氛围和品位格调，特别是提高全体师生的集体主义观念，营造优良的学风校风，对促进学校全面、协调、可持续发展都具有重要意义。因此，打造具有特色的校园精神至关重要，它不仅是一座学校的灵魂，也是一所学校所处的历史阶段的时代精神和时代风貌的具体体现。

图 7-37：集美中学雕塑与文化墙

图 7-38：集美中学文化园

塑造和培育校园精神的关键，一是对学校历史的把握，二是对时代精神的理解。学校精神文化建设必须从历史中寻找这种基因。只有在学校发展中一代代传承，最终成为师生举手投足间的一种共同气质，融入校训、校风、学风、景观文化建设当中，成为表征学校文化特征名片的观念、制度或行为

---

① 留住城市永久的记忆（图）——《厦门市历史风貌建筑保护规划》解析［N］.厦门晚报，2007-4-13

方式，才能称为这个学校的文化基因。从历史积淀中发现文化根脉，注重传承，注意守成，尊重历史，这是学校文化建设的一个重要支撑点。

（二）加大校园物质文化建设，使物质文化有形化

有人说：对未知天气的探索，从来始于沉静的心灵，而人类真正的安宁往往源于自然。校园物质文化建设不应满足于仅为教与学提供物质的场所，更应创造具有教化功能的校园文化氛围。校园是师生生活、学习、活动的场所，学校建筑、园林、景点等设计和建造当中，要注意其教育内涵和美感，使学校里时时处处、每事每物都具有一定的教育意义，都具有一定的艺术感染力，使之不断地对学生产生良性刺激，促进他们形成高尚的情操、文明的举止。

因此，在对校园文化进行规划设计时要充分考虑人与环境的关系，合理布局校园功能区，合理搭配人文景观，在进行设计时，可以融入学校发展过程中的重大事件或者出现的重要任务，可以借助纪念馆建造、人物名言、人物雕塑等形式，使得学生情感得以激发，进而发挥物质文化载体的导向育人功能。此外，校园物质文化建设还需充分考虑师生的心理因素，假山亭台、湖边阁楼等校园人文景观设计需具备休闲功能，能够愉悦师生身心，缓解师生工作和学习压力。

（三）完善校园制度文化建设，以制度建设聚力，做好校园文化顶层设计

校园文化内在管理机制的建设就是校园制度文化建设的过程，高效的制度文化建设，就是在约束师生的行为的同时，通过人生观、价值观及舆论导向上所做的引导，将制度内化为符合规范要求的心理及行动自觉，最终制度的要求当成大家的一种良好而又平常的习惯，进而促进师生成长和学校发展。学校必须建立健全各项规章制度，并通过相配套的考核评估、教育教学管理，形成良好的校园文化顶层设计。

图 7-39：集美中学核心文化展示区文化墙　　图 7-40：集美中学核心文化展示区文化墙

（四）大力开展校园行为文化建设

无可否认，校园文化建设的主角是学生，无论是学校的核心办学理念，还是制度文化建设、物质文化建设，其对象和效果的体现都必须落在学生身上。行为文化建设是校园文化建设的最终落脚点。因此，在具体建设过程中，学校要充分发挥师生主观能动性，开展丰富多彩的校园活动。一是要发挥主体作用，激发建设动力，让教职工自觉追求自身存在的价值，通过引导教师队伍严格遵守教师行为准则，严于律己，真正做到"传道、授业、解惑"。二是注重校本资源建设，找准特色载体，从学校的办学理念、培养目标中结构出代表学校特点的文化活动、课程体系、行为规则，找到学校独特的文化符号。此外，还要严格规范学生的行为习惯，教育引导学生遵守国家法律法规和校规校纪，做一名合格的中学生。

十九大报告中指出："文化是一个国家、一个民族的灵魂，文化兴国运兴，文化强民族强。没有高度的文化自信，没有文化的繁荣兴盛，就没有中华民族伟大复兴。"因此，当今的学校教育不应该仅停留于让学生埋头读书，学好书本理论知识，而应该学生被许多的"经历"所包围。一旦要提供许多"经历"，任何两所学校都不可能提供一模一样的"经历"，学校必然走向多样，办学特色应运而生。对于学校而言，加强自身建设，认真做好物质、精神、制度、行为等方面的文化建设，充分依托本地文化资源，开发校本培训，一定会培育出有利于全面实施素质教育，促进学生健康成长和全面发展的校园文化。

总体而言，当前教育的根本任务已由满足"学有所教"向实现"学有优教"转变，高质量办学已成为普遍诉求。深化学校文化建设增强文化自信，正是将教育发展的重点由外延发展转向内涵发展。在学校发展中，文化起着观念整合、价值引导、情感激励、规范调节等重要作用，只有站在文化建设的高度才能驾驭学校的发展，从而全面提高办学质量，交出"让人民满意"的答卷。

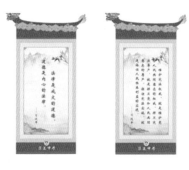

图 7-41：宣传栏

图 7-42：集美中学小会议室文化墙

图 7-43：集美中学小会议室文化墙

图 7-44：集美中学楼层导视

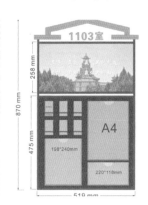

图 7-45：集美中学宿舍牌

图 7-46：集美风采
作者：陈恩惠

240

第六节 展开创意的翅膀——学村环境的提升改造创新设计方案

一、科学馆片区营造

项目背景：

集美，位于福建省东南沿海，居闽南金三角中心地段，是厦门市6个行政区之一，西北与漳州长泰县交界，东北与同安区接壤，西南与海沧区毗邻，东南由厦门大桥及高集海堤连接厦门岛，是进出厦门经济特区的重要门户，区位优势独特。集美是厦门市的文教区，著名爱国华侨领袖陈嘉庚先生创办的集美学村已有90年的历史，享誉海内外，拥有从幼儿园、小学、中学到大学的完整的教育体系和完备的教育设施。学村内现有集美大学（下设15个学院，34个专业，涉及8个学科门类）和华侨大学华文学院等知名高等院校，使集美成为高素质人才集中的地方。

集美是一个充满嘉庚文化气息的地区，整个集美学村无论是集美大学、集美中学、龙舟池等都能体现出浓厚的嘉庚文化和精神。岑头街处于这种独特的文化氛围中，就当利于自身优势，将其建设成为一个集嘉庚文化与闽南文化于一体的区域。

集美岑头街属于集美学村的商品街，人流密集，是一个交通路口，处于集美特有的文化范围之中，有着浓重的嘉庚文化。集美区是厦门经济特区进出的重要门户，该地位于厦门市集美区集美学村，周围有众多的高等学校，是一个充满文化气息的地区，无论是集美大学、集美小学、厦门大桥、鳌园、嘉庚公园、龙舟池等著名的景观和名胜古迹，都显示出历史文化的沉淀。这里不仅是一个经济地区，更是一个文化发展的地区。

集岑路（小商品街等）
苗圃园区
科技馆区
科技馆区主要建筑
1. 科学馆
2. 体育馆
3. 现办公楼
4. 现男生宿舍楼
5. 现女生宿舍楼
6. 老干住宅

该项目在本次设计中主要考虑： 一、科学馆改成文化创意园，利用原地绿化造景。现有闽南特色铺砖嘉庚建筑与景观的结合。

二、苗圃在改造成植物园时如何与周边小区及街道融合以及如何体现园区的文化内涵。

三、两园在改造过程中，要与小商品街的建筑改造和景观规划统一结合。

1. 科学馆园区域概况：

科学馆由陈嘉庚先生投资兴建，外形为著名的嘉庚建筑风格，集中西文化于一体。由于社会的发展，该园区的某些建筑原有的功能慢慢消失，至今未启用。园区规划用地长150米，宽116米，总建筑面积17400平方米，建筑的总楼数六栋，外加一栋厂房，以办公楼和住宅楼为主。园区有四个路口，且其中两个处于集散地地段，车辆通行受阻，园内地势差大，最大高差为2.2米，地面铺砖以石头为主，是闽南的特色。由于高低差的原因，楼与楼之间通行不便。

2. 苗圃概况：

苗圃位于商业街的一侧，其他三面为居民楼，　一条连接居民楼和小商品街道路贯穿其中。其地势为"盆地"形，呈下沉趋势。园区占地面积为10730平方米。园内树种繁多，可以移植利用。

3. 交通条件：

两园位于集岑路德两侧，集岑街是许多公交车的必经之路，集美小商品街作为此路的一大特色，许多公交在此设立了站点，公交便利，可选择车辆较多，但小商品街的道路狭长，人口集中，车辆进出极为不方便，在人流高峰的时候经常拥堵，使消费者在购买商品的时候十分不方便，减少了消费的兴致。

4. 缺陷分析：

园区处于集散地地段，人行与车行都受阻。园区内楼与楼之间通行不便。苗圃被一分为二，使其不能与人有互动性，与周边建筑也不能融合，与周边建筑街道也没有互动性。

科学馆园区楼体定位和周边景观规划定位

体育馆：该建筑年代久远，内部面积宽敞，临近石鼓路，交通便利，因此在园区规划设计中将其规划为大型文化创意产品展厅，承接大型展示活动。展厅大门左侧设置露天停车场，方便人们停车，右侧为水景平台区，主要供观赏或内部工作人员休憩交流使用。

科技馆和办公楼：这两栋楼位于园区中间位置，可规划成为文化创意产业办公楼。集美大学开设有环艺、动画、视传、油画、国画、艺术品管理等科目，结合商业街区的便利输出环境和集美艺术家工作室的师资优势，学生毕业后可留在附近创业。两栋楼周边在改建后有水景、树阵、大块硬质铺砖以及休闲平台供工作人员交流商讨，在两栋楼的后方亦有小生态园，供人们在这天然的环境中进行文化创意的思考。

现男生宿舍楼：改成公寓，可提供给大学生和园区内工作人员租住空间。从而也能达到安居乐业的效果。其前方有植树造景和休闲廊道亭子，供人们休憩。

现女生宿舍楼：由于临近集美区第一建筑工程公司，可以将其规划为集美建筑文化研究中心，并开设培训相关的课程。建筑前方是一个半围合的树木景观，其右侧有休息亭廊和景观喷泉。

老干住宅：由于这个建筑临街而建，在此次规划中将被规划到商业街区内。

空间要素

一、强化整体性，利用地面铺装和景观规划，变街面凌乱的现状为整体和谐的空间。

二、强化连续性，设置连续的标准设施带，简洁有序的骑行车道以及局部结合景观区。

三、强化流畅性，使不同功能、不同属性的景观空间相互渗透，促进园内各种活动的融汇，从而构成丰富多元的园区。

1. 科技馆
2. 体育馆
3. 现办公楼
4. 现男生宿舍楼
5. 现女生宿舍楼
6. 老干住宅

原苗圃改造及功能定位

　　苗圃占地面积约为10730平方米，结合本次设计的主题和理念以及响应"建设绿色城市"的号召，将原苗圃重新规划为植物园，让周围的环境与其融合在一起，并有耳目一新的感觉。在设计中结合闽南建筑元素，融入大型的广场、水景与其文化性的观赏景观，在设计时注意地形的起伏变化以求在立面上也达到理想效果。并做到方便周边人们进入园区休闲娱乐。通过对厦门植物的调查，了解园区内植物的层次和花期，落叶植物与具有特殊装饰效果的植物，会使每个节点都具有各自的特色并与整体景观规划和谐统一，让人们在这个四季不明显的城市感受到四季的变换，拥有天然的氧吧，嗅到闽南文化的气息。

园内景观元素举例

设计理念、风格定位、设计目的以及意义

1. 设计理念和风格定位

　　本次设计规划采取一体化的设计理念，依靠集美学村作为大学城以及周边旅游文化底蕴浓厚的优势，实现"在园中能够体验文化熏陶，园中购物，园中创业，园中居住，园中休闲"的一体化生活服务，力图打造出一个有闽南传统特色的综合性生活区。

　　在设计中，将吸收嘉庚建筑的风格与传统文化元素，结合古典与现代的特质，做到整体统一而不单调，既有文化底蕴，也有现代的时尚感，既有高大古老的树木，也有精致小巧的花圃，既有周边商业的密集繁华，也有公园的休闲浪漫。通过整体的规划和精巧的设计，实现明确的功能分区并与周边和新建区域完美融合。在视线的开合闭转方面进行精心的设置，用建筑、地形、植物、水系、绘画、雕塑等多种元素产生出"步移景异"的效果，为人们提供了一个丰富多彩的视觉景观空间。

2. 设计目的和意义

　　此次设计力图在岑头街周边区域，结合集美岑头街的地理位置以及浓厚的闽南文化氛围，通过对岑头街周边地块的人文地理进一步的了解，对园区和街道的规划设计改造，打造出一个有特色、有文化、有创意的景观设计，把岑头街规划成包括商业、休闲、娱乐、文化、休闲、住宅为一体化的特色区域，使岑头街周边成为集美区的一大亮点。让其走文化、旅游、经济产业相互带动，走市场发展的路子。是实现把海峡西岸经济区建设成为科学发展的先行区、两岸人民交流合作的先行区战略的一项重要举措。

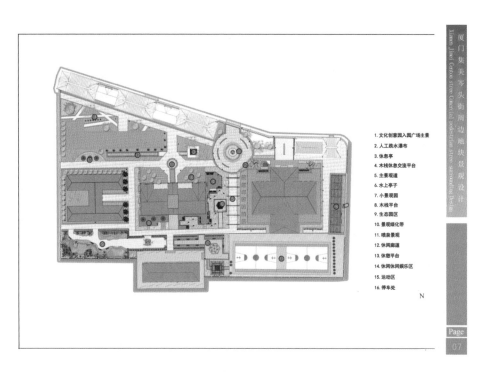

1. 文化创意园入园广场主景
2. 人工跌水瀑布
3. 休息亭
4. 木栈休息交接平台
5. 主景观道
6. 水上亭子
7. 小景观园
8. 木栈平台
9. 生态园区
10. 景观绿化带
11. 喷泉景观
12. 休闲廊道
13. 休憩平台
14. 休闲休闲娱乐区
15. 运动区
16. 停车处

N

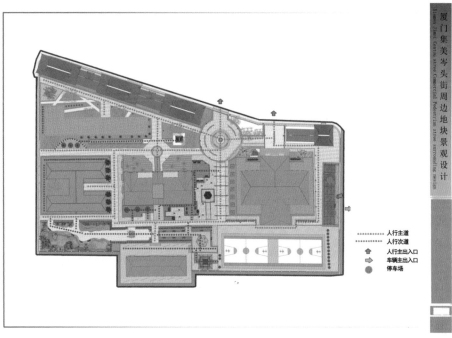

········ 人行主道
········ 人行次道
⬆ 人行主出入口
⬆ 车辆主出入口
● 停车场

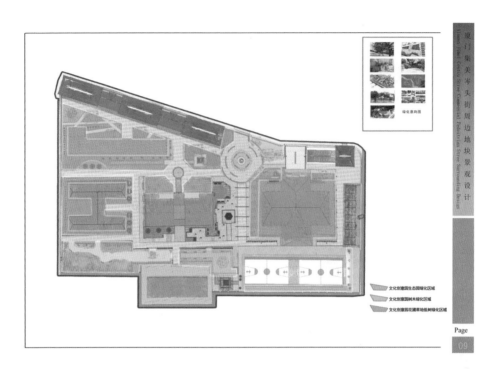

文化创意园生态园绿化区域
文化创意园园树木绿化区域
文化创意园花圃草地低树绿化区域

绿化意向图

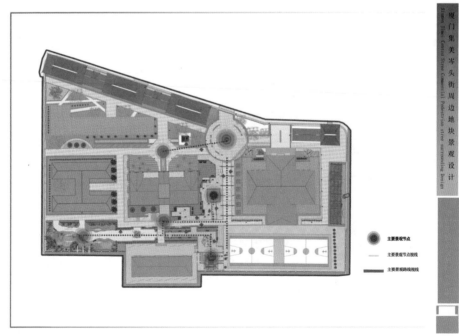

主要景观节点
主要景观节点视线
主要景观路线视线

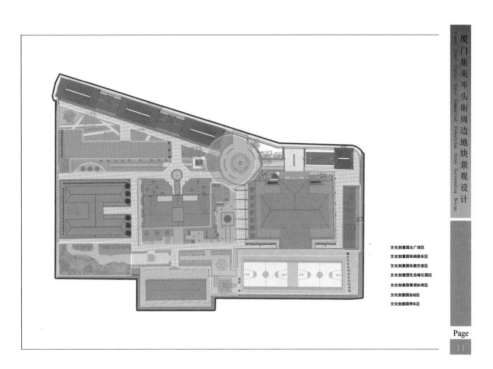

文化创意园主广场区
文化创意园休闲娱乐区
文化创意园休憩交流区
文化创意园生态绿化园区
文化创意园景观休闲区
文化创意园运动区
文化创意园停车区

Page
11

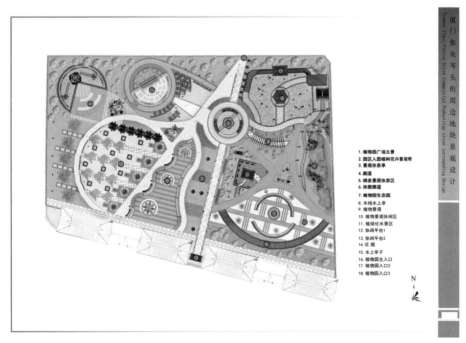

1. 植物园广场主景
2. 园区入园植树花卉景观带
3. 景观休息亭
4. 廊道
5. 喷泉景观休息区
6. 休憩廊道
7. 植物园生态圈
8. 木栈水上亭
9. 植物景观
10. 植物景观休闲区
11. 植绿化水景区
12. 休闲平台1
13. 休闲平台2
14. 花圃
15. 水上亭子
16. 植物园主入口
17. 植物园入口2
18. 植物园入口3

N

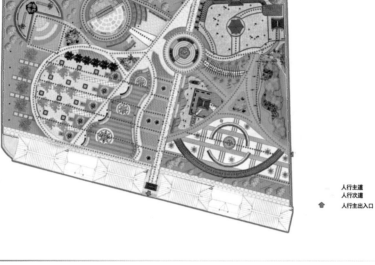

人行主道
人行次道
人行主出入口

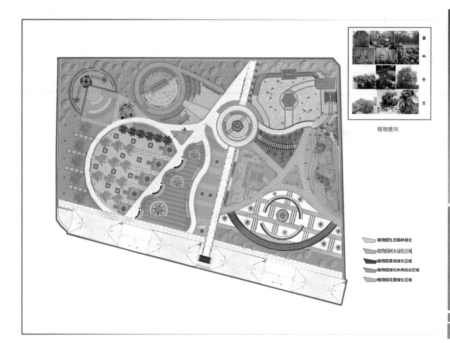

植物意向

植物园生态园林绿化
植物园树木绿化区域
植物园草地绿化区域
植物园绿化休闲结合区域
植物园花园绿化区域

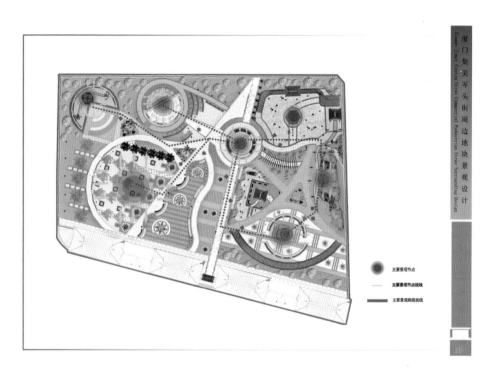

主要景观节点
主要景观节点视线
主要景观路线视线

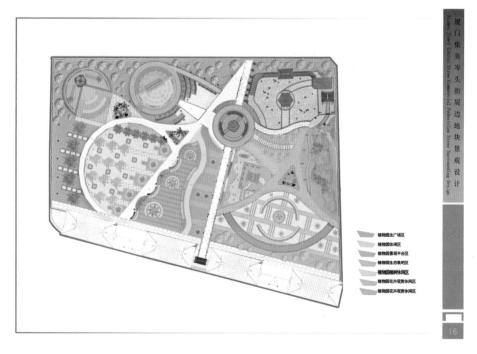

植物园主广场区
植物园休闲区
植物园景观平台区
植物园生态氧吧区
植物园雕塑林休闲区
植物园花卉观赏休闲区
植物园花卉观赏休闲区

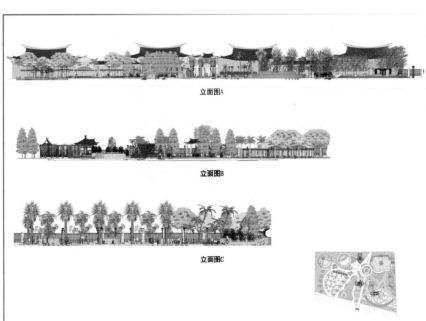

立面图A

立面图B

立面图C

立面图D

立面图A

立面图B

立面图C

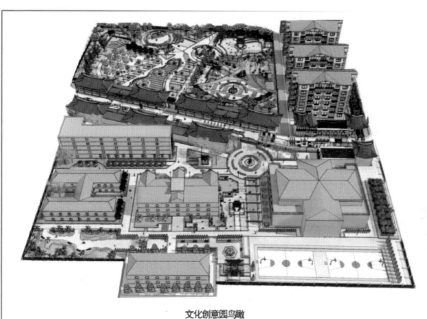

文化创意园鸟瞰

植物园鸟瞰

将原先一分为二的苗圃整合成一个整体，保留原有的分割道路，将其规划为植物园的主景观路线，在道路两边用不同的植树花卉景观以及水景来规划整体园区。

植物园入门效果（A）

入门右侧效果(B)

厦门集美岑头街周边地块景观设计

Tucheng Jimei Centou Street Commercial Pedestrian Strew Surrounding Design

发展建设

此区域与亭廊建筑参考借鉴了当地嘉庚特色的建筑风格，用当地的特色花卉来装饰。可提供人们休憩游览，增加园区情趣性。

园区水上花卉亭廊1(A)

亭廊鸟瞰(A)

园区水上花卉亭廊2(B)

厦门集美岑头街周边地块景观设计

Tucheng Jimei Centou Street Commercial Pedestrian Strew Surrounding Design

效果图展示

园区景观休闲区域(B)

园区休闲亭(A)

植物园左侧鸟瞰

园区树阵植树景观 (A)

园区树阵植树景观(B)

厦门集美岑头街周边地块景观设计

Xiamen Jimei Centou Street Commercial Pedestrian Street Surrounding Design

园区主道景观（A）

树阵景观(B)

花卉景观及主题雕塑 (D)

植树景观休闲区(C)

文化创意园入门右侧休憩平台 (A)

文化创意园入门景观(A)

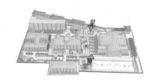

文化创意园主道景观(B)

入门右侧人行道景观2(A)

入门右侧人行道景观1 (B)

入门左侧人行道景观(B)

科学馆后方景观带 (A)

小生态园景观 (B)

科学馆右侧景观带

科学馆后方局部鸟瞰

元素意向

元素提炼

意向

设计

意向

设计

厦门集美岑头街周边地块景观设计

Xiamen Jimei Cetou Street Commercial Pedestrian Strip Surrounding Design

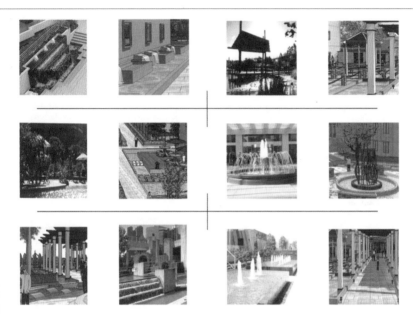

厦门集美岑头街周边地块景观设计

Xiamen Jimei Cetou Street Commercial Pedestrian Strip Surrounding Design

行道树意向 | 行道树意向

景观树意向 | 湿地植物意向

水生植物意向 | 花卉植物意向

集美大学财经学院改造提升

Instructor　张燕

Author　　10级环艺2班　2010925080　饶紫欣

二、集美大学财经学院提升改造

CATALOGUE
目录

圆 集美大学财经学院改造提升

Back tracking point .Deazationriv

Part1 项目背景和现状分析

Project Background And Stuation Research

1.1 项目背景

1.2 区位分析

1.3 现状研究

1.4 规划任务分析

259

1.1　项目背景

集美大学财经学院位于福建省厦门市集美学村。集美学村是集美学校及各种文化机构的总称，学村是由著名爱国华侨陈嘉庚先生于1913年开始倾资创办的，它是一处全面规划建设的包括小学、中学、师专、水专、商专众多学校（现今已整合为集美大学），加上图书馆、体育场、学生宿舍、小公园（包括嘉庚先生的嘉地鳌园）等在内的学校城。在选址上，嘉庚先生选择了向南朝海边的地势较高岸边建造学校，完全符合地方传统的风水观。

财经学院前身系爱国华侨领袖陈嘉庚先生于1920年10月创办的集美商科。新中国成立以后，在党和人民政府的正确领导和关心下，集美财经教育得到很快发展，并于1994年10月并入集美大学。创办至今，该院学生秉承陈　嘉庚先生创立的"诚毅"校训，认真学习，奋发向上，共有4万多名中、高级财经专门人才遍布海内外，为世界经济和中国建设发展服务，也为母校赢得"福建财经人才的摇篮"的美誉。

学院目前设有财政学、金融学、国际经济与贸易经济学4个本科专业，拥有国民经济学、财政学硕士单位授权点。设有办公室作为行政、党务、教学、学生管理的职能机构。教学单位设有财政学、金融学、国际经济与贸易、经济学、财经专业基础5个教研室。教辅单位设有财经科学实验室、财经文献资源信息中心以及经济研究所、嘉农集美研究所。

1.2　区位分析

集美大学财经学院坐落于厦门市集美区，位于集美区石鼓路中段繁华商业区内，毗邻集美龙舟池，前身是爱国华侨领袖陈嘉庚先生于1920年8月创办的集美学校商科，至今已走过90多年历史。

1.3　现状研究

　　随着新经济时代的到来，人才成为知识经济时代最宝贵的资源，高等院校便是这一宝贵资源的孕育基地。财经学院建校时间快有百年之久，现有的校园建设已满足不了经济发展和社会的需求，"十年树木，百年树人"，大学校园建设就应该纳入百年大计中，需要经历数十年甚至是百年的不断建设完善。

建筑优点

一、财经学院建成时间较长，院区内部分绿化是比较完善，有比较多的遮阴大树，为学生提供清新的学习环境。

二、小部分建筑融入了嘉庚风格元素，具有特色，可以修缮保留。

06

建筑缺点

一、原有的景观设计单调且没有丰次。建筑经久失修。大多已经较为残旧，影响美观。

二、位于富有特色的集美学村内，没有融入太多的嘉庚建筑风格，不能与周边的环境融为一体。

三、院内停车规划不合理，基础配套设施不齐全，导致机动车和非机动车乱停乱放现象严重。

四、学院整体没有统一且具有特色的设计，最终造成财经学院整体校园景观品质下降，对学院未来的发展带来了消极的影响。

07

1.4　改造提升任务分析

(1)集美大学财经学院是集美大学历史最悠久的学院之一，多年来也在不断修建完善，但财经学院的总体问题是没有统一地进行规划设计，零零碎碎的修缮只是局部的调整，真正的问题还是得不到解决。经过实地考察和对问题深入研究后，对财经学院的改造提升任务迫在眉睫。

(2)以集美大学"诚毅"校训为基础，结合嘉庚建筑风格，在已有的建筑基础上进行改造提升，减少不必要的人力物力，校园的学术氛围和校园文化最终得到更好的诠释。

(3)发展要求：协调发展、整合资源、提升品质。

08

Part2　项目概况
Project Overvlew

09

圆 集美大学财经学院改造提升
Back tracking point .Deazationriv

2.1 总平面图

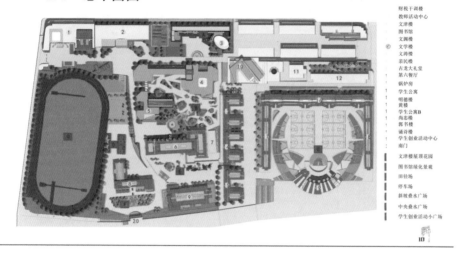

财税干训楼
教师活动中心
文津楼
图书馆
文渊楼
文海楼
亲民楼
古龙大礼堂
第六餐厅
锅炉房
学生公寓
明德楼
黄楼
学生公寓B
尚忠楼
郭书楼
诵诗楼
学生创业活动中心
南门

文津楼屋顶花园
图书馆绿化景观
田径场
停车场
斜坡叠水广场
中央叠水广场
学生创业活动小广场

圆 集美大学财经学院改造提升
Back tracking point .Deazationriv

2.2 分区规划图

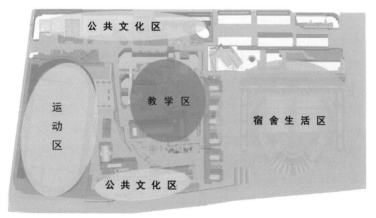

2.3 景观节点图

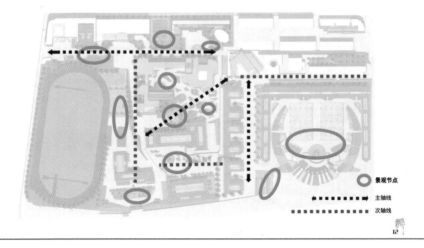

○ 景观节点

→ 主轴线

→ 次轴线

12

2.4 交通流线图

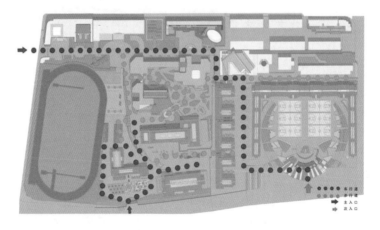

●●● 车行道

○○○ 步行道

→ 主入口

→ 次入口

13

集美大学财经学院改造提升

Back tracking point .Deazationriv

2.5 整体鸟瞰图

集美大学财经学院改造提升

Back tracking point .Deazationriv

局部鸟瞰图

圞　集美大学财经学院改造提升

Back　tracking　point .Deazationriv

局部鸟瞰图

圞　集美大学财经学院改造提升

Back　tracking　point .Deazationriv

局部鸟瞰图

Part3 总体规划方案

The Overall Program Planning

3.1 规划分析

3.2 设计主题

3.3 改造提升内容

3.4 技术要求

3.1 规划分析

科教兴国是我国的一项基本国策。随着全球信息时代的到来及我国经济的加速发展，为高等教育的发展提供了前所未有的机遇，同时也把高校校园建设推向了新的高潮。知识经济时代的社会，文化和经济的巨大发展，将全面影响校园规划的方方面面。作为高等教育的物质依托，校园环境建设显得尤为重要，而且学生全面素质的培养也与校园的规划有着直接的关系。

财经学院院区内设置有很多交往空间，但很多地方几乎是没有人使用的，一方面是功能分区的原因，更主要是其空间设计缺乏人性化，缺乏对人行为活动的研究，学生在宿舍区的时间较多，但宿舍区功能较为单一，缺乏交流与休息空间。

整个财经学院建筑较为密集，建筑破旧无特点。规划改造建筑造型是本次设计的重要内容，集美学村最具特色的建筑当属"嘉庚建筑"，这是典型的中西合璧式建筑风格。院区的各个教学楼和学生公寓的改造力求使其建筑造型既有时代特色，又能保持集美大学的建筑特征。

在景观绿化设计中，要注重植物与建筑风格融合，植物生态性与文化氛围融合，实现人与自然和谐统一。院区内的绿化过程中更是要十分注重植物自身特点与建筑风格、生态特性与文化氛围的自然融合。

3.2　设计主题

元素

算盘

剪纸

红墙

燕尾脊

几何图形

回溯·衍生

回溯：
从问题的初始状态出发，搜索从这种状态出发所能达到的所有"状态"，发现这条路已不能再前进的时候，我们应该后退一步或者若干步，寻找另一种可能的状态继续前进。

衍生：
一种演变出来的新物体，从母体出发融入新的元素，组成新的衍生品。
利用原有的建筑样式，取其嘉庚建筑的经典风格，并融入具有现代感的几何元素，组成新的现代嘉庚建筑。

20

3.3　改造提升内容

3.3.4　文学楼　斜坡叠水景观

随着学校的发展，不断地调整和完善校园建筑的功能布局，在校园基础设施改造基础上，完善建筑和交通环境的融合，整合公共环境设施，提升建筑品位，创造一个人与环境和谐相处的空间。

文学楼楼前有较多繁茂的大树，还有一些休息桌椅，整体景观无特色，颜色单调，斜坡占据面积大。把它改造成一个叠水景观，再增添互动性公共雕塑等，让人们更好地在此学习生活。

21

集美大学财经学院改造提升

Back　tracking　point　.Deazationriv

3.3　改造提升内容

3.3.5　文渊楼　文津楼

　　高等院校是培养新生代的摇篮，教学楼是学校教学活动不可缺少的一个重要场所。现代教育的发展，是需要培养具有综合性技能和开拓性技能的人才，校园的环境作为学生在校的第二课堂，对学生和教师学习品质、生活品质的塑造起着潜移默化的作用。教学楼要给师生的学习及学术活动提供良好的物质场所。

　　文渊楼和文津楼是财经学院主要教学楼，其建筑缺乏特色，风雨侵蚀后都泛黄泛灰，厦门气候较湿润，室内会出现潮湿现象。改造设计会综合上述问题，重点在外观改造，再把内部问题维修解决，营造一个美好的教学环境。

集美大学财经学院改造提升

Back　tracking　point　.Deazationriv

3.3　改造提升内容

3.3.6　图书馆　馆前绿化景观

　　一个具有良好环境景观的校园是大学校园精神文明建设的重要组成部分。校园环境景观除了它的物质功能以外，还有为教工学生提供休闲、娱乐、交流的空间作用，而学校的图书馆具有传播知识、培养人才的功能，更是校园文明建设的重要方面。

　　图书馆与旁边的建筑都年久失修，外观维护工作做得较少，周边绿化作为校园景观的一部分，其功能性也是不可忽视的，是重点改造提升的内容。

3.3 改造提升内容

3.3.7 第六餐厅

随着我国的经济水平不断提高，生活不断改善，已从"温饱"过渡到"小康"，人们对饮食越来越注意，对卫生的要求也越来越高。在校大学生已成为校园最主要的消费群体，古人云："民以食为天"，而在当今的大学校园里，餐厅和学生群体之间也存在着不可分离的关系。

由于建校初期第六餐厅的设计规模较小，占地面积不足，导致餐厅面临着人流量大、空间不足的困境。在改造提升设计中要选择良好的区位优势，地质要稳定，水、电设施条件要良好，外观建设除了要具备创新精神外，也要与学校内的建筑融为一体。

3.3 改造提升内容

3.3.9 文津楼屋顶花园
亲民楼二楼屋顶花园

随着城市化速度的加快，建筑用地越来越紧张，人口也越来越密集，人们不得不充分、合理地利用有限的生存空间，屋顶花园就成为现代建筑发展的必然趋势，在"钢筋混凝土的森林"中建起屋顶花园，可以有效地扩大园林绿化的面积，还可以促进城市的生态平衡，优化居住环境，满足现代城市人们回归自然的需要，值得提倡和推广。

文津楼楼顶面积较大，空旷无人使用，亲民楼的二层有一小块露天阳台，将两处闲置的地块改造提升成校园屋顶花园，可以为学习工作紧张的师生提供一个休息和消除疲劳的舒适场所，是美化校园、活跃景观的一个好办法。

3.4 技术要求

1. 结合学校实际，深入研究学校建设和发展规划。

2. 改造提升设计规划证明，院区内的规划大部分在原基础上改造，对土地要求没有太大的增加。

3. 景观布局上要具有美感，整体规划要具有合理性。

4. 财经学院校区是集美大学历史最悠久的校区之一，改造提升规划要注意老旧建筑与新景观的结合。

5. 熟知道路景观规划的相关理论知识和实际施工中的注意事项。

6. 屋顶花园是新增设的绿化景观，在旧建筑上要注意施工规范。

30

Part4 建筑景观改造提升
Landscape Architecture To Upgrade

4.1 斜坡叠水景观改造提升方案

4.2 文学楼改造提升方案

4.3 文渊楼改造提升方案

4.4 图书馆改造提升方案

4.5 文津楼改造提升方案

4.6 文津楼屋顶花园改造提升方案

4.7 集美大学第六餐厅改造提升方案

31

圆　集美大学财经学院改造提升
Back　tracking　point .Deazationriv

4.1 斜坡叠水景观改造提升方案

改造前　　　　　　提升后

圆　集美大学财经学院改造提升
Back　tracking　point .Deazationriv

斜坡叠水景观提升后效果图

 集美大学财经学院改造提升

Back tracking point .Deazationriv

4.2 文学楼改造提升方案

改造前   提升后

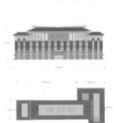

 集美大学财经学院改造提升

Back tracking point .Deazationriv

文学楼提升后效果图

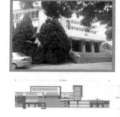

园　集美大学财经学院改造提升

Back　tracking　point .Deazationriv

4.3 文渊楼改造提升方案

改造前　　　　　　　　提升后

圆　集美大学财经学院改造提升

Back　tracking　point .Deazationriv

文渊楼提升后效果图

园 **集美大学财经学院改造提升**

Back tracking point .Deazationriv

4.4 图书馆改造提升方案

改造前   提升后

圈 **集美大学财经学院改造提升**

Back tracking point .Deazationriv

图书馆提升后效果图

275

集美大学财经学院改造提升
Back tracking point .Deazationriv

4.5 文津楼改造提升方案

改造前　　　　　　　　提升后

36

 集美大学财经学院改造提升
Back tracking point .Deazationriv

文津楼提升后效果图

37

集美大学财经学院改造提升

Back tracking point .Deazationriv

4.6 文津楼屋顶花园改造提升方案

改造前   提升后

 集美大学财经学院改造提升

Back tracking point .Deazationriv

文津楼屋顶花园提升后效果图

集美大学财经学院改造提升

Back tracking point .Deazationriv

4.7 集美大学第六餐厅改造提升方案

改造前 提升后

40

圆 **集美大学财经学院改造提升**

Back tracking point .Deazationriv

第六餐厅提升后效果图

41

圜 **集美大学财经学院改造提升**
Back tracking point .Deazationriv

局部建筑景观提升后效果图

屋顶花园

图书馆绿化

图书馆绿化

文渊楼中庭

42.

圜 **集美大学财经学院改造提升**
Back tracking point .Deazationriv

局部建筑景观提升后效果图

屋顶花园

图书馆绿化

图书馆绿化

文渊楼中庭

43

局部建筑景观提升后效果图

斜坡叠水景观

绿化局部景观

文津楼前景观

大榕树

44.

雕塑小品意向图

　　大学校园里的雕塑景观小品是整个校园规划中的点睛之笔，雕塑小品可以丰富校园的文化精神，也是体现校园地域文化的重要载体。在校园的活动广场设置校园雕塑小品，其设计风格要注重与整体环境景观相协调，增进整体效果，渲染其校园多彩生活的氛围。雕塑小品除了可以观赏外，还可以设计成为环境景观小品，如休息座椅、地坪的踏步、标志指示牌、路灯等。雕塑小品在设计上比较新颖，处理得当，富有互动性，就会为校园景观增添一道亮丽的风景。

45

集美大学财经学院改造提升

Back　tracking　point　.Deazationriv

植被意向图

乔木类

灌木类

地被类

水生类

46

集美大学财经学院改造提升

Back　tracking　point　.Deazationriv

致谢语

　　本次毕业设计案例从接手到印刷成册历时六个月之久，毕业设计是我的大学四年学习生活的一个总结，更是我在大学学习知识的一个检验。

　　在这里我要特别感谢我的指导老师张燕老师，本次的设计方案从设计的定位、资料的搜集以及整个方案的确立，都是在张燕老师的悉心指导和严格要求下完成的。在此，我向张燕老师表示深深的感谢和崇高的敬意。

　　不积跬步无以至千里，四年的在校学习生活中也十分感谢环艺教研组的各位指导老师和学院里的各位老师，是你们对工作的认真负责和对学生的关爱，使我能好地掌握和运用所学的专业知识，并在本次毕业设计中得以体现，感谢四年里教育我们的全体老师，感谢你们付出的心血，让我一步步成长。

　　感谢大学四年陪伴我的同学们和一直支持我的朋友们，感谢你们陪我走过最好的大学时光。

　　最后还要感谢我的父母对我的大学学习给予精神上和经济上的支持，我会继续努力奋斗，定不让你们失望。

47

三、学村步行街

目　录

厦门集美岑头街商业步行街景观规划
Xiamen Jimei Centou Stree Commercial Pedestrian Stree Landscape Design

工程地理区位

1. 工程地理区位

1.2 区位分析

A、集美区所在位置

集美区位于厦门岛北部，由厦门大桥相连接，是福建省厦门市六个行政区之一，是进出厦门经济特区的重要门户，是著名的侨乡和风景旅游区，属闽南金三角中心地段，它背靠集美学村，西侧为泉厦高速公路，东侧为著名旅游景区嘉庚公园，地理位置优越，交通便利，夏季炎热多雨，冬季温暖湿润。集美的文化底蕴丰厚，生态条件良好，有利于创造舒适、宜人的景观环境。

B、岑头街所在位置

集美岑头街属于集美学村的商品街，人流密集，是一个交通路口，处于集美特有的文化氛围之中，有着浓重的嘉庚文化。集美区是厦门经济特区进出的重要门户，岑头街位于厦门市集美区集美学村，周围有众多高等学校，是一个充满文化气息的地区，无论是集美大学、集美小学、厦门大桥、鳌园、嘉庚公园、龙舟池等著名景观和名胜古迹，都显示出历史文化的沉淀。这里不仅是一个经济地区，更是一个文化发展的地区。

PAGE: 01

厦门集美岑头街商业步行街景观规划
Xiamen Jimei Centou Stree Commercial Pedestrian Stree Landscape Design

项目现状资料收集分析

2. 项目现状资料收集分析

1.1 项目概况

本设计分为两个部分：一是集美商品街景观重新规划设计，二是集美商品街建筑设计改造；集美岑头街位于著名侨乡，同时也是陈嘉庚的故乡，岑头街具有鲜明的嘉庚特色，包含了深厚的嘉庚文化等。

A、地理位置

它属于集美学村的商品街，人流密集，它西临邻岑东路，东临石鼓路，是一个综合性的商业片区，也是贯穿集美学村的一条重要的交通路线。但在街道整体规划和商铺规划上比较杂乱，整体景观设计不明确，导致卫生环境差等问题。

B、交通条件

由于集美路是集美学村的主要商业街，所以是公交车的必经之路，但车辆流动量大、人多繁杂、道路过于狭窄等原因对游客造成了一定的限制，也对商业街的空气质量造成了一定影响。

C、缺陷分析

集美小商品街没有有效地利用其地理优势，进行合理的空间规划分区，导致现状杂乱拥挤的特点，应该有效地把餐饮、购物、休闲娱乐分别体现在一个空间，将其建成一个有创意的商业型步行街。

PAGE: 02

厦门集美岑头街商业步行街景观规划
Xiamen Jimei Centou Stree Commercial Pedestrian Stree Landscape Design　文化背景

3. 文化背景

　　集美区是厦门市的文教区，著名爱国华侨领袖陈嘉庚先生创办的集美学村已有90年的历史，享誉海内外，学村建设群是独具闽南风韵的人文景观。集美岑头街处于一个集美独特的文化氛围之中，它有浓厚的嘉庚文化和精神，周围有众多高等院校，集美是一个充满着文化气息的地区，由于区位上的优势，使得它不断地发展。无论是集美大学、集美小学、厦门大桥、鳌园、嘉庚公园、龙舟池等著名的景观和名胜古迹，都显示出历史文化的沉淀。这里不仅是一个经济地区，更是一个文化发展的地区。岑头街处于这种独特的文化氛围中，就当利用自身优势建设成为集嘉庚文化与闽南文化于一体的商品街。

　　集美岑头街属于集美学村的商品街，人流密集，是一个交通路口，处于集美特有的文化氛围之中，发展潜力大，有着浓重的嘉庚文化。小商品街与原科学馆、苗圃相连，是一个生活与文化相融合的综合性区域。

厦门集美岑头街商业步行街景观规划
Xiamen Jimei Centou Stree Commercial Pedestrian Stree Landscape Design　设计说明及风格定位

4. 设计说明及风格定位

　　本区建筑多融合嘉庚建筑的风格，即"穿西装，戴斗笠"，在传统元素与欧式建筑的结合下，加上歇山顶燕尾屋顶，似闽南农民戴的斗笠，具有强烈的闽南地域特色。步行街区则融合了园林、现代艺术、雕塑等多种艺术形式，将传统与现代艺术结合，发挥陈嘉庚先生的创新意识，并依据当地特色，延伸出集美区独特文化形式的商业街。

　　步行街是由东至西的弯曲街道，通过这种曲线型路面和几何形式的并置、冲突、融合等方式引发消费者的购物乐趣，创造出一个适合大众活动、交流的空间。弯曲的流线型道路则给人以流动、悠闲之感。设置休闲区，如露天咖啡厅、茶饮、书吧等。

　　本步行商业街景观结合铺地，标志性景观(如雕塑、喷泉)，建筑立面，街道小品，街道照明，植物配置和特殊的街头艺术表演等景观要素，使所有的景观要素巧妙和谐地组织起来。

　　步行商业街景观别于其他景观，它是动态的四维空间景观，具有时空连续性的韵律感和美感。步行商业街把街内外不同的景点组成了连续的序列，同时本身又成为景观的"视线走廊"和"生态走廊"。本设计从绿化、水景等各种景观设施上丰富了商业街的文化气息，从形式美感、空间美感、时空美感和意境创造中去进行步行商业街的景观设计。

厦门集美岑头街商业步行街景观规划
Xiamen Jimei Centou Stree Commercial Pedestrian Stree Landscape Design

鸟瞰图

N

PAGE:05

厦门集美岑头街商业步行街景观规划
Xiamen Jimei Centou Stree Commercial Pedestrian Stree Landscape Design

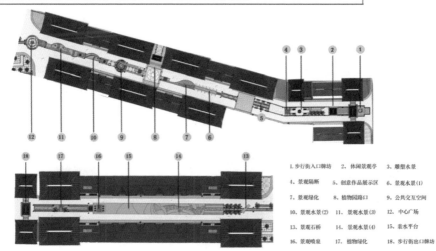

1、步行街入口牌坊　　2、休闲景观亭　　3、雕塑水景

4、景观隔断　　5、创意作品展示区　　6、景观水景(1)

7、景观绿化　　8、植物园路口　　9、公共交互空间

10、景观水景(2)　　11、景观水景(3)　　12、中心广场

13、景观石桥　　14、景观水景(4)　　15、亲水平台

16、景观喷泉　　17、植物绿化　　18、步行街出口牌坊

PAGE:06

商业步行街入口立面　　　　　　　　　　　　　　商业步行街A段立面

商业步行街B段立面

PAGE:07

商业步行街B1段立面

商业步行街C段立面

PAGE:08

286

厦门集美岑头街商业步行街景观规划
Xiamen Jimei Centou Stree Commercial Pedestrian Stree Landscape Design

街道建筑立面分析

商业步行街C段立面(1)　　　　　　　　　　　商业步行街C段立面(2)

商业步行街C段立面(3)　　　　商业步行街C段立面(4)　　　　商业步行街C段立面(5)

PAGE :09

厦门集美岑头街商业步行街景观规划
Xiamen Jimei Centou Stree Commercial Pedestrian Stree Landscape Design

商业街景观立面

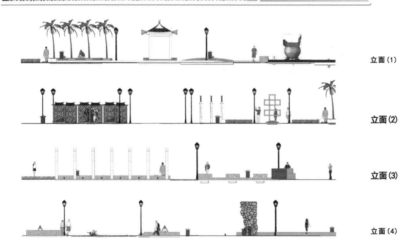

立面(1)

立面(2)

立面(3)

立面(4)

PAGE :10

287

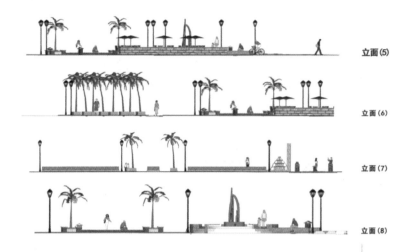

立面(5)

立面(6)

立面(7)

立面(8)

PAGE:11

水景区　　　　　　植物景观带

围合空间　　　　　公共交互空间

创意展示区

PAGE:12

厦门集美岑头街商业步行街景观规划
Xiamen Jimei Centou Stree Commercial Pedestrian Stree Landscape Design

街道交通分析

商业步行街主要人行道

商业步行街次要人行道

园区及住宅区主要出入口

车辆停靠点

PAGE :13

厦门集美岑头街商业步行街景观规划
Xiamen Jimei Centou Stree Commercial Pedestrian Stree Landscape Design

区域规划设计

商业街入口牌坊

效果图展示

PAGE: 14

厦门集美岑头街商业步行街景观规划
Xiamen Jimei Centou Stree Commercial Pedestrian Stree Landscape Design

区域规划设计

商业街景观休闲区

效果图展示

厦门集美岑头街商业步行街景观规划
Xiamen Jimei CentouStree Commercial PedestrianStree Landscape Design

区域规划设计

商业街雕塑水景

效果图展示

厦门集美岑头街商业步行街景观规划
Xiamen Jimei Centou Stree Commercial Pedestrian Stree Landscape Design

区域规划设计

创意作品展示区

效果图展示

PAGE:17

厦门集美岑头街商业步行街景观规划
Xiamen Jimei Centou Stree Commercial Pedestrian Stree Landscape Design

区域规划设计

效果图展示

景观水景长廊

PAGE:18

291

厦门集美岑头街商业步行街景观规划
Xiamen Jimei Centou Stree Commercial Pedestrian Stree Landscape Design

区域规划设计

效果图展示

公共交互空间

PAGE:19

厦门集美岑头街商业步行街景观规划
Xiamen Jimei Centou Stree Commercial Pedestrian Stree Landscape Design

区域规划设计

效果图展示

商业街十字路口广场

PAGE:20

厦门集美岑头街商业步行街景观规划
Xiamen Jimei Centou Stree Commercial Pedestrian Stree Landscape Design

区域规划设计

效果图展示

亲水平台

PAGE:21

厦门集美岑头街商业步行街景观规划
Xiamen Jimei Centou Stree Commercial Pedestrian Stree Landscape Design

区域规划设计

效果图展示

商业内街绿化

PAGE: 22

厦门集美岑头街商业步行街景观规划
Xiamen Jimei Centou Stree Commercial Pedestrian Stree Landscape Design

区域规划设计

其他效果图展示

PAGE: 23

厦门集美岑头街商业步行街景观规划
Xiamen Jimei Centou Stree Commercial Pedestrian Stree Landscape Design

区域规划设计

其他效果图展示

PAGE: 24

294

厦门集美岑头街商业步行街景观规划
Xiamen Jimei Centou Stree Commercial Pedestrian Stree Landscape Design
意向分析及设计延伸

1、商业街建筑设计分析

A、建筑设计特色

嘉庚建筑大量运用白色花岗岩、釉面红砖、橙色大瓦片和海砺壳砂浆等闽南特有建筑材料。这不仅使得嘉庚建筑的工程造价大为降低，而且使得嘉庚建筑具有浓郁的地域风格。

建筑特色集中西建筑文化于一体，是南洋建筑与闽南建筑在实践中不断磨合筛选而达成的中西结合的成功范例。后统称嘉庚风格建筑。嘉庚风格建筑体现了中西建筑文化的融合，具有独特的建筑形态和空间特征。其建筑呈现出闽南式屋顶，西洋式屋身，南洋建筑的拼花、细作、线脚等；其空间结构上注重与环境的协调；在选材用工上"凡本地可取之物料，宜尽先取本地生产之物为至要"。

嘉庚建筑在继承闽南红砖民居优长的基础上，改良仰合平板瓦为"嘉庚瓦"，革新双曲燕尾脊为三曲、六曲燕尾脊，总结优化传统的彩色出砖入石建筑技艺，以及尝试西洋式、南洋式、中国式、闽南式多元建筑风格的互相融合，体现了陈嘉庚先生善于博采众长、敢于突破传统、勇于创新求变的可贵精神和高瞻远瞩的发展观。嘉庚建筑在汲取欧式、南洋建筑精华的同时，不刻意追求洋化，不埋没本民族特色，而以"穿西装、戴斗笠"的形式实现民族风格与现代功能性结构的结合。

PAGE: 25

厦门集美岑头街商业步行街景观规划
Xiamen Jimei Centou Stree Commercial Pedestrian Stree Landscape Design
意向分析及设计延伸

1、商业街建筑设计分析

B、建筑样式分析

PAGE: 26

厦门集美岑头街商业步行街景观规划

意向分析及设计延伸

公共设施分析

坐椅意向图

PAGE: 27

厦门集美岑头街商业步行街景观规划

向分析及设计延伸

灯光照明分析

PAGE:28

厦门集美岑头街商业步行街景观规划　　向分析及设计延伸

水景分析

运用叠水的形式将水与景交融，形成一种人为的景观，亲水平台可供人们娱乐。　　**PAGE:** 29

厦门集美岑头街商业步行街景观规划
Xiamen Jimei Centou Stree Commercial Pedestrian Stree Landscape Design　　向分析及设计延伸

植物绿化分析

由于地处亚热带海洋性气候，根据特殊的地理及环境，将步行街利用大王椰子作为景观隔断，三角梅是厦门的市花，具有本土特点；内街绿化由经过修剪的小叶女贞球组合等，形成一条绿化带。

PAGE :30

297

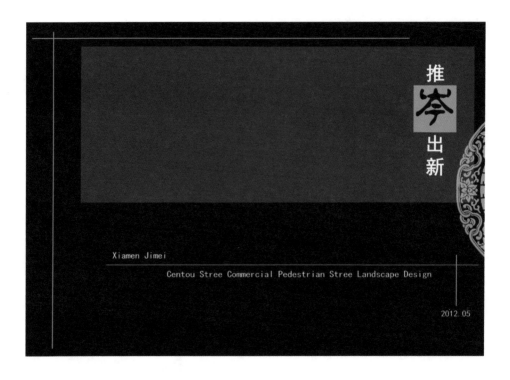

四、华侨故居文确楼改造利用方案

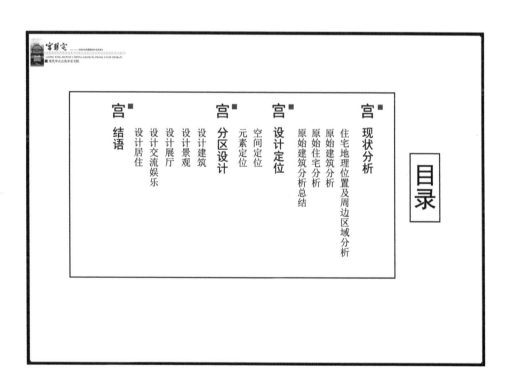

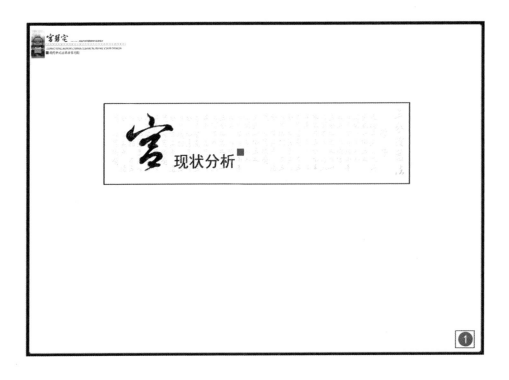

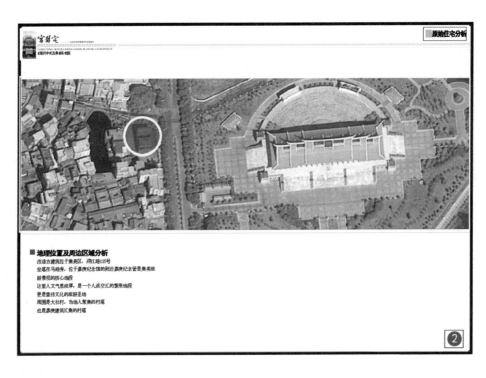

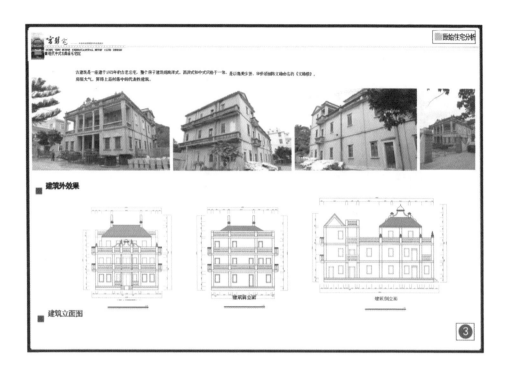

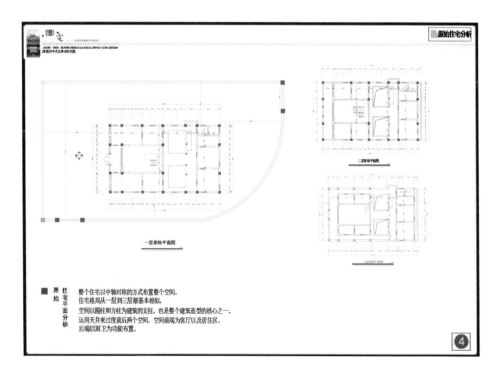

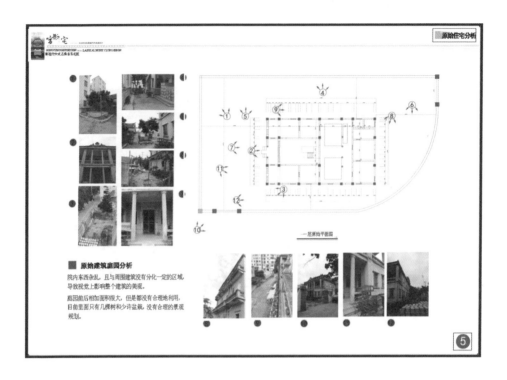

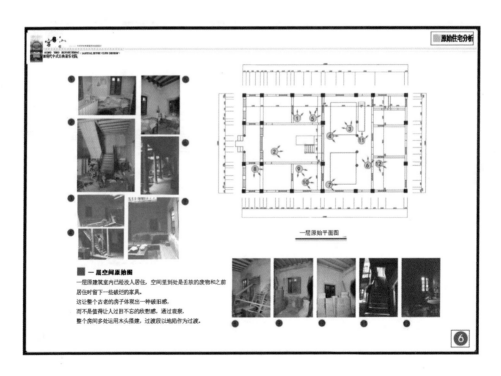

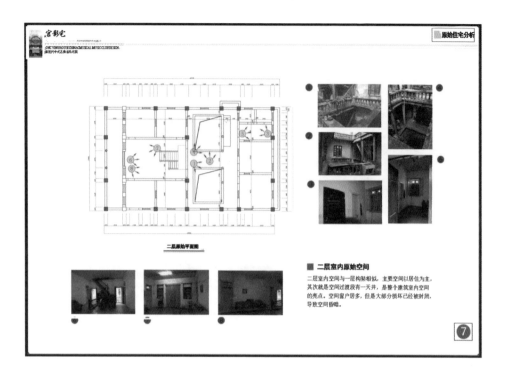

二层室内原始空间

二层室内空间与一层构架相似，主要空间以居住为主，其次就是空间过渡段有一天井，是整个建筑室内空间的亮点。空间窗户居多，但是大部分损坏已经被封闭，导致空间昏暗。

⑦

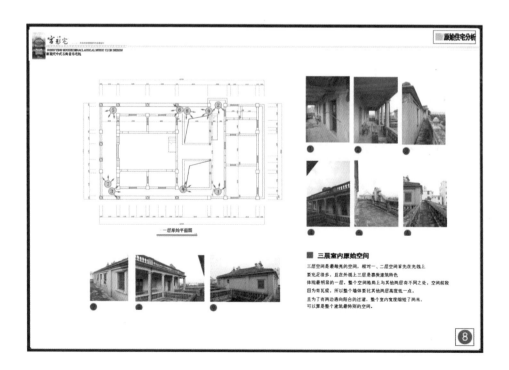

三层室内原始空间

三层空间是最敞亮的空间，相对一、二层空间首先在光线上要充足得多，且在外观上三层是嘉庚建筑特色体现最明显的一层。整个空间临海上与其他两层有不同之处，空间挑段因为有瓦屋面，所以整个墙体要比其他两层高度低一点。且为了有两边通向阳台的过道，整个室内宽度缩短了两米。可以算是整个建筑最特别的空间。

⑧

建筑优点：

1.整个建筑是根据嘉庚建筑思想所设计，是中式与西式的成功结合，整个房屋大气，且与周边建筑环境融合。
2.住宅室内分化合理，大部分空间都是传统中式风格，中轴对称的方式去处理设计的。
3.房间光线的不足给接下来的设计带来特别的效果。
4.整个庭院面积宽敞，前后左右都有可以设计过渡的空间，入门还分有前门和后门两个主次进入点。
5.整个建筑拥有可以保留的大体的雕塑造型，改地可以利用这些作为拱托建筑氛围的主体。

建筑缺陷：

1.整个建筑细部的雕塑富含特色，且融合中国、南洋、西洋风格，是整个建筑场景中的点缀之物，但是多处已经被摧毁，影响整体美观。
2.整个文碉楼建筑外景虽然美观精细，但缺乏艺术感的过渡，仔细思考，不难观察出室外景观没有很好地与建筑融合，且没有与相应的景观融合。
3.古建筑中共有的缺点是窗户的通透性差，导致整个空间光线不足，昏暗压抑。
4.建筑经过几十年时间的腐化，多处已经出现残缺，水泥脱落，外面铁板翘起，绿色掉气，各地方本门本窗开始腐朽，颜色变得深沉，等等，都显示出凋零的状态，所以为掩盖这些缺点，须进行全新的改造修补。

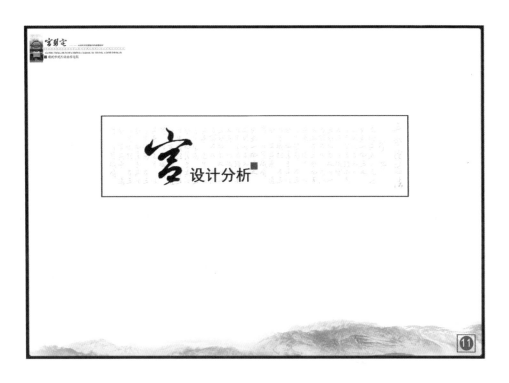

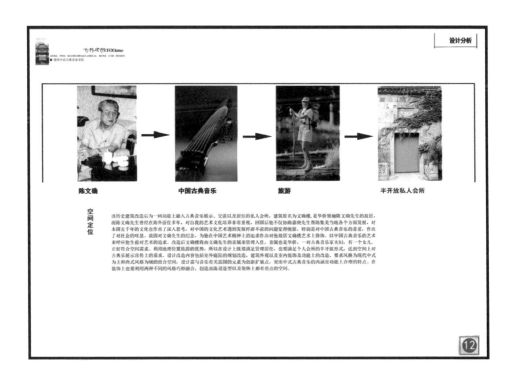

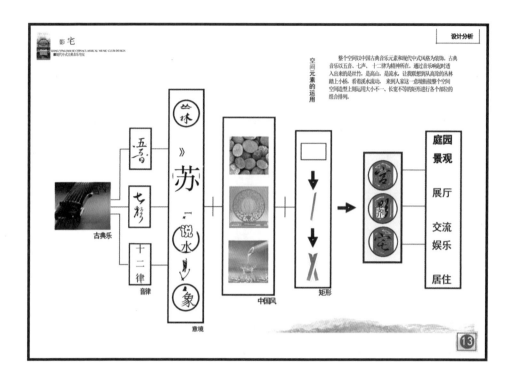

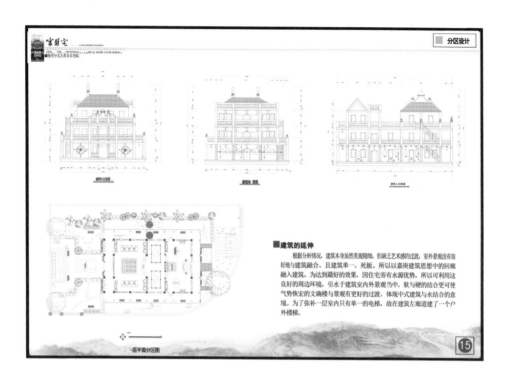

建筑的延伸

　　根据分析情况，建筑本身虽然美观精细，但缺乏艺术感的过渡，室外景观没有很好地与建筑融合。且建筑单一，死板。所以以嘉庚建筑思想中的回廊融入建筑。为达到最好的效果，因住宅旁有水源优势，所以可利用这良好的周边环境，引水于建筑室内外景观当中，软与硬的结合更可使气势恢宏的文确楼与景观有更好的过渡，体现中式建筑与水结合的意境。为了弥补一层室内只有单一的电梯，故在建筑左廊道建了一个户外楼梯。

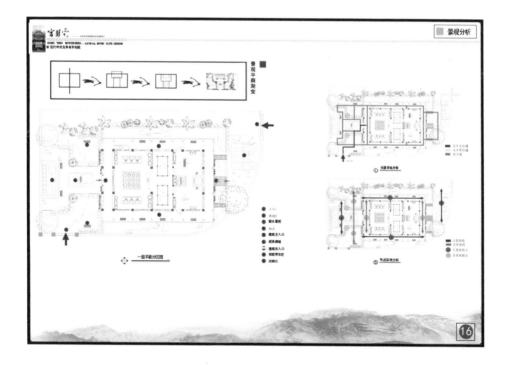

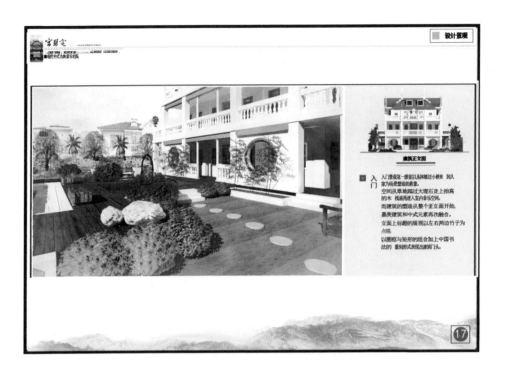

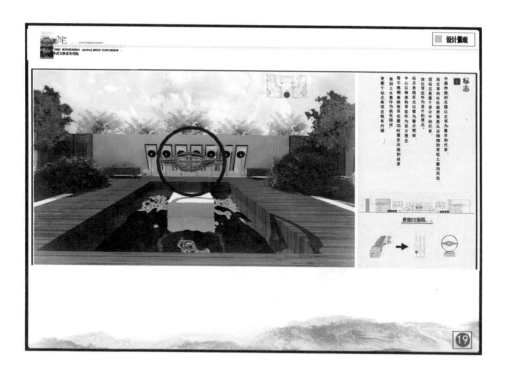

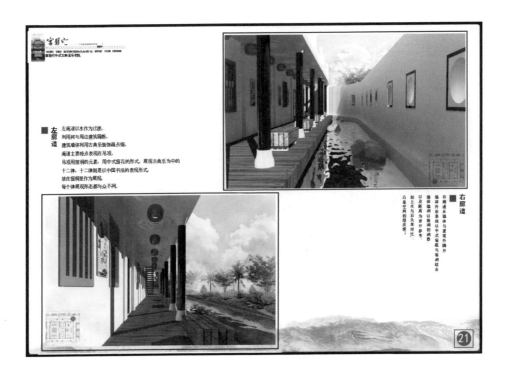

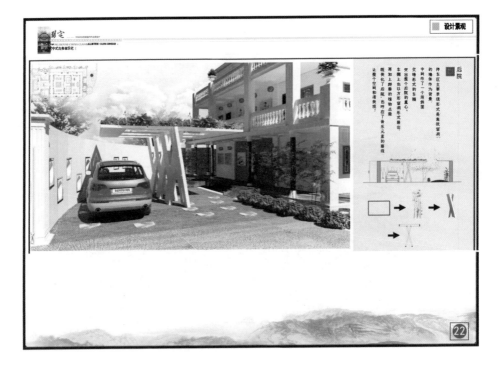

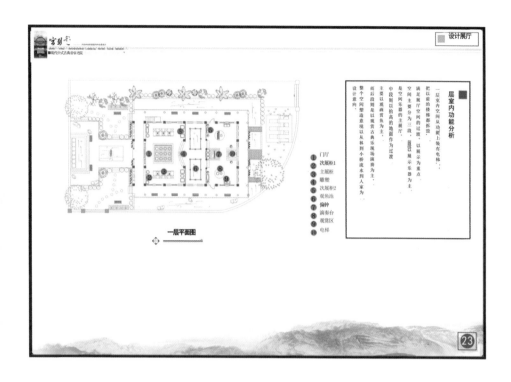

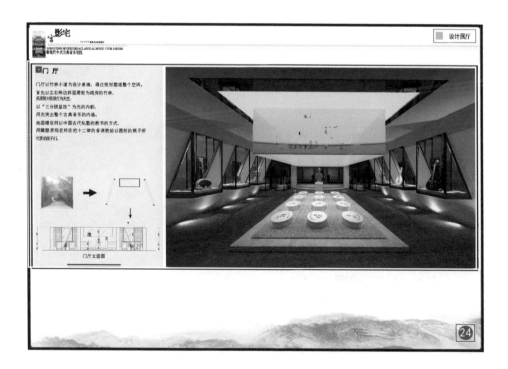

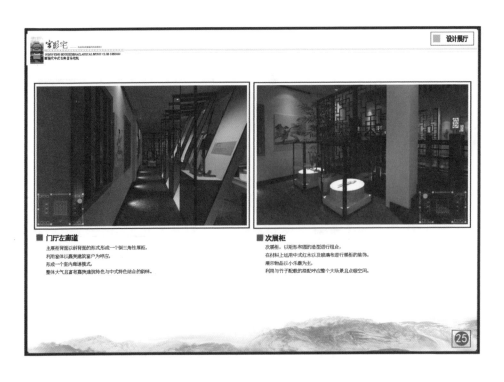

■ 门厅左廊道

主展柜背面以斜背图的形式形成一个倒三角性展柜。
利用窗体以嘉庚建筑窗户为呼应。
形成一个室内廊道模式。
整体大气且富有嘉庚建筑特色与中式特色结合的韵味。

■ 次展柜

次展柜，以矩形和圆的造型进行组合。
在材料上运用中式红木以及玻璃布进行展柜的装饰。
展示物品以小乐器为主。
利用与竹子配载的搭配呼应整个大场景且点缀空间。

■ 展厅中段

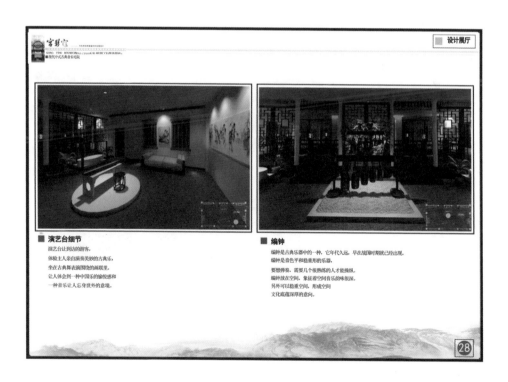

■ 演艺台细节

演艺台让到访的游客,

体验主人亲自演奏美妙的古典乐,

坐在古典乐演奏的画联里,

让人体会到一种中国乐的愉悦感和

一种音乐让人忘身世外的意境。

■ 编钟

编钟是古典乐器中的一种,它年代久远,早在战国时期就已经出现。

编钟是音色平和稳重形的乐器。

要想弹奏,需要几个很熟练的人才能操纵。

编钟放在空间,象征着空间音乐韵味很深。

另外可以稳重空间,形成空间

文化底蕴深厚的意向。

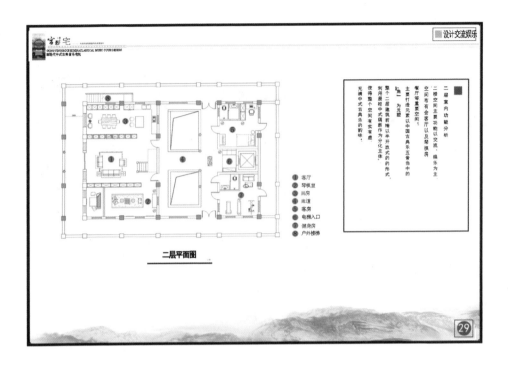

二层平面图

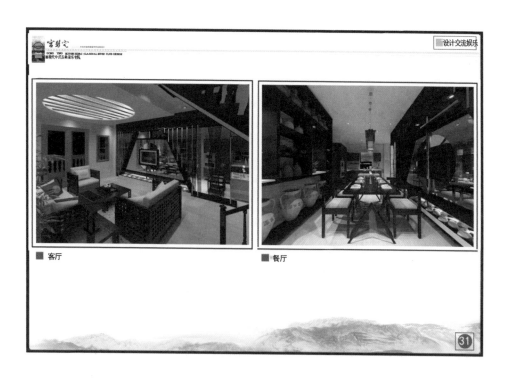

■ 客厅　　　　　　　　　　　　　■ 餐厅

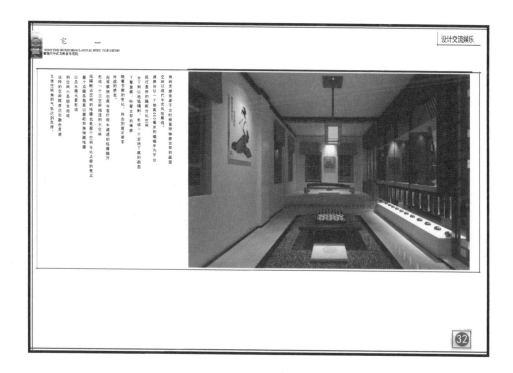

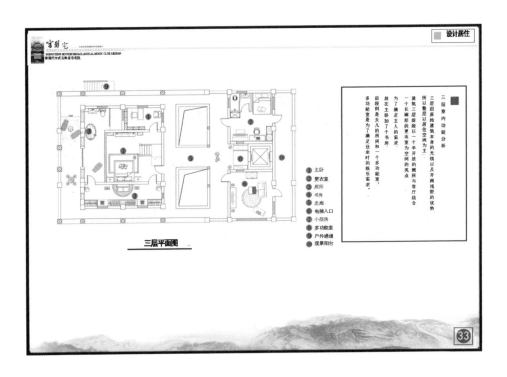

三层平面图

三层室内功能分析

三层因原始建筑本身的光线以及开阔视野的优势所以整层是以居住空间为主。

建筑三层假设以一个半开放的厕所与客厅结合一个长廊形的更衣室为空间的亮点。

为了满足主人的需求，放在主卧加了个书房。

后院倒是女儿的房间和一个多功能室，多功能室是为了满足业余时的娱乐需求。

主卧
更衣室
厕所
书房
走廊
电梯入口
小孩房
多功能室
户外通道
观景阳台

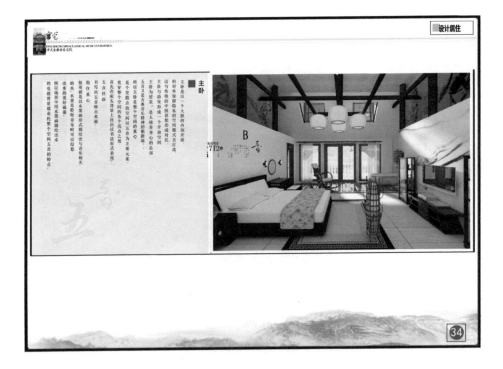

主卧

主卧是以一个大胆的内部开放相对外保留偏私的空间模式去打造。

与传统的中国思想形成对比。

主卧与居室是一个开放空间主卧足见古典音乐精神的总部。

所以主卧是整个空间的灵魂所在。

简单整个空间的几个节点之处。

首先在床头设计上挂出以看山形式表露音。

五音柱被。

书写五音韵律走廊。

稳作重心。

相有键处是本意与形式结合出的与音乐相关的水、水景是是聆听音乐时可以纾缓出来的美好氛围。

所以场地中把本意隐喻绘出本的电视背景墙来托整个空间五音的特点。

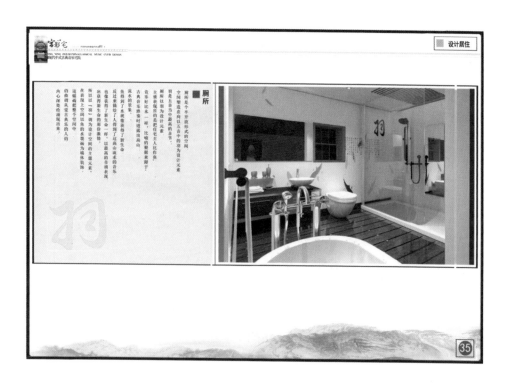

■ 厕所

厕所是个半开放形式的空间。空间塑造出向钰五音中的羽为设计元素。厕所主要表现的是把任老人比作鱼，音乐好比如水一样，比喻就服来源于古典音乐熟悉时遮盖出高山流水的旋律。反过来看隐于了这高山流水的音乐把像得到了新生命，也表现了新生命的形态变现，在表现上空间以鱼的形态诠释出鱼得到了新生的主题天象，所以一羽，以鱼的音乐表现内心深处给给涌现出来。

■ 更衣室

更衣室是三层的点缀亮点。衣服上挺拔一般小型的更衣室形式是以长方体的空间为移缩之地，整个更衣室以规道形式，但又适合中式初初的特点，空间打造五音中的初为主色，「商」是五音中低音调的一种，给人感觉感觉是一种况危似又不缺乏韵味的音调，运用到更衣室中是颇耐去去设定的。对衣服穿着特素无调的品味去去设定，空间体现主要运用编制的框架为衣服的音色调为整个就要中古美和五音的特点正好映衬了前的特点，所以装置音空间中和音乐之「商」，再加上水满形式的动态与和中式色调的配合，把整个空间雕塑出音音有五音中商的韵有特色。

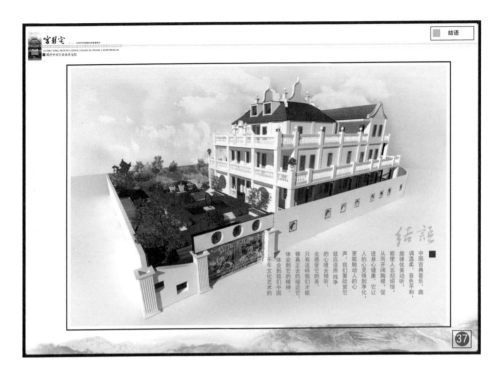

五、集美大学校园导视系统

集美大学校园导视设计
JIMEI UNIVERSITY WAYFINDING SYSTEM

姓名/周兰君　学号/2009925089　班级/设计0915班　指导老师/陈其端

集美大学校园导视设计 JIMEI UNIVERSITY WAYFINDING SYSTEM

前言:

  在现代化、国际化的今天社会生活中,在建筑内外空间中,形形色色不同功用的导视到处可见,为不同环境起着分流、指导、咨询、警示等作用。图文并茂的标识,超越了语言障碍,为不同国家、不同民族的人们交流提供了极大的方便。导视系统在校园环境中有着非常重要的作用,出色的导视不但是一种导向载体,而且是学校形象的宣传者;不但能彰显学校的魅力,而且能够唤起师生以及来访者的情感,使他们拥有轻松愉快的心境。

  集美大学的办学历史始于著名爱国华侨领袖陈嘉庚先生1918年创办的集美师范学校,迄今已有100多年,校训"诚毅"为陈嘉庚先生和其弟陈敬贤先生所立。新校区入选新中国成立60周年"百项经典暨精品工程",是全国高校唯一入选的项目。集美大学教学质量优异,"嘉庚精神立校,诚毅品格树人"是学校鲜明的办学特色。学校多年来生源充足、质量高,毕业生就业率在全省高校中名列前茅。在这样一个大的文化背景下,其导视系统不仅要求其功能性要强,其美观艺术性也要非常突出。

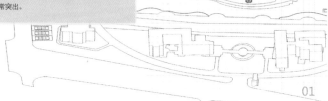

01

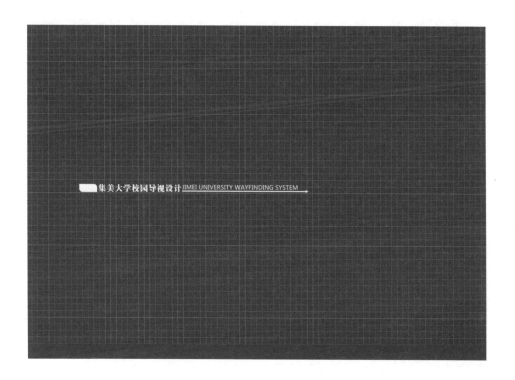

集美大学校园导视设计 JIMEI UNIVERSITY WAYFINDING SYSTEM

集美大学校园导视设计 JIMEI UNIVERSITY WAYFINDING SYSTEM

目 录

02

集美大学校园导视设计 JIMEI UNIVERSITY WAYFINDING SYSTEM　　　　前期分析

■ 集美大学校园导视设计 JIMEI UNIVERSITY WAYFINDING SYSTEM ➤

一、前期调研

1.设计定位:

作为一个集美大学的学生,为自己的学校做导视设计,首先要作以下几点考虑:

明确设计定位以及集美大学作为由华人创办的百年学府文化理念的表达要求;遵循以人为本、为人服务原则;深入了解校园景观环境条件、结构(外环境)并进行交通流线分析;对各学院楼、公共教学楼、师生公寓楼、公共活动场所、对外交流场所等建筑内部部门进行结构、分流分析;确定校园导视导向分级原则。分为一级、二级、三级导视。与校园整体形象设计原则相符。

03

■ 集美大学校园导视设计 JIMEI UNIVERSITY WAYFINDING SYSTEM ➤

一、前期调研

2.受众人群:

背景:集美大学的办学历史始于著名爱国华侨领袖陈嘉庚先生1918年创办的集美师范学校,迄今已有100多年,校训"诚毅"为陈嘉庚先生和其弟陈敬贤先生所立。新校区入选新中国成立60周年"百项经典暨精品工程",是全国高校唯一入选的项目。集美大学教学质量优异。"嘉庚精神立校,诚毅品格树人"是学校鲜明的办学特色。学校多年来生源充足、质量高,毕业生就业率在全省高校中名列前茅。

人群:学校的背景,决定了其广泛的社会关注度,有学院的领导老师、社会上的校友、艺术家,还有作为国内、国际著名旅游城市众多的旅游参观者,同时频繁的国际学术交流,国际知名人士、艺术家、校友来讲座。受众人群广泛,对导视的设计性和功能性都作了大量的研究与考虑。

集美大学的路网现状分析图

04

■■集美大学校园导视设计 JIMEI UNIVERSITY WAYFINDING SYSTEM

一、前期调研

3. 空间结构：

　　自著名爱国华侨领袖陈嘉庚先生1918年创办的集美师范学校，迄今已有100多年。由同济大学建筑设计研究院承担总体规划设计的集美大学银江新校区，于2005年9月份投入使用。所以早期的导视系统并没有完全形成，只简单地在新校区入口处设金属校区导航图作为地图。虽然没有明确的导视符号，但其嘉庚风格的建筑已经分外富有风格特色。

05

■■集美大学校园导视设计 JIMEI UNIVERSITY WAYFINDING SYSTEM

二、提案

　　2013年12月，导视系统设计的毕业设计课题第一次确定下来，经过仔细研究，提出方案，在原有基础上尝试多种设计的可能性，也着重考虑校园环境导视分级原则。与一般校园环境导视分级原则类似，要依照从外到内、从大到小的顺序分为一级、二级、三级导视。通过对集美大学校园环境的分析调研（例如：集美大学的特殊的校园校区划分），对导视系统进行分类，便于设计工作有条不紊地展开。

06

322

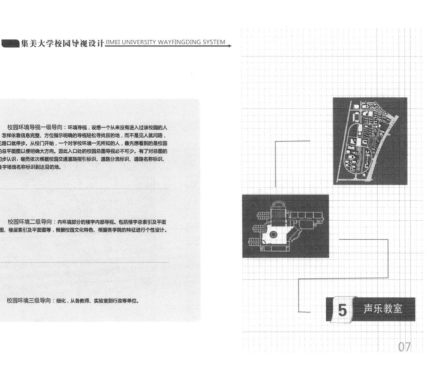

集美大学校园导视设计 JIMEI UNIVERSITY WAYFINGDING SYSTEM →

校园环境导视一级导向：环境导视，设想一个从来没有进入过该校园的人怎样依靠信息完整、方位指示明确的导视轻松寻找目的地，而不是见人就问路，见路口就停步。从校门开始，一个对学校环境一无所知的人，最先想看到的是校园的总平面图以便明确大方向。因此入口处的校园总图导视必不可少。有了对总图的初步认识，继而依次根据校园交通道路指引标识、道路分流标识、道路名称标识、楼宇场馆名称标识到达目的地。

校园环境二级导向：内环境部分的楼宇内部导视。包括楼宇总索引及平面图，楼层索引及平面图等，根据校园文化特色、根据各学院的特征进行个性设计。

校园环境三级导向：细化，从各教师、实验室到行政等单位。

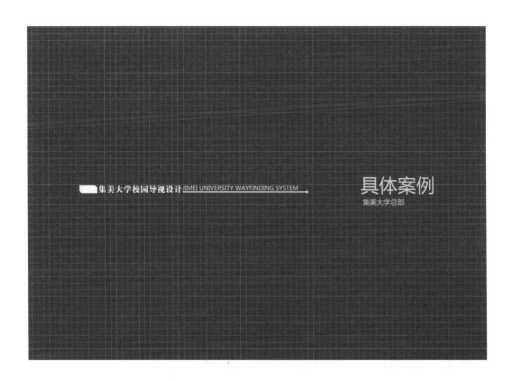

集美大学校园导视设计 JIMEI UNIVERSITY WAYFINDING SYSTEM →

具体案例
集美大学总部

■■集美大学校园导视设计 *JIMEI UNIVERSITY WAYFINDING SYSTEM*

第三部分：集美大学校园导视系统设计具体案例

集美大学总部：

集美大学总部位于风景秀丽的厦门集美文教区，由嘉庚风格建筑等组成。随着集美大学的不断发展，与国内外高校交流频繁，总部校区入选新中国成立60周年"百项经典暨精品工程"，是全国高校唯一入选的项目，访客、学者、游人愈发多了起来，具有集美大学特色并融入嘉庚风格的导视系统设计就显得愈发重要。

道路分析图。根据总校区的人流量，分析出总校区的主要道路，绘制出道路分区图以便设置导视牌。

区位分析图。根据集美大学总校区的地理区位，分析集美大学总部的区位特点，绘制区位分析图，以便进行集美大学总部的标识导视系统设计。

08

■■集美大学校园导视设计 *JIMEI UNIVERSITY WAYFINDING SYSTEM*

第三部分：集美大学校园导视系统设计具体案例

集美大学总部：

色彩：

和谐、均衡、个性鲜明原则，

选择符合环境特点、迎合大众的审美心理、符合国际潮流的标准色彩。色彩特征明确，易识别，让人记忆深刻，与建筑以及周围环境相融合。导视系统运用比较醒目的色彩，便于发挥它最好的引导与警示作用。二次色的中间色调为主，反映出庄重有序的工作学习氛围。二次调配的色彩变化多，色相和明度有所调整，给人新的感受。

嘉庚建筑风格：

给人印象最深的就是闽南风味的燕尾脊，"嘉庚瓦"坡屋面，红色墙砖配以精雕细琢的石材墙面，西洋风格的窗套、窗棚，富有韵律的廊拱。在设计导视牌中总部校区运用庄重的二次调配的红色与灰色，使整个导视系统与集美大学建筑和闽南地区风格相得益彰。

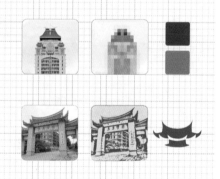

09

■■集美大学校园导视设计 JIMEI UNIVERSITY WAYFINDING SYSTEM

第三部分：集美大学校园导视系统设计具体案例

集美大学总部：

地图设计：

学院平面图对于导视系统必不可少，图形传达出的信息更容易让人明白。红白灰三色的平面图加工制作成三维立体图，让人一下子察觉从抽象中找到了真实感。同时配以学院简介和楼群编号注释。立体图采用白色作为学校建筑模型把楼层信息淡化，从整体上对学校信息进行条理清晰的梳划，以简洁明了的方式传递出学校的空间信息。

10

■■集美大学校园导视设计 JIMEI UNIVERSITY WAYFINDING SYSTEM

第三部分：集美大学校园导视系统设计具体案例

集美大学总部：

11

325

■ 集美大学校园导视设计 *JIMEI UNIVERSITY WAYFINDING SYSTEM*

第三部分：集美大学校园导视系统设计具体案例

集美大学总部：

楼牌设计：

　　方案旨在为集美大学总部创造富有嘉庚特色的庄重大方、具有人性化艺术美感的导引指示牌。整体色调以白灰色和砖红色为主，内墙为白色。红色方案被选中作为主导视设计方案，因为红色给人沉稳、大气、坚毅的感受，与集大总部独特的嘉庚风格建筑相得益彰。

　　字体选择黑体字，简单明了，避免了不均匀的字体效果和分辨障碍，也有利于工艺制作。中英文结合，体现集美大学总部的交流性和国际性。

　　设计概念来源于嘉庚建筑的特色，将闽南屋顶特色与西式屋身糅合，形成独具特色的屋檐式设计方案。

　　材质选择亚克力板和板岩石材料，易加工、耐用，并且具有回收利用的潜力。整体设计旨在兼顾实用性与造型美感，凸显集美大学的历史文化和现代设计风格。

12

■ 集美大学校园导视设计 *JIMEI UNIVERSITY WAYFINDING SYSTEM*

第三部分：集美大学校园导视系统设计具体案例

集美大学总部：

平面导视牌—　中英文学院名称的视觉排列，嘉庚建筑符号的屋顶，大理石雕刻闽南回纹底座，庄重的红色与石料的灰色搭配和谐。整体设计犹如打开的一幅卷面画卷，映射集美大学总校区平面图。卷轴形导视牌造型硬朗、笔厚，具有稳定性。卷轴处内置LED节能灯，以便在阴天等光线不足的天气仍能更清晰地使用导航图。相较旧导航图，更有独有的识别符号编排和文字注释。教人易懂易识，是个融合的设计。

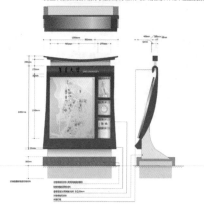

13

■■集美大学校园导视设计 JIMEI UNIVERSITY WAYFINDING SYSTEM

第三部分：集美大学校园导视系统设计具体案例

集美大学总部：

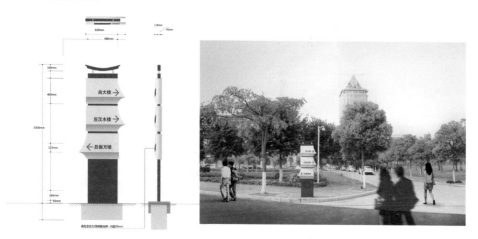

14

■■集美大学校园导视设计 JIMEI UNIVERSITY WAYFINDING SYSTEM

第三部分：集美大学校园导视系统设计具体案例

集美大学总部：

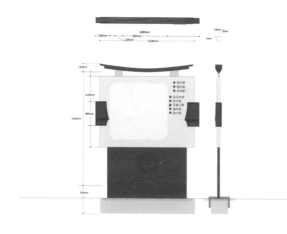

15

集美大学校园导视设计 JIMEI UNIVERSITY WAYFINDING SYSTEM

第三部分：集美大学校园导视系统设计具体案例

集美大学总部：

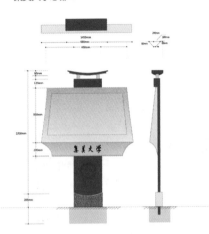

16

集美大学校园导视设计 JIMEI UNIVERSITY WAYFINDING SYSTEM

第三部分：集美大学校园导视系统设计具体案例

集美大学总部：

楼牌导视牌一　楼牌与楼层指示牌的设计相同，依旧参照整体方案的设计风格。在具有闽南风格的回形底纹上，一个富有嘉庚屋檐造型特色的灰白色屋顶造型立体感加，置于总部教学楼上作为楼牌导向设施，颜色和谐，造型坡度平缓，易识别。

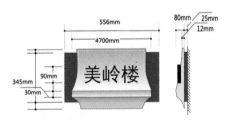

17

■■ 集美大学校园导视设计 JIMEI UNIVERSITY WAYFINDING SYSTEM

第三部分：集美大学校园导视系统设计具体案例

集美大学总部：

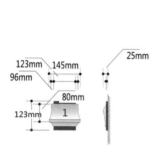

18

■■ 集美大学校园导视设计 JIMEI UNIVERSITY WAYFINDING SYSTEM

第三部分：集美大学校园导视系统设计具体案例

集美大学总部：

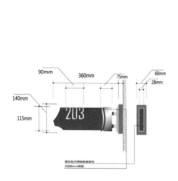

19

具体案例

美术学院　　财经学院
音乐学院　　体育学院
航海学院

第三部分：集美大学校园导视系统设计具体案例

集美大学总部：

导视牌位置分布图：

根据总部的设计定位、受众人群、空间结构制作出总部区位现状分析图、行人路线分析图，进一步制作导视牌设置图。

20

集美大学校园导视设计 JIMEI UNIVERSITY WAYFINDING SYSTEM

第三部分：集美大学校园导视系统设计具体案例

集美大学美术学院：

针对集诚楼的导视系统设计方案旨在为观者呈现富有艺术气息、人性化导引的感觉。整体色调以白色为主，而富有活力的红色、橙色、黄色导视牌则丰富了美院的视觉感官。这些色彩的运用不仅符合美院的整体风格，还愉悦了内部空间的气氛，与白色建筑外观完美融合，清晰传达信息的同时又不显突兀。设计旨在打造一个美学与功能并重的导视系统，突显美院的独特魅力和创意氛围。

21

集美大学校园导视设计 JIMEI UNIVERSITY WAYFINDING SYSTEM

第三部分：集美大学校园导视系统设计具体案例

集美大学美术学院：

这个设计概念源自于大自然中孕育的圆角石头，将画板、调色盘和眼睛的形状进行变形叠加，模仿自然中不规则的圆角石块。这些形状经过磨砺、冲刷、碰撞、摩擦，最终形成绘制万物的圆石。设计采用亚克力板材作为材料，易于加工，不像金属材质那样厚重笨拙，使用寿命长，且具备回收再利用的空间。彩色的亚克力板能很好地透光，内置LED灯在夜晚时也能为集美总部增添装饰效果。

整体设计旨在通过模拟自然物体的形态，结合亚克力板的特性，创造出具有独特美感和实用性的导视系统。

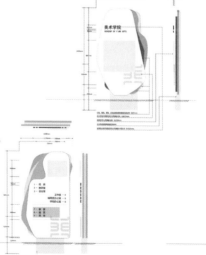

22

第三部分：集美大学校园导视系统设计具体案例

集美大学美术学院：

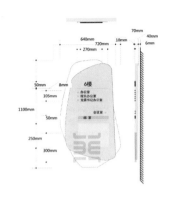

　　该方案注重文字信息与图形信息的结合，色彩简洁明快，突出功能性的同时也注重设计美感，整体设计简洁大方。一级导视牌中嘉庚元素丰富，仅添加学院平面图，简单易懂，引人入胜。标志图形设计旨在创造一种图案语言，通过图案和文字传达重要信息，每个精心设计的图形成为不同专业的视觉符号。楼层导视牌设计灵感来源于画卷架，弧度经典，层次分明，不使用箭头符号指示方向，而是运用各专业视觉图标进行信息整合，犹如打开的画卷展现知识。各楼层导视牌采用简单的书页造型，红底反白，简洁明了。整体设计旨在提供清晰的信息导引同时也注重视觉美感。

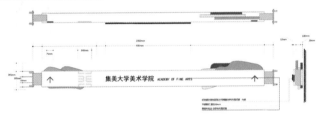

23

第三部分：集美大学校园导视系统设计具体案例

集美大学美术学院：

门牌制作工艺

　　采用简单的视觉纹样，不同专业教研室的视觉标识自然被划分开来。造型结合了圆形和长方形经典图形的元素；画室的圆形门牌上使用黑体字和微软雅黑体英文，让方形与圆形融合在一起。门牌与墙体的固定采用灰色不锈钢条制成的磨具，墙体部分与标识牌部分扣合，中间留有2~4mm的间隙以保持材料在冬季和夏季的稳定性能。凹槽下部设有防潮孔，以防止潮湿空气或长时间引起的金属腐蚀，从而避免门牌松动甚至变形。这种设计工艺旨在确保门牌的稳固性和耐久性，同时使其具有精致的外观和功能性。

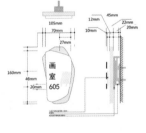

24

第三部分：集美大学校园导视系统设计具体案例

集美大学美术学院：

该导向标识系统的设计灵感源自美术学院所秉承的灵动思维和艺术沉淀理念。设计参考了项目所在地的区位、行人行为、专业特色、公共交通以及美术学院的丰富内涵等元素。标识系统的设计以美术画纸的素净纯粹为基础，利用白色底板作为主要背景，使得五彩斑斓的颜色能够在其上得以显著突出，带领人们进入一个丰富多彩的世界。彩色面板的层层叠加展示了灵动的设计思维，特别设计的立体图像标识更加凸显了各专业的特色。

整体设计旨在通过丰富多彩的视觉符号，体现美术学院的独特魅力和专业特色，引导人们进入艺术与创意的世界。

25

第三部分：集美大学校园导视系统设计具体案例

财经学院

总一　财经学院位于集美大学财院片区，由一系列老嘉庚风格建筑楼和新式建筑楼等组成。随着财经学院的不断发展，对外交流，国际学生交流学习，来访客人众多，具有财经学院特色并融入集美大学导视系统的导视设计就显得愈发重要。

地图一　学院平面图对于导视系统必不可少，图形传达出的信息更容易让人明白。红白灰三色的平面图加工制作成三维立体图，让人一下子感觉从抽象中找到了真实感。同时配以学院简介和楼群编号注释。立体图采用白色作为学院建筑模型的楼层信息淡化，从整体上对学院信息进行了条理清晰的规划，以简洁明了的方式传递出该学院的空间信息。

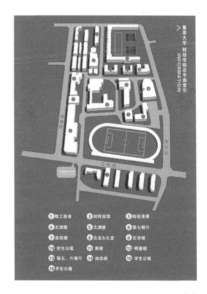

■■集美大学校园导视设计 *JIMEI UNIVERSITY WAYFINDING SYSTEM*

第三部分：集美大学校园导视系统设计具体案例

财经学院

　　使用黑体字相较于其他字体，如宋体等，能够使文字更加简单明了，避免了粗细不均的效果，也减少了远近视角不同产生的分辨障碍，同时也有利于工艺制作。中英文结合体现了财经学院的交流性。

　　方案是针对进入财经学院的人们设计的导视系统，它是财经学院与总部相邻的学院片区。这个导视系统给观者的感觉是充满规划线段的、人性化、理性的导引。整体楼群的色调是白灰色，内墙主要是白色，因此设计感强的红色（或蓝色）导视牌将会丰富财经学院的视觉感官。

　　红色方案是整体集美大学导视设计的主方案，同时还设置了蓝色方案作为另一设计方案。选择蓝色是因为蓝色给人以理性、分析的感受，与财经学院的金融专业相映衬。设计感强的红色、蓝色导视牌将财经学院的导视系统与特色相吻合。

　　整体风格简练、大方、理智。书页造型的视觉符号与建筑和绿色草坪相衬，清晰传达信息的同时与周围环境完美融合。

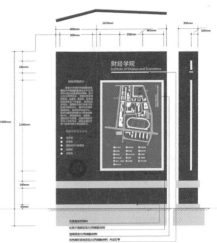

26

■■集美大学校园导视设计 *JIMEI UNIVERSITY WAYFINDING SYSTEM*

第三部分：集美大学校园导视系统设计具体案例

财经学院

造型：概念来源于翻折的书页和财经分析图的线段设计。翻折的书页喻意财经专业所需的知识丰富；财经分析图的线段设计更是取理性分析之意。其中路线导视牌的翻页型设计都是根据财经学院的特点提取、设计。这些也是实用性与造型结合的作品之一。

材质：亚克力板材。材料极易加工，没有金属材质的厚重、笨拙，使用时间长，有回收空间。板岩石材料。定位性漆木纹明显，耐用性极好；成本低或适中。易衬托财经历史文化。

设计：利用亚克力板能够很好透光的材质特性，导视牌夹层的内置LED灯在夜晚也能装点财经学院学院夜色。

吸顶导视牌：学院的名称，长条概念化设计，中英文视觉排列内置LED灯，让财经学院传达一种国际交流趋势。

平面导视牌：中英文学院名称的视觉排列，让财经学院传达一种国际交流趋势。翻折书页的造型，具有稳定性，适合当作平面图的载体。

路线导视牌：导向牌在导视楼区的同时附以地图，再次让观者明确自己所处位置。用白色箭头做方向指向，简单利落。

楼层导视牌：以设计造型为基准加上楼层导视图，楼梯台阶的图像演化直观表示各楼层教室安排。固定在楼梯附近或大厅空旷处，简单明了。

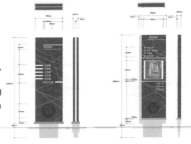

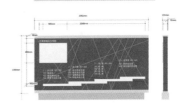

28

■■■集美大学校园导视设计 JIMEI UNIVERSITY WAYFINDING SYSTEM ➤

第三部分：集美大学校园导视系统设计具体案例

财经学院

门牌—— 在造型简易的门牌上，采用立体字样的设计形式。简单，理性。

树木牌—— 爱护花草树木牌与其他导视牌风格统一，相辅相成，放置于财经学院草木中，设计高度考究，和谐、优美。

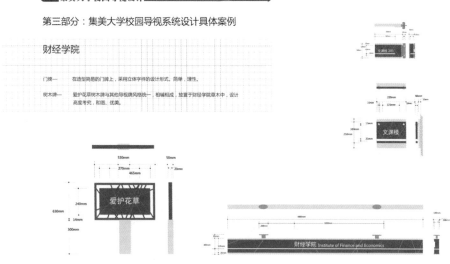

29

■■■集美大学校园导视设计 JIMEI UNIVERSITY WAYFINDING SYSTEM ➤

第三部分：集美大学校园导视系统设计具体案例

集美大学财经学院：

导视牌位置分布图：

根据总部的设计定位，受众人群，空间结构制作出总部区位现状分析图、行人路线分析图，进一步制作导视牌设置图。

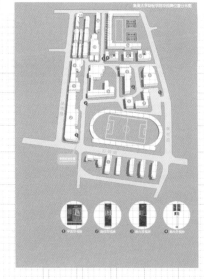

30

335

■■ 集美大学校园导视设计 JIMEI UNIVERSITY WAYFINDING SYSTEM

第三部分：集美大学校园导视系统设计具体案例

音乐学院：

总一音乐学院位于集美大学师院片区的艺术楼1楼到6楼，由
行政办公室和声乐教室、舞蹈教室等组成。随着音乐学
院的不断发展，优秀毕业生音乐会，国际合唱团的巡演，
学生参与国际、国内比赛的频繁交流日益密切，来访客
人众多，具有音乐学院特色并融入集美大学导视系统的导
视设计就显得愈发重要。

地图—学院平面图对于导视系统必不可少，图形传达出的信
息更容易让人明白。红、白、灰三色的平面图加工制作成
三维立体图，让人一下子从抽象中找到了真实感。同时配
以学院简介和楼群编号注释。立体图采用白色作为学院建
筑模型把楼层信息淡化，从整体上对学院信息进行了条理
清晰的规划，以简洁明了的方式传递出该学院的空间信息。
介于师院片区的一体性，本地图亦表示出师范学院楼群
构造，让观者有总体空间感。

31

■■ 集美大学校园导视设计 JIMEI UNIVERSITY WAYFINDING SYSTEM

第三部分：集美大学校园导视系统设计具体案例

音乐学院：

32

■集美大学校园导视设计JIMEI UNIVERSITY WAYFINDING SYSTEM

第三部分：集美大学校园导视系统设计具体案例

音乐学院：

造型—概念来源于音乐乐符中的高音谱号、五线谱以及音符的造型，将绘有乐谱的乐章和高音谱号造型、乐符造型、五线谱造型的变形底板叠加。造型自然流畅，绘制出乐章的华丽和优美。加以地图配置，是实用性与造型结合的作品之一。

材质—亚克力板材，材料极易加工，没有金属材质的厚重。笨拙，使用时间长，有回收空间。榉木板材，属硬木，耐用性极高；精加工品质良好，可加工性强。

设计—在乐符造型设计中，乐符底部的实体箱设计为音乐播放器，为途经此地的人们在查找路线的驻足间感受美好音乐的陪伴、身心愉悦。利用亚克力板能够很好透光的材质特性，五线谱的内置LED灯在夜晚也能装点音乐学院夜色。

平面导视牌—中英文学院名称的设计排列，让音乐学院传达一种国际交流趋势。高音谱号是独有的乐谱符号，造型优美，具有稳定性。当作平面图的载体是个极融合的设计。

路向导视牌—在乐符造型设计中，散置乐符经典简易，将音符的造型运用到路向与视觉，加以箭头和文字的导向，乐符底部的实体箱设计为音乐播放器，为途经此地的人们在查找路线的驻足间感受美好音乐的陪伴，身心愉悦。

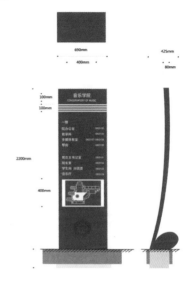

33

■集美大学校园导视设计JIMEI UNIVERSITY WAYFINDING SYSTEM

第三部分：集美大学校园导视系统设计具体案例

音乐学院：

造型—概念来源于音乐乐符中的高音谱号、五线谱以及音符的造型，将绘有乐谱的乐章和高音谱号造型、乐符造型、五线谱造型的变形底板叠加。造型自然流畅，绘制出乐章的华丽和优美。加以地图配置，是实用性与造型结合的作品之一。

材质—亚克力板材，材料极易加工，没有金属材质的厚重。笨拙，使用时间长，有回收空间。榉木板材，属硬木，耐用性极高；精加工品质良好，可加工性强。

设计—在乐符造型设计中，乐符底部的实体箱设计为音乐播放器，为途经此地的人们在查找路线的驻足间感受美好音乐的陪伴、身心愉悦。利用亚克力板能够很好透光的材质特性，五线谱的内置LED灯在夜晚也能装点音乐学院夜色。

楼层导视牌—五线谱元素的造型经过图形变形和厚度变化的设计，既有方向感又有文字内容，固定在楼梯附近或大厅空间处，简单明了、造型独特，让人感觉在音乐的海洋中不停地徘徊。
—以乐章造型的变换加上楼层导视图以及学院简介，着实从造型和文字两方面推敲，构成了音乐学院的导视牌。

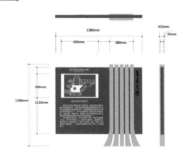

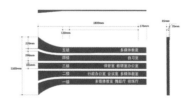

34

337

■集美大学校园导视设计 *JIMEI UNIVERSITY WAYFINDING SYSTEM*

第三部分：集美大学校园导视系统设计具体案例

音乐学院：

门牌一　在造型简易的长方门牌上，运用五线谱造型、乐章造型来进一步立体地呈现音乐学院的特色，乐章的自然造型像是每间教室都谱写了一首乐曲。

　　音乐厅门牌的设计充分使用视觉元素，外凸的乐谱上红底反白的字体 给人以庄重、典雅的感觉。优雅的弧线是音乐厅独有的造型体现。

树木牌一流线型设计的树木牌像仿花朵的造型，与其他导视牌相辅相成，故置于音乐学院小花园中，设计高度考究，和谐优美。

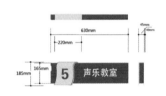

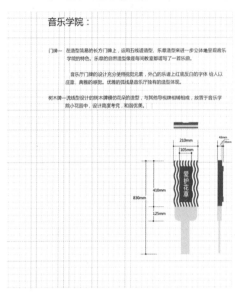

■集美大学校园导视设计 *JIMEI UNIVERSITY WAYFINDING SYSTEM*

第三部分：集美大学校园导视系统设计具体案例

集美大学音乐学院：

导视牌位置分布图：

根据总部的设计定位，受众人群、空间结构制作出总部区位现状分析图，行人路线分析图，进一步制作导视牌设置图。

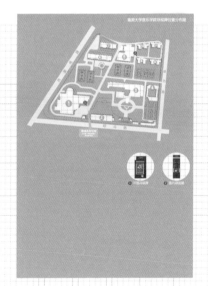

第二部分：集美大学校园导视系统设计具体案例

体育学院：

总—— 体育学院位于总部校区的东部，由一系列训练场馆和综合教学楼等组成。
随着体育学院的不断发展，学生参加校级、省级、国家的比赛等增多，校级交流加强，来访客人也愈来愈多，建院较早的体育学院作为一个历史与发展并存的学院，拥有具有体育学院特色并融入集美大学导视系统的导视设计就显得很重要。

地图—— 学院平面图对于导视系统必不可少。红白灰三色的平面图加工制作成三维立体图，让人一下子感觉从抽象中找到了真实感，同时指引出学院简介和楼群编号注释。立体图采用白色作为学院建筑模型把楼层信息淡化：从整体上把学院信息进行了条理清晰的规划，以简洁明了的方式传递出该学院的空间信息。介于师院片区的交织性，本地图亦表示出师范学院楼群构造，让观者有总体空间感。

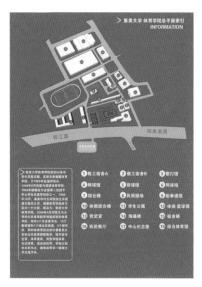

第三部分：集美大学校园导视系统设计具体案例

体育学院：

总—— 体育学院位于总部校区的东部，由一系列训练场馆和综合教学楼等组成。
随着体育学院的不断发展，学生参加校级、省级、国家的比赛等增多，校级交流加强，来访客人也愈来愈多，建院较早的体育学院作为一个历史与发展并存的学院，拥有具有体育学院特色并融入集美大学导视系统的导视设计就显得很重要。

字体—— 黑体字的应用相较于宋体等其他字体简单明了，避免了粗细不均的字体效果，运近视角不产生的分辨障碍，同时也有利于工艺制作。中英文结合，体现体育学院的交流性。

方案—— 当人们走进体育学院，体育学院的学院导视系统给观者的感觉是富有运动设计感、人性化的导引。建筑体整体色调最富有嘉庚特色的红砖水泥瓦，开敞通透的窗户内，内墙以白色为主。随之，富有设计感的红色灰色导视牌方案俯有丰富体育学院的视觉感官性。
红色方案为整体集美大学导视设计的主方案，另根据学院特色设定橙色方案作为另一方案的设计。选用橙色，是因为橙色表达出活跃性和运动感，与活力四射的体育学院风格相映衬。与橙色与灰色搭配，稳定了纯橙色导视牌易造成的视觉疲劳将纯红色。橙色延用于体育学院导视系统，吻合体育学院的运动主题气息。整体风格中贯通的元素贯穿始终，层叠的凹凸外形运用，增添了学院内部空间的气氛。跑道的造型视觉符号概念衬之于砖红色建筑与绿色草坪，更传达出生命轨迹的美好寓意。

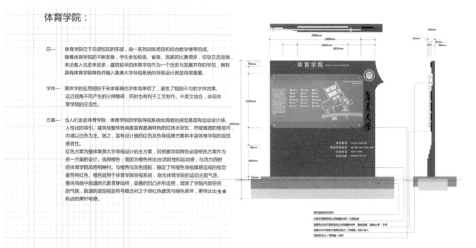

集美大学校园导视设计 *JIMEI UNIVERSITY WAYFINDING SYSTEM*

第三部分：集美大学校园导视系统设计具体案例

体育学院：

造型— 概念来源于体育项目所独有的跑道造型，将弯曲设计的跑道标识加以底面衬托，层次错落的设计也是极具体感的作品之一。

材质— 亚克力板材，材料极易加工，没有金属材质的厚重，笨拙，使用时间长，有回收空间。板岩石材料，定位性漆木纹明显，耐用性极好；成本低成适中，易衬托体院的历史。

设计— 在圆造型的室内导视设计中，利用导视牌形状，在内层不同方向设计具体的房间号码导向。充分诠释体育的运动曲线，与球类等体育用品好应，符合体育的运动感。

路向导视牌—弯曲的跑道标识在形态上自然形成了导向指引，起跑处英文字体加以底面衬托，层次分明、极具体感。跑道尽头用红色箭头顺势做方向指向，简单利落。

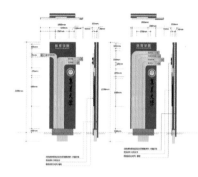

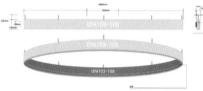

集美大学校园导视设计 *JIMEI UNIVERSITY WAYFINDING SYSTEM*

第三部分：集美大学校园导视系统设计具体案例

体育学院：

型— 概念来源于体育项目所独有的跑道造型，将弯曲设计的跑道标识加以底面衬托，层次错落的设计也是极具体感的作品之一。

材质— 亚克力板材，材料极易加工，没有金属材质的厚重，笨拙，使用时间长，有回收空间。板岩石材料，定位性漆木纹明显，耐用性极好；成本低成适中，易衬托体院的历史。

设计— 在圆造型的室内导视设计中，利用导视牌形状，在内层不同方向设计具体的房间号码导向。充分诠释体育的运动曲线，与球类体育用品呼应，符合体育的运动感。

场馆标牌—场馆导视牌的设计充分使用视觉元素，圆形跑道经对称变形与长方形结合，加入钢钉造型，钢钉产生了运动场馆独有的器材与运动的力量感。

门牌—在造型简易的门牌上，运用弯曲的跑道造型构成坡，窄两种立体的门牌，体现体育学院的特色，同时具有导向性。跑道造型像是人生的路途，每个人都离不开运动，而最普通的就是跑步。

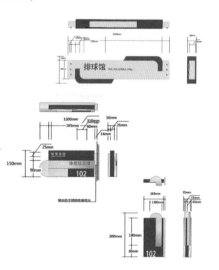

■集美大学校园导视设计 JIMEI UNIVERSITY WAYFINDING SYSTEM

第三部分：集美大学校园导视系统设计具体案例

集美大学体育学院：

导视牌位置分布图：

根据总部的设计定位、受众人群、空间结构制作出总部区位现状分析图、
行人路线分析图，进一步制作导视牌设置图。

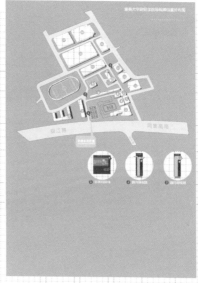

41

■集美大学校园导视设计 JIMEI UNIVERSITY WAYFINDING SYSTEM

第三部分：集美大学校园导视系统设计具体案例

航海学院：

总一　航海学院位于集美大学航海片区，由老嘉庚风格建筑楼和新式建筑等组成。
随着航海学院的不断发展，与国内外高校交流频繁，并作为集美大学的特色专业
之一，具有航海学院特色并融入集美大学导视系统的导视设计就显得尤为重要。

地图一　学院平面图对于导视系统必不可少，图形传达出的信息更容易让人明白。红、白、
灰三色的平面图加工制作成三维立体图，让人一下子够很从抽象中找到
了真实感。同时配以学院简介和楼群编号注释。立体图采用白色作为学院建筑模型
把楼层信息淡化，从整体上对学院信息进行了条理清晰的规划，以简洁明了的方式
传递出该学院的空间信息。介于师范片区的一体性，本地图亦表示出师范学院楼群
构造，让观者有总体空间感。

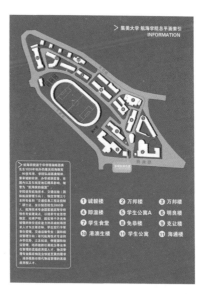

42

341

■ 集美大学校园导视设计 *JIMEI UNIVERSITY WAYFINDING SYSTEM*

第三部分：集美大学校园导视系统设计具体案例

航海学院：

总— 航海学院位于集美大学航海片区，由老嘉庚风格建筑楼和新式建筑等组成。随着航海学院的不断发展，与国内外高校交流频繁，并作为集美大学的特色专业之一，具有航海学院特色并融入集美大学导视系统的导视就显得尤为重要。

字体— 黑体字的应用相较于宋体等其他字体简单明了，避免了粗细不均的字体效果，远近视角不同产生的分辨障碍，同时也有利于工艺制作，中英文结合，体现财经学院的交流性。

方案— 当人们走进航海学院（它是不同于总部的学院片区，与总部毗邻），航海学院导视系统给观者的感觉是富有海船气息的、人性化、艺术美感的导引。楼群的整体色调是白灰色、红砖色；内墙以白色为主。简之，富有设计感的红色（或蓝绿色）方案导视牌丰富了航海学院的视觉感官性。其中，红色方案为整体集美大学导视设计的主方案，另根据学院特色设定蓝绿色方案作为另一方案设计。选用蓝绿色，是因为蓝绿色给人以辽阔大海的感觉，与航海学院独特的学院风格相映衬。将红色、蓝绿色运用于航海学院导视系统，符合航海学院的质感特色。整体风格飘逸、凸显质感，独特的造型视觉符号衬之于建筑与绿色草坪，清晰地传达信息的同时与环境完美融合。

造型— 概念来源于航海船帆的造型，经过设计变化组合成不同的导视牌，将船帆造型、桅杆造型、船造型变形形成造型自然，形象特殊的导视牌，加以文字、地图的配置，是实用性与造型结合的作品之一。

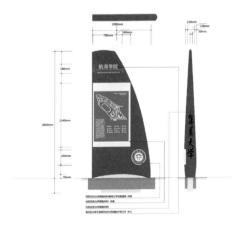

■ 集美大学校园导视设计 *JIMEI UNIVERSITY WAYFINDING SYSTEM*

第三部分：集美大学校园导视系统设计具体案例

航海学院：

总— 航海学院位于集美大学航海片区，由老嘉庚风格建筑楼和新式建筑等组成。随着航海学院的不断发展，与国内外高校交流频繁，并作为集美大学的特色专业之一，具有航海学院特色并融入集美大学导视系统的导视就显得尤为重要。

字体— 黑体字的应用相较于宋体等其他字体简单明了，避免了粗细不均的字体效果，远近视角不同产生的分辨障碍，同时也有利于工艺制作，中英文结合，体现财经学院的交流性。

方案— 当人们走进航海学院（它是不同于总部的学院片区，与总部毗邻），航海学院导视系统给观者的感觉是富有海船气息的、人性化、艺术美感的导引。楼群的整体色调是白灰色、红砖色；内墙以白色为主。简之，富有设计感的红色（或蓝绿色）方案导视牌丰富了航海学院的视觉感官性。其中，红色方案为整体集美大学导视设计的主方案，另根据学院特色设定蓝绿色方案作为另一方案设计。选用蓝绿色，是因为蓝绿色给人以辽阔大海的感觉，与航海学院独特的学院风格相映衬。将红色、蓝绿色运用于航海学院导视系统，符合航海学院的质感特色。整体风格飘逸、凸显质感，独特的造型视觉符号衬之于建筑与绿色草坪，清晰地传达信息的同时与环境完美融合。

造型— 概念来源于航海船帆的造型，经过设计变化组合成不同的导视牌，将船帆造型、桅杆造型、船造型变形形成造型自然，形象特殊的导视牌，加以文字、地图的配置，是实用性与造型结合的作品之一。

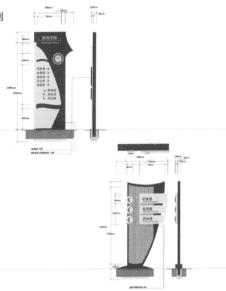

集美大学校园导视设计 JIMEI UNIVERSITY WAYFINDING SYSTEM

第三部分：集美大学校园导视系统设计具体案例

航海学院：

材质— 亚克力板材。材料极易加工，没有金属材质的厚重、笨拙，使用时间长，有回收空间。

设计— 镂空不锈钢圆点造型在造型设计中，运用不同的材质，表现出了不同的通透效果。
楼层导视牌利用亚克力板能够很好透光的材质特性，内置LED灯，在夜晚也能点亮航海学院的夜色。

平面导视牌— 中英文学院名称的竖式排列，加以具有嘉庚建筑的符号，让航海学院传达一种国际交流趋势。
船帆导视牌造型硬朗，具有稳定性，是独有的航海符号，当作平面图的载体，是个融合的设计。

路向导视牌— 导向牌在导视楼区的同时附以地图，再次让观者明确自己所处位置，方便清晰。
用红色箭头做方向指向，简单利落。在这些造型上加以海浪的海纹装饰，顿时帆船像是浮动了起来，更添设计的灵动感。

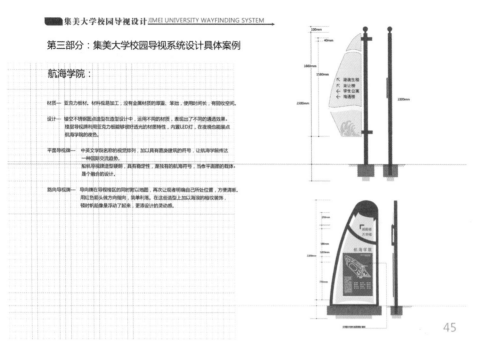

45

集美大学校园导视设计 JIMEI UNIVERSITY WAYFINDING SYSTEM

第三部分：集美大学校园导视系统设计具体案例

航海学院：

材质— 亚克力板材。材料极易加工，没有金属材质的厚重、笨拙，使用时间长，有回收空间。

设计— 镂空不锈钢圆点造型在造型设计中，运用不同的材质，表现出了不同的通透效果。
楼层导视牌利用亚克力板能够很好透光的材质特性，内置LED灯，在夜晚也能点亮航海学院的夜色。

楼层导视牌— 参照甲板元素设计后造型，经过图形变形和拼接，加以箭头导视，既有方向感，又有文字内容。固定在楼梯附近或大厅处，简单明了。造型独特，让人感觉在海洋中航行。

门牌— 在造型简易的门牌上，运用甲板造型，海面的圆形窗户造型更进一步，有变化地体现出航海学院的特色。窗户的造型素材加上文字导引让人一目了然，像是房间教室都是一间小型海舱。两个设计方案给人以航行、自由的感觉，是航海学院独有的造型体现。

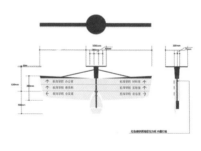

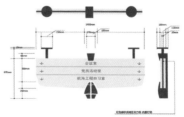

集美大学校园导视设计 JIMEI UNIVERSITY WAYFINDING SYSTEM

第三部分：集美大学校园导视系统设计具体案例

集美大学航海学院：

导视牌位置分布图：

根据总部的设计定位、受众人群、空间结构制作出总部区位现状分析图、
行人路线分析图，进一步制作导视牌设置图。

47

集美大学校园导视设计 JIMEI UNIVERSITY CAMPUS GUIDE SYSTEM

第四部分：导视系统的维护

1、后期维护：
公共导视牌缺少维护，破损严重。建议成立专门的维护组织。
导视属于公共环境的一部分，一个区域要进行整体的导视系统设计或改造，
除了一系列专业的规划、设计、制作流程外，更需要同学、老师的支持。只
有我们共同配合，维护好导视牌，才能让这些导视牌更好地为学校发展提
供服务。

2.同学们，当你们看到这些校园导视并满心欢喜地讨论着我的设计，而它却在
不久的将来每天被暴晒或是雨浇，晚上还有涂鸦爱好者光临，听起来这是笑话，
但在现实中这样的例子太多太多。

3.所以，排除自然因素的对导视系统的伤害。为避免导视设计被人为地涂鸦和
刮伤，在设计的时候我采用涂鸦膜覆膜或者用厚的乙烯基胶膜过胶，或是强度
高的聚碳酸酯过胶。

4.当然，这些材料都有可能花费过多或是伤害导视牌，于是，从现在起，爱护
身旁的导视牌吧！
跟它合张影！

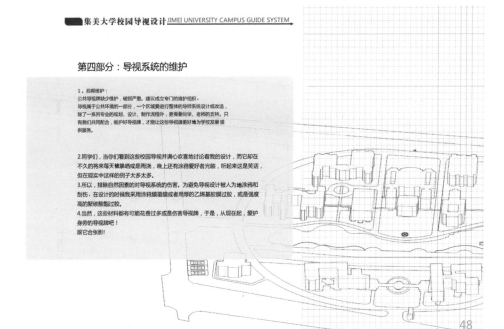

48

■集美大学校园导视设计 JIMEI UNIVERSITY WAYFINDING SYSTEM

第五部分：总结

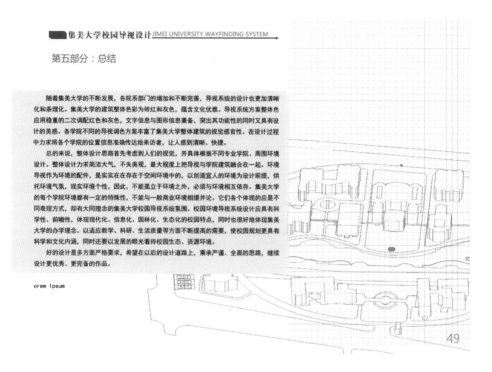

随着集美大学的不断发展，各院系部门的增加和不断完善，导视系统的设计也更加清晰化和条理化。集美大学的建筑整体色彩为砖红和灰色，蕴含文化优雅。导视系统方案整体色应用稳重的二次调配红色和灰色，文字信息与图形信息兼备，突出其功能性的同时又具有设计的美感。各学院不同的导视调色方案丰富了集美大学整体建筑的视觉感官性。在设计过程中力求将各个学院的位置信息准确传达给来访者，让人感到清晰、快捷。

总的来说，整体设计思路首先考虑到人们的视觉，并具体根据不同专业学院、周围环境设计。整体设计力求简洁大气，不失美观，最大程度上把导视与学院建筑融合在一起。环境导视作为环境的配件，是实实在在存在于空间环境中的，以创造宜人的环境为设计前提，烘托环境气氛，现实环境个性，因此，不能孤立于环境之外，必须与环境相互依存。集美大学的每个学院环境都有一定的特殊性，不能与一般商业环境相提并论。它们各个体现的应是不同表现方式，却有大同理念的集美大学校园导视系统氛围。校园环境导视系统设计应具有科学性、前瞻性，体现现代化、信息化、园林化、生态化的校园特点，同时也很好地体现集美大学的办学理念。以适应教学、科研、生活质量等方面不断提高的需要，使校园规划更具有科学和文化内涵，同时还要以发展的眼光看待校园生态、资源环境。

好的设计是多方面严格要求，希望在以后的设计道路上，秉承严谨、全面的思路，继续设计更优秀、更完备的作品。

orem Ipsum

49

■集美大学校园导视设计 JIMEI UNIVERSITY WAYFINDING SYSTEM

综述

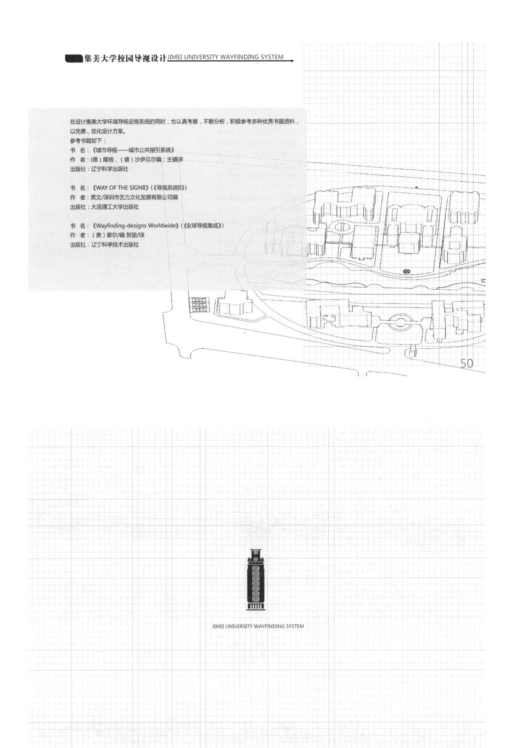

集美大学校园导视设计 JIMEI UNIVERSITY WAYFINDING SYSTEM

在设计集美大学环境导视设施系统的同时，也认真考察，不断分析，积极参考多种优秀书籍资料，以完善、优化设计方案。

参考书籍如下：

书　名：《城市导视——城市公共指引系统》
作　者：(德) 隆格，(德) 沙伊贝尔编；王婧译
出版社：辽宁科学出版社

书　名：《WAY OF THE SIGNII》(《导视系统II》)
作　者：英文/深圳市艺力文化发展有限公司编
出版社：大连理工大学出版社

书　名：《Wayfinding-designs Worldwide》(《全球导视集成》)
作　者：(美) 摩尔/编 贺丽/译
出版社：辽宁科学技术出版社

50

JIMEI UNIVERSITY WAYFINDING SYSTEM

六、金工车间空间再创造

FOREWORD

　　脱胎于旧工厂的"集美集"文化创意园，由12幢风格各异的厂房组成，占地面积1.34万平方米。目前，园区内已经投入使用的有艺术展厅、艺术家工作室、高校创意产品格子铺等区域。按照规划，在不久的将来，园区内还将引入专业的画廊、艺术书店、拍卖行，甚至发展出依托文化创意园区的网络市集等。

　　创意经济需要一个有创意的载体，"集美集"的改造，让老工业基地重新焕发青春。它在保留、延续历史文化的同时，也给艺术家一片自由创造的空间，给社会带来一场文化新潮。引用建筑学家的话，就是这些看似褪色陈旧的厂房，并非一无是处。它有着无可取代的时间年轮和历史印记，这正是一座文化城市不能没有的。

02

347

目录

CONTENTS

03

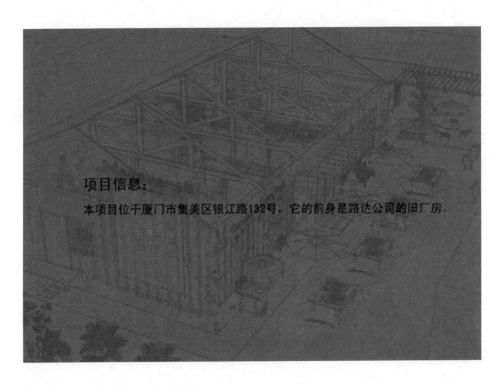

项目信息：

本项目位于厦门市集美区银江路132号，它的前身是路达公司的旧厂房。

CONCEPT 6

思路

"LOFT"一词对于许多"时尚潮人"来说并不陌生,它指的是那些"由旧工厂或旧仓库改造而成,少有内墙隔断的高挑开敞空间"。如果说LOFT的诞生源于20世纪40年代初贫困潦倒的艺术家们变废弃空间而来,"LOFT"作为一种生活或工作方式,已成为席卷全球的艺术时尚。我们厦门市首个文化创意产业园区"集美集"文化创意园正式开园。

这标志着集美有了"LOFT文化"的身影,规划中的"集美集"将以集美文化创意园为平台,通过完整、周到的服务,创造适合影像艺术群体生存的土壤,吸引更多的摄影师、视觉艺术家,推动厦门的当代艺术氛围。

A1展区是一个保留着浓厚的LOFT风格的建筑,大方块状的几何体、红砖外墙、粗糙的柱壁、灰啧的水泥地面……这些旧仓库的"遗迹",正引导着一种新的文化时尚;正涌动着一股全新的艺术气息。工业与艺术、古旧与前卫、现实与印象、冷峻与激情,奇妙地碰撞交织在一起,是现代艺术所公认的好场所。我在设计的过程中保留了较完整的建筑外貌,在窗的部分做了一些巧妙的细节,运用了大块的平板玻璃和钢筋结构组合在一起,倒是显得十分摩登,符合艺术场所的审美需要。素色的水泥墙壁,提高了休闲空间,串联在一起完整大气,没有支离破碎的感觉。A1的空间相对于装饰过度的茶座显得很朴素,因此可塑性很强,但就是这看似简单的格调,你可以看到简洁的墙上也挂着很多画,用自然毛边石头垒成的背景墙更是配合了建筑空间本身古朴的气质。嘉宾们悠闲地喝着茶,坐在舒适而有品味的木椅上,自由在网上冲浪,阳光暖暖地照射下来,小小地伸一个懒腰,十分的惬意。

空间总面积360平方米,布局鲜明,空间感强,主要功能是厦门五所高校创意展示区,创意产品格子铺和创意休闲吧,可以说就是为艺术学院学生"量身定做"的。和高校中普遍存在的"跳蚤"市场不同,园区对作品的艺术性、原创性设置了更高的门槛,提供了更专业、更高端的展示及交易平台。厅内的艺术茶吧散发着新锐前沿的艺术'气场',将会漫润集美,而未来"集美集"周遭的艺术书店、咖啡馆、酒吧,会成为传递这种'气场'的大众媒介。

给广大艺术家、艺术院校的学生提供了进行研讨、创作、展示、收藏、拍卖、休闲的场所。它的出现将带动周边艺术产品的发展。

05

现状分析

06

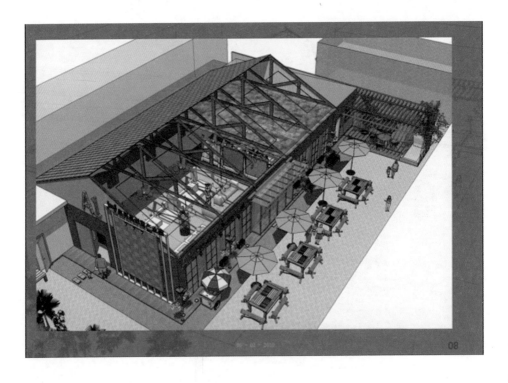

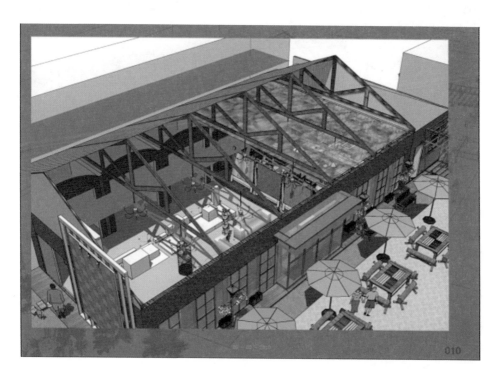

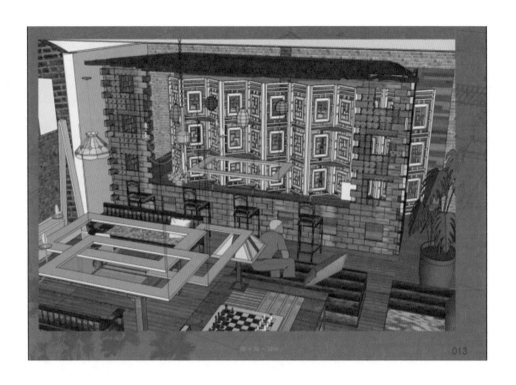

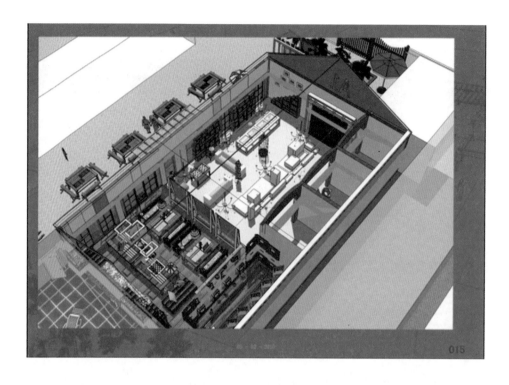

本案设计平面构成线条流畅，从容大度，变化丰富，通过空间划分、材料选择和表面处理，使此茶吧在顾客眼中显得亲切舒适，充满了魅力和诱惑。本案的空间划分为展厅区、阅读区、格子铺、吧台区、厨卫区，通过对地面抬升下陷，将空间分布得错落有致。入口墙体是以几个圆形的灯罩点出蓝色光晕，两边是斜出的木龙骨饰面板，面板下隐隐透出紫色灯光，醒目的广告画布不定期地预告展厅的作品资讯，上方悬挂着旧铁皮敲出的logo，" 集美集创意产业园"几个大字。进门内大跨度地运用古建筑拆除的斗拱改造成作为隔断，搭配竹子、碎石子，营造出一种引人瞩目的效果。进入展馆内部，左边为五大高校联合作品展示区。此区域是一个形式多变的展示厅，可依据展览风格形式的不同，移动隔墙来布置空间，满足各展览区域的需要。右边是特色学生创业产品创意格子铺，大小不一的木格子，随心所欲的搭配，可以按个人的个性，拼成各种形状的柜子，周围的落地玻璃门在设计上也是花足了心思，利用轨道滑轮上下推拉。角度可随意调节，关闭时是一个完整的门，当开到90°则巧妙地成为雨棚，非常实用也不失现代感与时尚美感。顺着入口的炫彩墙装饰的墙裙左右两边进入茶吧，经过抬高地面的手法，简单地划分出本案中较为私密的区域。厨区及储藏室分别位于下沉的空间，制作美食点心较为便捷。一侧大块石块堆成的背景墙也体现了茶吧的朴实，简单的几块木头横穿在石块之间，非常巧妙地撑起了书架的位置，坐在其中感觉视野开阔，而又不会使空间太通透。

吊顶用一块蓝天白云的半透明玻璃，不仅利用了自然采光，而且让客人疲惫的身心在弯转中逐渐放松。嵌在茶镜上的环形自发光为过渡到内庭显示出流动性和趣味性。吧台前几列桌椅随着地形排列便于服务人员的服务活动。双"一"字形的吧台使任何一个角度坐着的客人都能得到快捷的服务。

EXPOUND

015

016

EXPOUND

背景设计试图与外部环境相贯穿，使空间具有自然、古朴、流畅、开阔、柔美的设计意匠,主体配以中式旧木材拼装,体现折中、大气的风格。饰品搭配演绎业主丰富的生活内涵及审美情趣,各层功能空间清晰、顺畅、顾盼有致。材料质感与色彩表达强烈活泼,整体设计坦率自然又跌宕起伏,好似一曲优美的萨克斯《回家》。

茶吧设计的焦点在于运用了几何线条在空间内营造一种方向感、速度感、时光交错的空间。以红砖灰瓦、青石为主材质,古朴敦实并赋予时尚气息,是这个茶吧给客人的第一印象。特殊的灯光设计,可塑造出全场"纯白、多彩、全黑、星光点点"等多种基调,加上可升降变化的舞台设备,大大满足了酒吧"可变性"的需求。在布局上,使用阶梯式错层设计,让整体空间高低错落,相互呼应,让人与人得以交流、互动,形成相聚同乐的娱乐氛围。

墙裙是以闽南地域特色的红砖砌成,给沉闷的黑夜以通透的感觉。灰褐色的吧椅在淡紫的空间中显得优雅独特,给人以全主位的自由,让人放松情绪。吧台后2个中国风的屏风柜供陈列酒类和储存物品,酒柜两边黄色光晕的射灯将奔放的热情赋予其中,让人感觉到变幻和难以捕捉的美。

因茶吧比一般就餐环境文化氛围更浓烈一些,是人们休闲、交流的所在。本案突出轻松雅致的感觉。其中神秘魅力的光暈向人们传达着难以捉摸的美,身在其中感观愉悦,茶吧内免费提供无线上网服务,让人们在一天繁忙的工作之后度过一个远离城市喧嚣的夜晚,放松自己疲惫的身心,是一个追求个性发挥、期待群体认可的空间。适当利用室内绿化不仅可形成或调整空间,且能使各部分既保持各自功能作用又不失整体空间的开敞性和完整性。

017

018

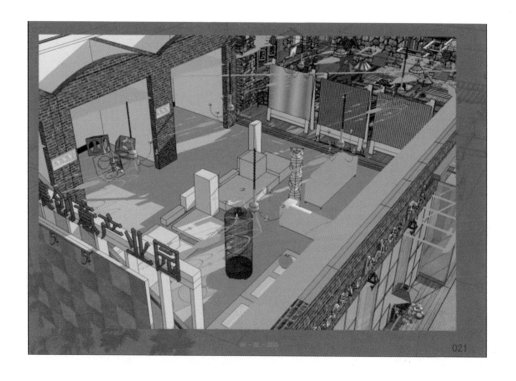

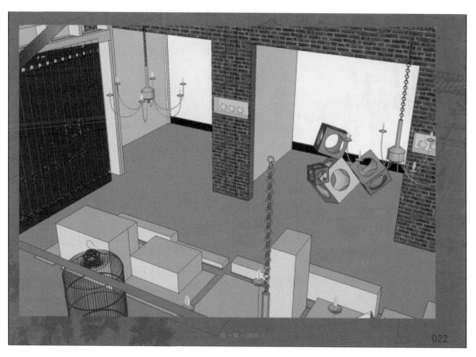

(棕榈科) 棕榈　　(兰科) 鹤望兰　　(菊科) 万寿菊

(菊科) 非洲菊　(姜科) 花叶艳山姜　(夹竹桃科) 盆架子　(唇形科) 彩叶草

（菊科）大波斯菊	竹子	(菊科)小百日草·小百日菊
（睡莲科）睡莲	（雨久花科）梭鱼草	（棕榈科）肯氏假槟榔
（大戟科）红桑·铁苋菜	（大戟科）龟背变叶木	（天南星科）海芋

025

节点

026

359

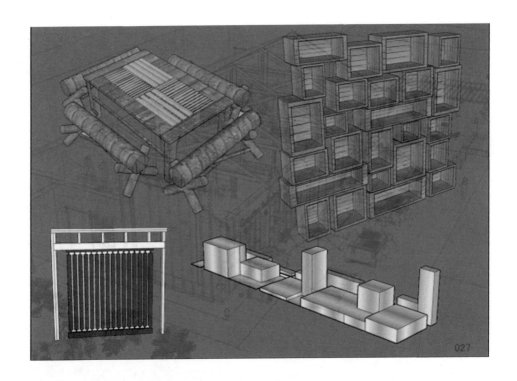

七、大社环境导视设施设计

大社环境导视设施设计

大社现状分析
FIRST PART FIRST PART FIRST PART

大社环境调研与导视设施设计 **1**

SIGN DESIN

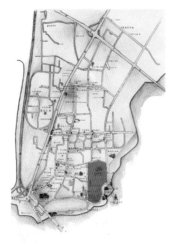

位于集美最南端的大社，濒临大海，是古集美的发祥地，也是当年厦门有名的渔村。700多年前(即元末明初时期)，陈嘉庚的祖上陈氏族亲遥居大社，一直繁衍到现在；人们习惯上称呼大社人，也就是指世居集美的陈氏海边渔民。从遥居落户集美直到2002年厦门西海域整治线，大社人祖祖辈辈都靠海局生，日子过得很自在。然而，当西海域整治的第一个网箱被拆除时，大社人数百年的宁静与安详一夜之间被打破了，生活状态开始改变。集美区是一个集聚文化、艺术于一体的地方，这里拥有非常宝贵的文化艺术，如嘉庚精神和嘉庚建筑以及当地所具有的闽南文化生态，闽南所特有的老建筑等。随着集美区旅游产业的一步步深入发展，如何使老城区融入集美旅游产业的发展是一个值得深究的问题。大社本来就是一个非常有闽南特色的并能体现古老闽南文化的村落，在众多旅游景区的包围下，能融入这种氛围将是一种很好的发展趋势。闽南祖厝、闽南特色建筑和闽南村落家族文化都为它提供了很好的发展前景。近年来，我国各个民族地区旅游业都得到了很大的发展，保护这种民族文化特色和地域特色迫在眉睫。

大社环境调研与导视设施设计 **1**

SIGN DESIN

大社现状分析图

大社现状展示图

大社环境调研与导视设施设计 **1**
SIGN DESIN

大社现状分析：

一、房屋挤乱，杂乱无章

目前，"大社里"片区占地24万平方米，片区内总建筑面积50万平方米。具有历史保留价值的建筑不少，有集美陈氏宗祠、各种祖厅、海外华侨故居等老建筑12座。

由于"大社里"旧村庄的演变及先天不足等各种原因，建筑密度居高不下，抢建、违建屡禁不止，整个大社片区杂乱无章，与外围的旅游景点形成极大反差。

片区内道路狭窄，凹凸不平，坑坑洼洼，不便出入，车辆更难通行。私房建筑杂乱无序，挤占空间。卫生状况难以改善，老片区内地下排污管道建设不配套，特别是雨天，雨水污水难排放，四处横流。

二、居民生活来源少

民意调研发现，居民生活也面临重重困境。如今，居民生活来源仅靠五种：载客（多数是四五十岁老大嫂）、扫地、理发、当保安、出租房屋。

三、居民对大社的发展方向没有足够的认识，具有历史保留价值的建筑得不到有效保护

大社环境调研与导视设施设计 **1**
SIGN DESIN

大社特定保护建筑展示：

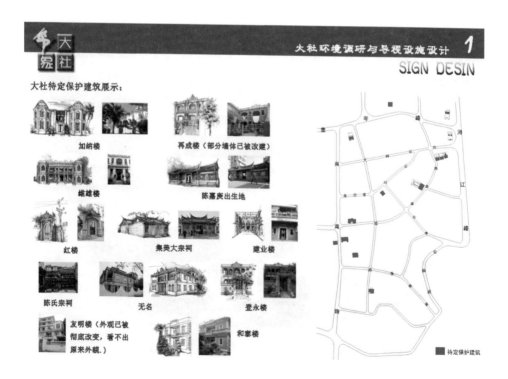

加纳楼　　　再成楼（部分墙体已被改建）

维雄楼　　　陈嘉庚出生地

红楼　　　集美大宗祠　　　建业楼

陈氏宗祠　　　无名　　　登永楼

友明楼（外观已被彻底改变，看不出原来外貌.）　　　和豪楼

■ 特定保护建筑

363

大社环境调研与导视设施设计 **1**
SIGN DESIN

大社主要路径图

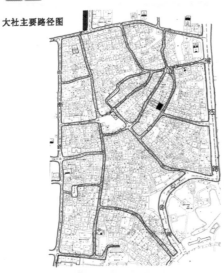

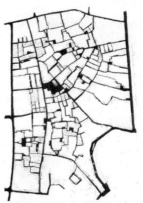

大社内部小路错综复杂，往往是"山重水复疑无路，柳暗花明又一村。"

 大社环境调研与导视设施设计 **1**
SIGN DESIN

大社渔村文化展示：

　　大社，是古集美的发祥地，也是当年厦门有名的渔村。700多年前，陈嘉庚的祖上陈氏族亲迁居大社，繁衍至今。陈氏先祖即因地制宜，在养鸭之际捞捕鱼虾，海上归来又 操起锄头耕种红薯和花生。久而久之，大社逐渐成了一个以渔为主．以农为辅的小渔村。集美大社这个昔日的小渔村，以旖旎的海光水色、浓郁的侨乡风情，连同陈嘉庚的美名，名扬中外。

大社环境调研与导视设施设计 **1**

SIGN DESIN

闽南家族文化

闽南村落家族文化，指的是闽南地区以闽南方言为纽带的村落家族关系以及由此产生的体制、行为和观念。闽南地区是福建传统家族制度最为兴盛的地区之一，闽南村落家族文化是闽南地区基层社会传统的组织特征和文化特征，是闽南地区传统社会生活极为重要的组成部分，因此，它也成为闽南文化整个系统中一个重要的子系统。闽南文化形成过程中，闽南村落家族是基本载体；闽南文化的观念形态体系中，相当部分是闽南村落家族文化观念的放大；闽南文化的外向播迁，闽南村落家族文化同样占有重要的分量。

大社的陈姓一族就是闽南村落文化的典范。

大社古厝分布图

大社环境调研与导视设施设计 **1**

SIGN DESIN

闽南古厝文化

闽南古厝以"宫式大厝"为主，故又名"皇宫起"。在不少地区，又名红砖厝它形似殿宇，富丽堂皇，是中国古民居的典型。它的主要特征是，前埕后厝，坐北朝南，三或五间加双护厝，红砖白石墙体，硬山式屋顶和双巧燕尾脊。

在闽南的方言里，"厝"是房子，红砖厝就是用红砖盖的房子，也是闽南最具有代表意义的传统建筑。在中国风建设或典型的农村生活中，必定包含了家居、教育、祭祀三要素。而在一百年前的闽南人家已经在一个家族体制建设上完成了这样严谨精巧的布局构思，巧妙地结合了居住、家族教育系统，和谐共存。

大社
嘉社

大社民俗文化特色展示："挂香"

在集美，每年春节，从正月初六起到十五期间，很多地方都会有庙会，比如正月初六的孙厝庙会、正月初八敢梧李姓庙会、正月十五张姓二十四社庙会等。但在侨乡集美大社，正月十五一整天的元宵挂香巡街庙会规模最为宏大，他们从早上8点开始热闹到下午6点左右，踩街队伍所经过的地方，各家各户、商店都要大放烟花爆竹。这时候集美的大街小巷鞭炮声震天，浓重的烟雾让人窒息，其场面之壮观、集结人数之多实属罕见。海内外乡亲及当地群众纷纷祀奉先人"船灵公"——开闽王王审知，以及"进士祖"陈文瑞，祈求新的一年风调雨顺，国泰民安。集美大社陈姓族人至今对王审知特别崇拜，每年正月十五，一定要举行"刈香"巡游活动。正月十五那天，人们到龙王宫将王审知和他的夫人

及妹妹的神像抬出，到陈姓的七个房角的祖祠和各个角落巡视，以确保集美社稷的平安。所到之处，必须设"香箭"案迎送。巡视完毕后，才将三个神像抬还给龙王宫。这一"刈香"巡游活动已经沿袭了八百多年而不衰。

大社
嘉社

嘉庚文化

陈嘉庚是一位杰出的华侨领袖，他是一位著名的大实业家，将一生中的财富都用于兴办学校的事业。他在国内创办了集美学村和厦门大学等知名学府，同时在海外也创办并赞助了多所学校，培养了大批人才。由于他的贡献，毛泽东称赞他是"华侨旗帜，民族光辉"。人们视他为"华侨爱国爱乡、热心教育事业的楷模"。

陈嘉庚对闽南文化、建筑文化和校园文化都有着巨大的影响，形成了嘉庚文化。大社可以说是嘉庚文化的起源地，这里是陈嘉庚的出生地，也有陈氏祖祠等与嘉庚文化紧密相关的文化实体。陈嘉庚的事业和精神对当地社会和教育产生了深远的影响，他的贡献被人们铭记并传承至今。

大社环境调研与导视设施设计 **1**

SIGN DESIN

大社周边景点分析图

嘉庚故居

归来园

道南楼

龙舟池

集美解放纪念碑

鳌园

南薰楼
黎明楼

南顺鳄鱼园

大社环境调研与导视设施设计 **1**

SIGN DESIN

总结：大社发展的优势所在

一、悠久的历史文化沉淀

二、神圣的宗祠文化

三、闽南特色建筑和海外华侨故居的保留

四、周边著名旅游胜地的包围

大社发展的思考
SECOND PART SECOND PART SECOND PART

大社环境调研与导视设施设计　2
SIGN DESIN

问题:

如何把大社打造为与周围环境相适宜的景点

　　集美位于厦门市北部,距市区约17公里,面积为2.83平方公里,是爱国华侨陈嘉庚先生的故乡。集美镇有著名的集美学村、陈嘉庚故居、归来堂、鳌园及长达2212米的高集海堤。是中外闻名的文化教育区和侨乡,也是风光绮丽的游览胜地。

　　但是被包围其中的大社,作为古集美的发祥地却没有得到很好的开发。从迁居落户集美直到2002年厦门西海域整治前,大社人祖祖辈辈都靠海为生。如何从"海边渔民"上岸转变成"海湾市民",是多数大社人在西海域的整治过程中,进行的一次观念性变革。传统观念的根深蒂固和大社的固有环境,在一定的程度上都阻碍了大社的发展。

大社环境调研与导视设施设计 **2**

SIGN DESIN

解决方案 一

打造为艺术村落。可以学深圳大芬油画村的模式，让艺术家们入驻集美大社，要走高端艺术部落的路线，走原创、高端的艺术道路，而不走油画市场普遍的复制、批量生产路线。

 大社环境调研与导视设施设计 **2**

SIGN DESIN

解决方案 二

修旧如旧，打造为闽南文化参观地，旧建筑加以改造和利用。大社有像大社祖祠和古厝等极具闽南特色的闽南建筑，应该加以利用和保护。可以参考北京四合院的改造方案，把旧建筑改造为特色旅馆、文化艺术休闲馆等。

把大社路改建为商业步行街，使之与旅游文化相结合，参考方案——鼓浪屿商业街

- 风貌建筑观光；
- 演艺等历史文化体验；
- 特色餐饮、购物、休闲娱乐；
- 商务、会所、主题俱乐部；
- 特色型主题酒店、青年旅馆等住宿；
- 多类型特色交通游览工具体验。

体现旅游区吃、住、行、游、购、玩六大要素

3 大社的规划

大社的规划

THE THIRD PART THE THIRD

大社环境调研与导视设施设计 3

SIGN DESIN

一、民俗区

大社原有祠堂众多，现存有集美大祠堂、后尾祠堂、渡头叁柱祠堂、渡头祠堂、大口灶边柱祠堂、塘乾祠堂和陈氏祠堂七座祠堂，它们体现了大社精神内涵所在，应对其加以保护和修缮。

二、特色商业街

大社原有大社路、美西路和祠后路上的大社菜市场为商业中心，但房子布局错综复杂，没有统一的规划和布局。可加以利用改造，以餐饮、购物和以展示闽南文化、渔村文化为目的的特色商业街。

三、修建茶室休闲厅

茶文化是闽南文化的重要组成部分，饮茶是闽南人生活中的一大享受。过去在闽南有一种说法："抽啵叭烟，听南音乐，泡功夫茶，其乐无穷。"将大社四处（图中大红色标识）特色老屋改建为茶室，以展示闽南茶文化和休闲娱乐为主。

五、修建民俗博物馆和民俗研究所

将建业楼和红楼两座海外华侨故居分别改建为民俗博物馆和民俗研究所，以展示和研究大社历史文化、渔村文化、闽南特色文化为主题的平台。

六、修建休闲广场

广场类型分别为：中心广场一个、入口处广场三个、小型休闲广场四个，供人们在旅游途中休息。

七、艺术家部落区

将闽南老式古厝改建和修缮，引艺术家入驻，在保护的同时，赋予现代艺术气息。

八、修建特色旅馆

将大社内三处较有特色的老房子在保持原貌的基础上改建为特色旅馆或主题酒店。

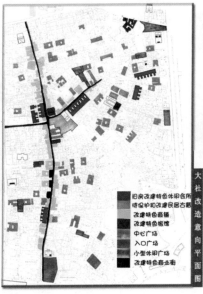

旧房改建特色休闲会所
特保护和改建民居古居
改建特色商铺
改建特色旅馆
中心广场
入口广场
小型休闲广场
改建特色商业街

大社改造意向平面图

商业街规划——大社特色商铺

以餐饮、购物和以展示闽南文化、渔村文化为目的的特色商业街。

一、餐饮（引进厦门特色美食）

海鲜　　烧仙草　　土笋冻　　沙茶面　　肉粽　　炸五香

二、特产商铺

三、商铺外观改造（参照鼓浪屿商业街的发展，引进多种特色小店）

四、商业步行街雕塑

以反映大社人历史生活为主，还原大社渔村生活、闽南家族部落生活和民俗文化。

特色茶室休闲厅规划

大社特色旅馆改建意向图

① 画廊旅馆

② 青年旅社

③ 海洋旅馆

大社老建筑改建意向图：

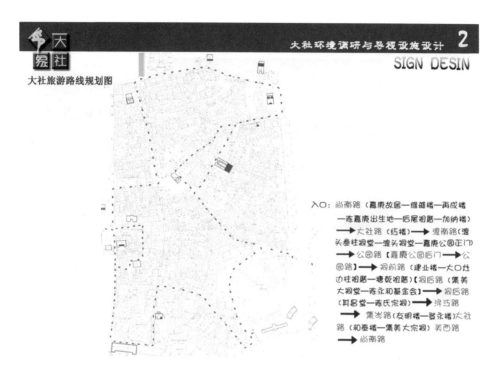

大社旅游路线规划图

大社环境调研与导视设施设计　2

SIGN DESIN

入口：尚南路（嘉庚故居—维碹楼—再成楼—陈嘉庚出生地—后尾祖厝—加纳楼）——大社路（纪楼）——渡南路（渡头叁柱祠堂—渡头祠堂—嘉庚公园正门）——公园路（嘉庚公园后门）——公园路——祠前路（建业楼—大口社边社祖厝—塘乾祖厝）【祠后路（集美大祠堂—陈永和基金会）——祠后路（其昌堂—陈氏宗祠）——浔江路——集岑路（友明楼—督永楼）大社路（和泰楼—集美大宗祠）美西路——尚南路

大社导视设施设计

THE FOURTH PART THE FOURTH PA

大社环境导视设施设计的意义：

一、为开发、利用和经营管理大社景区，使其发挥多种功能和作用而进行的旅游形象要素的统筹部署和具体安排。

二、以树立大社高档次、高质量服务形象，创造大社和谐的游览与休闲环境，为游客提供人性化服务，加强大社与游客的信息沟通，增强游客的旅游体验，优化大社发展的要素结构与空间布局，引导游客顺利完成旅游活动，促进旅游业持续、健康、稳定发展为根本目的。

景区环境导视设施的构成：

导游全景图（景区总平面图）—— 包含景区全景地图、景区文字介绍，游客须知、景点相关信息，服务管理部门电话等全景导图。

指示牌——诠释自然的符号：导视牌是永远是环境的附属品，必须符合并 融于环境，诠释自然与人为之间的完美结合的符号。

关怀牌——宣扬全民健身的符号：考虑到森林公园的市民建设场所的功能特性，我们还要在森林公园导视系统里宣扬全民健身，包括运动器材的使用方法等。

警示牌——宣扬保护自然的符号 ：人在大自然面前是何等的渺小，人必须要服从自然，因此，导视牌的设计制作是建立在保护自然的基础上的，同时也要宣传保护环境、亲近环境，树立人在大自然面前的渺小感。

介绍牌——诠释人性化的符号：旅游景区的特性就在于旅游性（游览特性），因此，导视牌的设计在符合自然环境的同时还要以人为本。

大社环境调研与导视设施设计　4

SIGN DESIN

大社导视设施的设计元素：

1 渔村、海洋　

2 闽南建筑　

　大社环境调研与导视设施设计　4

SIGN DESIN

全景导视牌

（一）全景导视图

大社环境调研与导视设施设计　**4**

SIGN DESIN

全景导视牌

（一）全景导视图

大社环境调研与导视设施设计　**4**

SIGN DESIN

全景导视牌

（一）全景导视图

大社环境调研与导视设施设计 4
SIGN DESIN

全景导视牌

（一）全景导视图

大社环境调研与导视设施设计 4
SIGN DESIN

全景导视牌

大社环境调研与导视设施设计　4

SIGN DESIN

指示牌

（一）多向指示牌

大社环境调研与导视设施设计　4

SIGN DESIN

指示牌

（二）多向指示牌

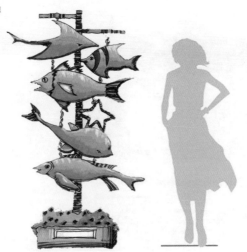

大社环境调研与导视设施设计 4

SIGN DESIN

指示牌

（一）单向指示牌

大社环境调研与导视设施设计 4

SIGN DESIN

指示牌

（二）单向指示牌

大社环境调研与导视设施设计 **4**
SIGN DESIN

介绍牌

大社环境调研与导视设施设计 **4**
SIGN DESIN

介绍牌（与景观小品的结合）

大社环境调研与导视设施设计 **4**
SIGN DESIN

关怀牌（与景观小品结合）

 大社环境调研与导视设施设计 **4**
SIGN DESIN

警示牌
　水深危险

大社环境调研与导视设施设计　**4**

SIGN DESIN

警示牌

小心恶犬

大社环境调研与导视设施设计　**4**

SIGN DESIN

警示牌——花草牌

"不要欺负我，我很强大！"

第八章　嘉庚文化研学基地建设与校本课程的开发

第一节　发挥文化环境育人功能

党的二十大对新时代实施教育强国战略提出新的部署，提升校园品质、建设品质校园，既是校园建设的目标方向，也是不断提高校园竞争力、文化育人的有效途径。我们必须认真学习领会习近平新时代中国特色社会主义思想，深刻认识、自觉尊重、积极顺应教育发展规律，真正让品质成为主导学校发展的灵魂、推动校园文化发展的引擎，让环境更美好，让学习生活更幸福。2015年《教育部工作要点》提出："推动学校特色发展，提升学校品质。"这是国家教育行政部门首次正式提出这一重要的时代命题。

品质校园建设，有两大重点内涵，一为发挥文化环境育人功能，二是创新人才培养机制。研究嘉庚建筑、弘扬嘉庚精神，充分利用嘉庚文化环境进行开放式多层次创意创新创业三创融合教育，能帮助学生在全球文化多元性发展的背景下，更好地弘扬民族精神，构筑文化自信，提升自身竞争力。

图 8-1：陈延奎图书馆
作者：翁舒婷

品质校园建设遵循了校园发展的内在规律，顺应了追求品质、崇尚品质的社会呼声，点燃了人民群众向往美好生活的奋斗激情，有利于在短期内凝聚、形成品质学校建设的共识。学校品质提升，必须充分结合个人、学校、社会三方要素，既要调动个体的积极性、主动性、创造性，提高校园文明素质，集聚促进学校发展正能量；又要遵循科学发展规律，创新学校管理模式，注重精细化管理；更要坚持积极的社会导向，让品质校园凝聚成一个教育共享、持续健康、创新发展的共同体。

品质校园是校园质量与校园文化的有机融合，并由此衍生出的校园特有品牌。要把校园质量作为校园发展的根本、中心和立足点，坚持创新驱动，弘扬工匠精神，大力推进品质革命，全方位提升校园发展质量。必须大力推进质量与文化的融合，积极打造校园独有的金色"名片"，不断放大校园的知名度和美誉度，切实增强校园的核心竞争力。保护弘扬优秀的传统文化，延续城市校园的历史文脉，保护好前人留下的文化遗产，结合校园自身的历史传承、区域文化、时代要求，提炼弘扬校园精神，对外树立形象，对内凝聚人心，营造高品质的校园环境。

一、嘉庚文化环境构建方法路径

嘉庚文化环境的嘉庚建筑集中了闽南地方建筑特色、中国传统建筑精华和欧亚建筑优点，形成以中式屋顶西式屋身为主要特征的鲜明个性，成为近代建筑艺术典范，嘉庚建筑所蕴含的巨大而丰富的精神内涵，是取之不尽的文化资源和爱国教育素材。"嘉庚建筑"风格的形成，也是陈嘉庚先生吸纳古今中外优秀建筑文化，并结合闽南传统建筑文化的结果。嘉庚建筑以其蕴含的丰富文化内涵，在近代建筑史上独树一帜，是厦门城市的一种形态，表达着城市意象的文脉，同时也是一个特殊时代文化的见证。研究嘉庚建筑，保护和弘扬优秀的传统文化，延续厦门城市与校园之间的历史文脉，不仅是学校自身的历史传承、区域文化、时代要求，更是对外树立形象，对内凝聚人心，不断放大校园的知名度和美誉度，增强学校的核心竞争力的重要途径、弘扬嘉庚精神，打造独有的金色"名片"。

提炼文化符号，传播嘉庚精神，促进中外交流。嘉庚建筑是嘉庚精神的物化载体。嘉庚精神对中华文化在海内外的传承起到了巨大作用，影响了"一带一路"沿线多个国家和地区。嘉庚建筑在色彩上注重与自然的和谐统一，红色的建筑物掩映在闽南地区独特的翠绿之中，给人视觉上美的享受，不仅成为"嘉庚风格"的艺术典范，而且具有中西合璧的时代性特征、适合气候地理等的适应性特征和兼容并蓄的文化综合性特征。嘉庚建筑这种丰富的文化内涵及符号特性，奠定了它作为建筑符号传承民族文化、促进文化交流与文化融合的地位。研究嘉庚建筑，打造清晰的嘉庚文化符号，创新传播途径，让受众体会到其中的时代精神与文化内涵。此外，嘉庚文化环境独特鲜明形象的传播，更成为"城市文化资本"的重要构成部分，是十分宝贵的厦门城市资源。

打造特色校园，培养文化自信，发挥文化环境育人功能。品质高校的气质要靠品质校园文化的营造。作为社会文明的窗口，大学校园对传播先进文化、推进精神文明建设具有重要示范作用。嘉庚建筑有着隐形的育人功能，品质校园的打造要通过建筑这一"无声的教化者"来不断发挥嘉庚建筑独特的场所精神。场所的精神特征是由两个方面内容所决定的，一方面它包括外在的实质环境的形状、尺度、质感、色彩等具体事物所蕴含的精神文化；另一方面包括内在的人类长期使用的痕迹以及相关的文化事件。嘉庚建筑的场所精神的核心可以说就是陈嘉庚先生的人文精神与教育理想，既反映了陈嘉庚先生爱国、为民的精神，又蕴含大量的社会改革因素，是人文新精神的载体。通过品质校园建设，能够帮助学生在全球文化多元性发展的背景下深入了解与认识嘉庚文化，从而更好地强化民族凝聚力，弘扬民族精神，构筑文化自信。

挖掘教育素材，关注内涵建设，创新人才培养机制。品质校园建设的核心是人，嘉庚精神文化教育已经广泛运用于教育教学中，如中学美术课、文创设计、高校城市区域品牌打造、思政课及旅游管理等各个方面。嘉庚建筑作为优秀历史文化遗产为当地提供了丰富的多层次跨学科教育素材，通过嘉庚文化环境教育研学基地建设，用基础性课程促进学生的学习能力和道德成长；用发展性课程促进文化融合和心理健康，用研究性课程促进创造能力和才能发展，用国际课程拓展发展空间和综合素质，通过创新人才培养机制，更好地弘扬爱国主义精神，培养诚毅人格，同时可以将城市文脉较好地延续。

二、品质校园环境建设的构建路径

1. 学校总体形象定位。校园建设应突出学校的地域特色、文化传统、人文特征，积淀文化底蕴，提升校园品位，在广泛征求各界意见的基础上，提炼出学校总体形象定位，为今后的学校规划和建设指明方向。

2. 重视校园规划，做好校园布局。在校园规划中重点做好校园的空间布局、功能分区、专业定位等，校园建设要严格依照规划来进行。把校园规划作为一个刚性的文件来执行，作规划的时候要严密论证、审慎缜密，执行规划的时候要严格认真，不可逾越，如确需变动的，也需要作出严密的论证。

3. 科学制定学校建设标准。学校建设标准的制定有利于从根本上提高建筑质量和校园景观。一是立足高起点，制定规范化的重大基础设施和重大公共建筑建设标准，有效提高校园建设质量和建设品质，特别是那些学校形象影响较大的重要窗口地段，如入口、主建筑和主要服务区等，规划设计建设标准要具有一定的前瞻性，争取打造更多的高质量精品工程。二是加强监管工作，进一步创新监管方式、转变监管理念、完善监管体系，确保校园建设标准的贯彻落实。

4. 加大资金投入力度，完善基础设施建设。一是高标准规划，考虑好每一个环节，确保我们建成的每一个工程都能成为城市的亮点。二是高标准推进城市学校设施建设，对每一项工程都要放在城市大规划中去考虑，着眼于超前，着眼于特色，着眼于协调。三是要明确目标，落实责任。校园基础设施建设是一个系统工程，涉及规划和建设、教育与科研、文化环境等方方面面，需要大家共同努力。

5. 统筹学校发展，提升校园文化品质。创新管理模式，高效能管理城市。一是创新管理理念，体现人本精神。加大新闻媒介的宣传力度，着力提高学生的素质，组建校园管理员队伍，引导师生以主人翁的姿态自觉地参与校园管理，共同维护校园建设。二是创新管理手段，利用现代信息技术和各类业务平台，建立完整的、闭合的校园综合管理系统。建立主动为师生科研人员服务的协同管理机制。设立校园管理监督员，实现跟踪服务，主动发现问题，实地核查监督办理结果。

6. 建立完善的人才培养及引进机制，提升校园规划及管理水平。一是加大专业人才引进，做好人才储备工作。二是创新培训方式，加强人才培养工作。科学制订培训计划，创新培训方式，或与国内外高校合作进行培训，或举办各类专业技术和城市管理培训班、学术研讨班等。全面提高校园规划管理队伍素质，强化校园管理效率。

第二节　嘉庚文化核心环境育人三创融合研学基地建设

　　2018年在集美召开的第十届中国文化软实力研究高层论坛暨第二届嘉庚论坛把"传承嘉庚精神提升文化软实力"作为论坛主题。中国侨联副主席齐全胜在论坛提出："在经济全球化不可逆转的时代潮流中，中国开放的大门只会越开越大，新时代弘扬嘉庚精神需要讲好中国故事，让世界深入了解中国。海外华侨华人应当充分发挥融通中外的优势，用独特的视角、生动的故事传递中国发展理念，向世界介绍全面、真实的中国，加强中国与世界各地的友好往来。"市政协副主席江曙霞提出"嘉庚精神是中华优秀传统文化同人类文明优秀成果交融发展的结晶，是全社会共同认可的价值观，是构建人类命运共同体代表性的文化软实力，具有超越时代的价值和意义"。中国文化软实力研究中心主任张国祚认为"嘉庚精神就是最好的中国文化软实力"。陈嘉庚长孙陈立人代表嘉庚后裔出席本次论坛，他认为，嘉庚精神对中华儿女来说，是一笔宝贵的无形资产，同时，嘉庚精神也是一面旗帜。对深化"一带一路"沿线国家合作将起到很好的桥梁作用。此外，嘉庚精神中的国际观，和其具有的创新品质，在海峡两岸、东南亚尤其是新加坡越来越受重视。弘扬嘉庚精神、深挖嘉庚文化内涵，对于增进学生的认同感和历史感、提高爱国热情和激发创新能力起到重要作用。对促进中外友好交流、共建美好和谐社会、推动人类命运共同体建设，具有典型的示范作用以及明显的指导意义。

　　弘扬嘉庚文化，构筑文化自信，助力厦门打造历史文化名城。嘉庚建筑是嘉庚文化的一种物质形式，是闽南近代建筑艺术的创造性杰作，是当时建筑与技术的最高发展成就，也是厦门的代表性历史文化遗产。嘉庚建筑的场所精神的核心可以说就是陈嘉庚先生的人文精神与教育理想，嘉庚建筑反映了陈嘉庚先生爱国、为民的精神，嘉庚精神中含有大量的社会改革因素，嘉庚建筑是人文新精神的载体。嘉庚建筑的场所精神的核心可以说就是陈嘉庚先生的人文精神与教育理想，嘉庚建筑反映了陈嘉庚先生爱国、为民的精神，嘉庚精神中含有大量的社会改革因素，嘉庚建筑是人文新精神的载体。嘉庚建筑是闽南近代建筑艺术的创造性杰作，为研究近代建筑提供了范例，是当时建筑与技术的最高发展成就，也是厦门的历史文化遗产。充分利用嘉庚文化环境进行开放式多层次创意创新创业三创融合教育以及嘉庚文化环境研学基地建设的研究与实践，能够呈现鲜明的地域特色与时代精神。通过基地建设，能够帮助大中小学生在全球文化多元性发展的背景下深入了解与认识嘉庚文化，从而更好地强化民族凝聚力，弘扬民族精神，构筑文化自信。

图 8-2：科学馆校区
摄影：常书贞

图 8-3：建于 1921 年的集美图书馆
摄影：周红

　　集美大学美术与设计学院位于嘉庚文化发源地核心位置集美大学科学馆校区，学院源自陈嘉庚先生于1925年创办的集美师范艺术科。目前，学院建有美术学、环境设计、视觉传达设计、动画4个专业，其中环境设计、美术学是国家级一流专业建设专业，拥有设计学一级学科硕士点，美术教育、包装工程和艺术专业硕士授予资格，是福建省培养高级美术教育和创作人才的重要基地。现有教师56人，博士学位教师14人，全国优秀教师，国家、省级各评审专家十余人。学院现有图书资料室、美术馆、实验室等完备的教学科研设施。另外，学院还建有漆线雕等9个实习实践基地。"福建省艺术实验中心""福建省闽台美术研究中心""福建省人物画艺委会""厦门市社科联'两岸美术'研究中心"和"集美大学艺术研究所"设在本院。近年来学院与荷兰等10多个国家的艺术机构进行学术交流，先后承担国家社科、文化部、建设部、教育部、省社科等横纵向项目100余项，发表论著作品200多部、篇、件，各类作品获奖200余项，省部级奖10余项，并有作品被国家博物馆永久收藏。

在教学设施方面，美术学院拥有1000平方米的作品展览美术馆，计算机辅助设计机房等教学实验室22间，报告厅、会议室2间，雕塑工作室，模型工作室，2000多平方米文化创意工作室以及30个专用教室，学校投入教学、实验设备近2000万元。美术学院设在"嘉庚建筑"中的科学馆校区拥有独立的教学实验空间，教学设施条件良好。还有惠安县人民政府专门划拨土地在惠安县雕艺文创园建设项目的教授雕塑工作室、20余家企业等作为社会实践基地。

在专业文献资料方面，艺术类图书27140种，82058册，全部艺术类图书28374种，88796册；艺术类期刊218种，3784册。美术类图书2364种，2298册；期刊9种，154册。

图8-4：现为美术与设计学院的展览馆
摄影：周红

教师团队社会资源较广，前期相关研究成果丰富，注意知识更新，先后取得了福建省教育厅创新创业师资资格培训证书与全国高校创新创业实盟创新创业资质培训证书。近年来，经过不断努力，课程结构、课程设置及课程优化等方面都取得了有效的进展，课程质量有较大提高。教师多年来投入专业建设人才培养，课程评价优秀成效突出：2016年获"福建省高等学校服务产业特色专业建设"立项，2017年获"福建省高等学校创新创业教育改革试点专业"建设立项。教师团队"厦门漆线雕传统工艺传承人才培养"项目2019年获国家艺术基金；"双创"教学模式实践研究获集美大学第八届教学成果优秀奖特等奖，马可意同学"易峰静设计工作室计划"、周阳同学"雷泰设计工作室——天猫旗舰店""壹叁贰文化创意工作室创业实践"3个项目获教育部国家级大学生创新创业计划项目立项，课程"创意生活——陶艺"被评为福建省一流建设课程，2022年获福建省高等教育优秀教学成果一等奖。

以团队成果国家艺术基金非遗项目为契机，开展跨专业多层次创新教育；以福建省一流课程为基础，大学一流专业团队联合有关部门机构开发系列嘉庚文化环境育人课程；以入选的福建省福课联盟学分互认为机遇在全省高校公共课教学中传播嘉庚文化。建立嘉庚文化发源地集美核心区域、国家一级文物保护建筑的集美大学科学馆校区为开放式研学基地，设计特色研学内容与区域参观路线，实现文旅互动。

充分发挥嘉庚文化发源地地域优势，加强双创实践教学基础设施建设，集美大学科学馆片区本身科学馆园区是集美学校的"核心区"，有近百年历史，早期除承担"科学馆"功能外，还是校董会所在地。以科学馆园区为中心，半径两公里内校园建筑特色鲜明，有8栋嘉庚建筑为国家重点保护文物以及"新中国成立60周年百项经典暨精品工程"。这些嘉庚文化环境的硬件保障能够满足基地建设需求。实现将课堂教学、课题、实践等内容有机地融为一体。三创融合教学模式，将创新设计作为素质教育的核心内容，在研学课程中以专业跨界设计推进创新创业。将"嘉庚精神""两岸文化""闽南文化"等思政内容融进教学目标。2019年申报课题专业团队完成了国家艺术基金"厦门漆线雕手工技艺传承与创新人才培养"课题，"惠安雕艺人才高级研修班等跨专业培养创新人才"项目，全校创新创业类公共选修课"创意生活——陶艺"在大学开设4年，期期爆满，受到全校大学生抢修。2019年12月入选福建省一流课程，并被福建省福课联盟纳入全省高校学分互认课程，可以跨校选修。2020年著作负责人负责的环境设计专业被评为国家级一流专业建设专业，2022年美术专业被评为国家级一流专业建设专业，这些成果优势为基地建设研究打下良好基础。

图 8-5：艺术园区
作者：周红

图 8-6：校园艺术作品陈列
作者：周红

　　研学是一个系统工程，仅靠政府、教育、旅游、文化部门是不能独立完成的，需要从社会科学的层面进行认真调研，各相关单位、人员资源整合，通力合作。集美区同岛内相比，没有世界遗产旅游胜地鼓浪屿、名校厦门大学的影响力人流量大，但集美有嘉庚文化核心区域的优势，集美区对于研学政策支持，研学基地的建立运营有"政府主导＋市场助力"的运营管理新机制。出台大陆首个区级扶持力度最大、操作最便捷的《集美区关于鼓励台湾青少年研学旅行奖励办法（试行）》，采取"以奖代补"的方式，对开展闽台研学旅行的两岸旅行社及有关研学旅行机构和经认定的，承接研学交流活动的院校或基地（景区、景点）进行叠加省、市、区三级政策的大幅度奖励。集美区整合完善研学旅行、实习实训、创业就业等优惠政策。集美区将建立研学工作领导小组及办公室，并成立闽台研学导师培训认证中心、闽台研学课程研发中心、闽台研学单元认定中心三大中心，深度对接两岸研学资源。集美正依托研学旅行相关的内容研发机构、市场运营主体和相关辅助力量，着手从基础配备到行业引领的全产业链，将"集美对台研学旅行"打造成为具备国际视野的集美特有旅游 IP，为集美文化旅游产业的发展注入新活力。正如集美区文体广电出版旅游局局长吴吉堂所讲"独特的自然、人文、地缘优势为集美发展对台研学旅行赋能，并注入了多元化的基因"。

图 8-7：陈嘉庚与孩子们雕塑稿
作者：张朝阳

距离科学馆园区不到两公里范围内有嘉庚公园、嘉庚故居、嘉庚纪念馆等旅游景区，同样有丰富的历史资料，可以让学生们更好地了解陈嘉庚先生兴国办学的历史事迹，领悟诚毅精神的底蕴，深刻体会嘉庚文化的内涵，更切实体会伟大的爱国精神，更深刻理解何为"诚毅"。

区域范围的大学海洋生物馆还有着鲜为人知的资源有待开发，馆藏标本历史悠久，种类丰富多样，几乎涵盖了动物界中的所有门类，包括水生生物2600余种（鱼类约1400种，甲壳类约220种，软体动物约730种，腔肠动物约120种，其他各种海洋生物约130种）；陆生生物790余种（哺乳动物约80种，鸟类约660种，爬行动物约50种）；少量两栖动物、节肢动物及胚胎标本；此外，还有大量干制植物标本。馆内有许多标本为我国特有、珍稀、濒危或已经灭绝的物种，非常珍贵。

集美大学船模陈列馆收藏陈列各类船模40余艘，航海用具、用品十余类，百余件。船模有远古时代的独木舟，有宋代海船、明代郑和宝船；有现代散杂货船、集装箱船、油轮、LNG 和 LPG 船、客轮、江轮等；有工程船、科考船、救助船等特种船舶；还有航空母舰、导弹驱逐舰、潜水艇等。航海用具、用品有船用雷达、驾驶台操舵设备、罗经、六分仪、车钟、船钟、望远镜、各类船灯、救生求生消防用具、水手工艺器具、航海日志等。在这里，不仅能够参观各种船模，学习船理知识以及航海知识，更重要的是还能够在辅导员的带领下，亲手制作属于自己的一艘航模，在实践中体验，在体验中感悟，在感悟中成长。这些珍贵的资源隶属于不同部门，进行资源整合是基地建设外延拓展的一个重点工作。

依据不同学校办学定位和人才培养目标定位，建设适应创新型、复合型、应用型人才培养需要的研学课程，实现不同类型各级学校研学课程建设全覆盖，以目标为导向加强课程建设让课程优起来。立足经济社会发展需求和人才培养目标，优化重构教学内容与课程体系，研讨课程设计，加强教学梯队建设，完善助教制度，发挥好"传帮带"作用。改革教学方法，才能使课堂活起来。强化现代信息技术与教育教学深度融合，解决好研学中教与学模式创新的问题、科学评价，使学生忙起来。课程设置、形成特色是基地建设研究的一个难点。

嘉庚文化核心环境育人三创融合研学基地建设与研究是贯彻《国家中长

期教育改革规划和发展纲要》精神的重要举措；嘉庚文化环境是培育和践行社会主义核心价值观的重要载体；嘉庚文化环境三创融合研学基地建设开展开放式研学旅行是全面推进大中小学素质教育的重要途径，是学校教育与校外教育相结合的重要组成部分。

从传播学的角度来看，嘉庚建筑是嘉庚文化的一种物化形式，其建筑元素往往反映出当时的时代精神、风土人文及一定的社会现象。建筑元素丰富的文化内涵及符号特性，奠定了建筑符号传承民族文化、促进文化交流与文化融合的地位。比如嘉庚建筑中建南大会堂，能传递出嘉庚先生爱国教育思想及中为主、西为辅的建筑思想。因此研究嘉庚建筑，打造清晰的嘉庚文化符号，在传播过程中可让受众体会到其中的时代精神与文化内涵。嘉庚建筑是陈嘉庚先生留给我们的宝贵财富，不论是精神上的还是建筑上的，都十分厚重，是泽被后世的珍贵财富。嘉庚建筑具有中西合璧的时代性特征、适合气候地理等的适应性特征和兼容并蓄的文化综合性特征。嘉庚建筑以其蕴含的丰富文化内涵，在近代建筑史上独树一帜。嘉庚建筑的建筑风格是凝聚中外文化交流的产物，是厦门城市的一种形态，表达着城市意象的文脉，同时也是一个特殊时代文化的见证。嘉庚建筑作为优秀历史文化遗产为当地提供了丰富的多层次跨学科教育素材，通过嘉庚文化环境教育研学基地建设，可以更好地弘扬爱国主义精神，培养诚毅人格，同时可以将城市文脉较好地延续。嘉庚文化环境独特鲜明形象的传播，更成为"城市文化资本"的重要构成部分，是十分宝贵的厦门城市资源。

研究开放式研究性学习跨专业、跨地域教育模式基地建设与资源整合促进文旅互动，提升高阶性。课程目标坚持知识、能力、素质有机融合，培养学生解决问题的综合能力和思维能力。课程内容强调广度和深度，突破习惯性认知模式，培养学生深度分析、大胆质疑、勇于创新的精神和能力。

突出创新性。教学内容体现前沿性与时代性，及时将学术研究、科技发展前沿成果引入课程。教学方法体现先进性与互动性，大力推进现代信息技术与教学深度融合，积极引导学生进行探究式与个性化学习。

增加挑战度。课程设计增加研究性、创新性、综合性内容，加大对大中小学生学习投入力度，科学"增负"，让学生体验"跳一跳才能够得着"的学习挑战。严格考核考试评价，增强学生经过刻苦学习收获能力和素质提高的成就感。

通过调研、实地考察，联合有关机构实践实验方法完善基地建设研究与实现。基地建立的创新之处：

1. 建立嘉庚文化发源地、核心区的人才培养基地与辐射路线规划。

2. 设置丰富研学内容，三创融合教学内容适合跨专业公共选修设置丰富研学内容，将创新创业游戏引入实践教学，在课堂教学活动中，组织课程团队，培养团队意识游戏互动，不同专业的同学组成团队，寻找一个需求，分析任务、完成任务，将知识点融入项目。提出一个解决方案，文字描述加草图或文字描述或捏塑，分享讨论，以备在今后的创新创业项目中使用。将创意、创新设计作为素质教育的核心内容，培养创新精神，在研学中以专业跨界设计推进三创融合。

图 8-8：惠安雕艺文创园建立劳动教育
培养基地挂牌
摄影：周红

图 8-9：基地导师雕塑作品揭幕
作者：蒋志强

3. 大师引导的双轨教学模式

创新型"双轨教学制"的课，按照李克强总理在《政府工作报告》中提出的"培育精益求精的工匠精神"。采用德国包豪斯"双轨教学制"教学，课程由设计老师和技术老师共同教授，是学生能够同时接受纯艺术和纯技术的教育的长处，并使二者合二为一。利用大学优质课程师资与社会基地资源非遗传承人与工艺美术大师共同完成研学目标，培养社会人才。

4. 课程思政：注重地域文化的研究，强调文化、科技、艺术与设计的融合。设计思政进课堂考核作业：嘉庚文化的研究与嘉庚建筑的表现。

5. 现身说法：主讲教师把自己的平台建设、资源情况、成果案例分享给同学，真实可信，四年的实践证明学生学习兴趣浓厚。

6.引发关注：增加大中小学生学习兴趣

在研学活动中设置互动任务环节，同学通过手机等媒体展示自己作品、参观学习、分享自己熟悉的创业公众号，讨论经营特色、启示等方面的话题。同学们传播嘉庚文化，关注创业案例，甚至讨论，运用微信朋友圈提升自己的影响力。

嘉庚文化核心环境育人基地建设研究、辐射路线规划、针对不同对象的特色课程设置以及资源整合运行方案，可以突出厦门区域独特的社会文化环境，提高城市知名度，助力申报历史文化名城，为经济的发展提供良好的外部环境，创造城市区域的发展优势，有利于城市现代化、国际化的进程。建筑环境是一个文化生态系统，它随着历史的发展而发展，有着新陈代谢的规律。对待嘉庚建筑文化，不是要重视静态的文物保护，而是努力寻求传统文化与现代生活方式的结合点，使得两者协调发展。城市区域特色的保护不是单纯的文物建筑保护，而是更多地立足对区域自然环境和历史变迁轨迹的尊重，重新认识并充分利用自然、经济、社会复合系统中的现有资源，保护与城市血脉相连的传统历史文化，保留前人留给我们的街区、建筑、风土人情、生活习俗乃至饮食起居，延续建筑的文化内涵，保留一个城市独一无二的特色，这是特色保护的根本所在，因为只有这样才能保留住这个区域乃至城市的精神世界，而嘉庚文化正是厦门市的一张文化名片。利用嘉庚文化品牌形象的塑造和传播等手段，厦门城市区域陈嘉庚建筑文化品牌形象的塑造和传播是摆在厦门市政府和民众面前的一个重要课题。

图8-10：打造创新创业劳动教育一流课程
摄影：常书贞

图8-11：服务研学传承传统文化
摄影：常书贞

图 8-12：非遗传承双轨教学进校园
摄影：常书贞

图 8-13：非遗传承双轨教学进校园
摄影：常书贞

　　"一带一路"国际化发展战略构想的提出，为我国未来文化旅游产业的发展明确了主题与方向。近年来，随着人们对文化旅游产品需求的不断增加，文化旅游产业链也在不断延伸和增强。作为一项综合性、带动性强的新兴产业，文化旅游已明显呈现出多领域、多产业和多区域融合式发展势头。在我国一些文化旅游产业发展基地或园区，已形成多元集群式融合发展态势，集美也是文化旅游融合的重要区域。无论哪一种类型的文化旅游产业集群模式，都可以看出它们共同的发展路径，即产业融合式发展。研学与文旅的融合是基地建设研究的核心和关键，随着现代科技、网络与创意产业的快速发展，文化旅游加速了与技术融合的力度和强度，各种有创新、有理念和有体验的新兴旅游产品开始陆续进入旅游市场，不断丰富文化旅游产品和服务，给人们带来新的体验和感受，也赋予旅游产业新的内涵。创新教育是文化旅游产业融合发展的重要推进剂，也是各产业发展的核心和关键，为产业发展提供前沿信息和创意思想，促进文化艺术转化为市场价值，更好地帮助企业拓展国内外市场，打造集美"嘉庚文化发源地"的品牌。基地建设的研究有利于创新人才队伍的成长，多元发展。研学基地建设的不断发展完善与产业的深度融合，一定能促进新时代创新人才队伍健康、快速成长发展壮大，促进人才与时代同步。课题的研究与基地的建设必将对厦门传播嘉庚文化，助力历史文化城市申报，创新型、研究性人才培养起到前瞻的、可行的、具体的、积极的作用。

图 8-14：国际艺术节访问基地艺术家工作室

第三节　嘉庚文化在中学美术校本课程中的开发研究

中学美术教育是面向全体学生，以培养学生的视觉感受力、想象力和创新能力为终极目标，在素质教育中发挥着独特的作用，承担着文化传承的责任。2001年课标的颁布具有时代性和基础性，它本着充分理解学生、尊重学生意愿，以学生为主体，培养学生健全的人格，充分显示人文关怀以及人性化教育。

厦门市是陈嘉庚先生的故乡，他心怀"教育为立国之本，兴学乃过敏天职"的崇高理想，一生以争取民族独立、人民解放和国家强盛为己任；他兴学报国，他的精神被浓缩为六个字"忠、公、诚、毅、勤、和"。本书力图将民族精神与本土资源融入中学美术教学，把教育的功能与意义放在实践的首义具有一定的价值，它既弘扬了嘉庚文化，更宣扬了嘉庚精神。如何将嘉庚文化的传承与发展行之有效地融入中学美术教育，并基于此建构校本课程"嘉庚建筑承载的文化"，源于建筑是文化的承载，文化是建筑的灵魂，灵魂背后则是精神所依，陈嘉庚先生的精神已融入建筑中。

嘉庚建筑反映了陈嘉庚先生的真实思想，也是他本人最直接统领设计实施。因此本书以嘉庚建筑对象上的典型性、代表性，方法上的图像符号分析的客观性、深刻性作为依据，展开嘉庚建筑文化内涵的分析，并以此为根基。

以此为据，资源开发、课程建构才可能有嘉庚精魂和价值路向，有关书画、雕塑才有灵魂皈依并获具嘉庚意义的价值释放。"嘉庚建筑"作为文物建筑，不仅具有历史价值、艺术价值和科学价值，更具人文价值，它能唤起人们的自豪感和归属感以及文化认同感和民族认同感。嘉庚建筑尊重自然、以人为本、兼容并蓄、追求创新与实用简约的文化内涵与教育之内涵一致，对于当今学生情感态度价值观的教育都起着不可估量之作用。

本书通过对嘉庚精神内核的探索，挖掘嘉庚文化的载体——嘉庚建筑、雕塑以及书画等美术教学资源进行整合优化、分层处理，从而构建嘉庚文化美术课程资源，以此为基础开发具有本土化的中学美术校本课程《"嘉庚建筑"承载的文化》。在教学中以新课标为指导方针、以核心素养为贯彻思想、以美术本体为教学重点制定了培养学生审美和创新能力的教学计划。创新基于审美，因此从欣赏评述领域入手，力求根本上突破学科分类的局限性，而后通过造型表现、设计应用和综合探索三个领域实现美术教学的整体化。

一、绪论

（一）研究的缘起

习近平总书记2013年在山东考察时曾说："一个国家、一个民族的强盛，总是以文化兴盛为支撑的，中华民族伟大复兴需要以中华文化发展繁荣为条件。"[①]陈嘉庚是中国近现代史上著名的爱国华侨领袖，一百年前，他开始践行一生的理想，以争取民族独立、人民解放、教育兴旺和国度的强大为己任，以"教育立国之本"的远见卓识和博大胸怀，以"尽出家产以兴学"的极大勇气和全部的身家，以"诚毅""止于至善"的非凡气魄和崇高境界在厦门创办了集美学村和厦门大学。在长达几十年间，他耗尽毕生的心力和财力亲自规划、遵循因地制宜、以人为本的理念设计和监造校园建筑。他审慎布局合理创新，充分利用本土资源，古为今用洋为中用，达成了中西文化的"和谐共生"。

"嘉庚精神"最早于1940年11月在《厦大通讯》中被提出，有着丰富而多元的内涵，可浓缩为"忠公、诚毅、勤俭、创新"八个字。"嘉庚精神表现

---

① 刘仓.（"中华民族伟大复兴需要以中华文化发展繁荣为条件"——学习习近平弘扬中华传统文化思想［J］.中华魂，2015（8）.

为爱乡爱国、无私奉献、诚信果毅、勤俭清廉和改革创新五个方面。爱乡爱国是嘉庚精神的本质特征；无私奉献是嘉庚精神的主要体现；诚信果毅是嘉庚精神的精髓所在；勤俭清廉是嘉庚精神的传统本色；改革创新是嘉庚精神的时代特点。"[①]"诚毅"被定义为集美大学的校训，"诚"为忠诚祖国、诚以待人，"毅"为刚毅顽强、毅以处事，"诚毅"校训成为嘉庚精神的特色内涵和精髓所在。[②]陈嘉庚先生被毛泽东同志称赞为"华侨旗帜、民族光辉"。

嘉庚建筑的建筑风格是凝聚中外文化交流的产物，是厦门城市的一种形态，表达着城市意象的脉，同时也是一个特殊时代文化的见证[③]。陈嘉庚主持的校园建筑，除具有独特的嘉庚风格以外，在建筑物命名上亦深受中华传统文化之影响，充满了校园文化韵味，都具有深厚底蕴。传统美德如即温、明良、允恭、崇俭、克让；勤奋学习如囊萤、映雪；立身做人的如立功、立德、立言，尚忠、尚勇，居仁、约礼、群乐、渝智，敦书、诵诗、博文、博学、学思、养正等。

"首批中国20世纪修建遗产"名录于2016年9月29日发布，统共98项，同被称为"嘉庚风格建筑"的集美学村（如图8-15）和厦门大学（如图8-16）原址入选。集大和厦大师生有责任在教学中弘扬嘉庚精神。如何将嘉庚建筑融入中学美术校本课程，在充分利用本土美术资源的同时，弘扬伟大嘉庚精神，使学生成为有责任有担当的人，这是研究的缘起。

图8-15：集美学村全图

① 林德时.嘉庚精神：培育和践行核心价值观的宝贵资源［J］.集美大学学报（哲学社会科学版），2015，18（1）.
② 林斯丰.陈嘉庚精神读本［M］.厦门：厦门大学出版社，2007.
③ 常跃中，周红.嘉庚建筑的价值与保护开发研究［R］.集美大学基金资助项目研究报告，2005.

图 8-16: 厦门大学全图

1. 嘉庚文化的"当下性"

嘉庚文化分为精神文化与物质文化。文化的内核源自精神，唯有精神的内驱才能使文化具有灵魂的依托。文化可以分层分类研究，划分方法也有二分、三分、四分等多样性。但无论怎么划分，文化至少都是一种物质文化与精神文化的一体两面的同构。虽然嘉庚文化还涉及了诸多行为文化层面，甚至如一些论者所言："集美是嘉庚文化的发源地，陈嘉庚是嘉庚文化的本体。嘉庚文化是由陈嘉庚精神，陈嘉庚兴办教育的思想和救国强国的举动，陈嘉庚的价值观、世界观、民俗观，嘉庚式建筑文化特征等一系列文化因子所组成的一种'文化生态'。"[①] 但就其最现实、最直观、最具本原性和可持续影响力的重要的载体——嘉庚历史建筑来看，特别是还原历史并在历史辩证法的高度上看，嘉庚文化以其物质化的建筑文化为核心，处处彰显的是其"开放互化""敢为人先""追求先进""勇超时限"的精神实质和文化特征。在此核心作用下，延伸、发展出了嘉庚文化的多种形态和不断丰富的表达方式——教育文化、建筑文化、雕塑文化、书法文化、学村文化、体育文化等。以至在内涵上，嘉庚文化呈现出求真务实的本土性，开放互化的世界性，革新求变的民族自主性，生态先进的现实性的多面统一的可持续发展性。本文秉承嘉庚精神文化理念为指导，主要从其建筑、书画、石雕三种物质文化层面入手，挖掘可作为美术校本课程的资源。

嘉庚建筑以非专业设计师的设计理念，依靠民间匠人的不断努力，形成

① 林斯丰. 陈嘉庚精神读本［M］. 厦门：厦门大学出版社，2007.

了独特的建造方式，无疑给建筑刻上了乡土文化的烙印，完成了嘉庚建筑对乡土文化的超越。源于建筑是文化的承载，文化是建筑的灵魂，灵魂背后则是精神皈依，而其精神的先进性抑或是"无时间性"，使得嘉庚文化始终具有历史的现实性与当下性。将嘉庚文化的传承与发展融入中学美术教育中，并基于此建构校本课程"嘉庚建筑承载的文化"具有当下性。

2. 美育教育的"创新性"

追溯学校美术教育150余年的发展历程可以发现，这一历程就像是由不断交错的线编织而成的具有复杂图案的迷人的挂毯，其中最主要的三条线索分别是美术的本质、关于学习者的观点和社会价值观。[①]美术教育分别在美、智、德三方面加强了审美素养、培养艺术创造力以及塑造个性与情怀。当今人类社会的两大主题是创新与发展，而美术教育的目标与之相契合，那就是审美能力和创新能力的培养。

文化的理解是各学科学习之根本，责任与担当更是中华民族几千年来的美德。这些因为在中小学教育实践中客观存在断裂，特别是学科分类以及课程目标的实际因素影响下逐渐弱化。蔡元培先生曾主张"以美育代宗教"，不仅说明了美育的重要功能与作用，就其意义的现实性上，更说明了加强艺术文化教育，是"文化强国"所必需的。因此，在新时代的中小学美术教育中，创造性地探索实践"道器一体""体用一元"关系的重建，注入富于时代特征和价值取向的教学内容、方法和教学理念新内涵。

3. 中学美术课程资源开发的"本土性"

19世纪末、20世纪初正是中国社会发生巨动的时期。当时，西方对中国的冲击不仅表现在物质和技术方面，更多的是西方思想文化与中国传统文化的对撞。嘉庚建筑"中西合璧"的风格并不是从建筑初期就形成的，而是经历了南洋时期全面殖民地样式的照搬，而后在陈嘉庚先生与本地工匠的共同努力下向富有闽南地域特征的建筑样式的转变，最终形成了别具一格的建筑形态。在地闽南，必然饱受闽南文化的影响，具有一定的地域性。它虽然根置于闽南大地，却与闽南传统建筑不同；虽然受殖民地建筑形态影响颇重，却与之有很大区别。尤其是设计者陈嘉庚的非建筑师的身份，更给嘉庚建筑

① 赫维茨，戴. 儿童与艺术［M］. 郭敏，译. 长沙：湖南美术出版社，2008.

增添了与众不同的色彩。嘉庚建筑接近却又不等同于普通民众建造的民房，存在很多作为职业建筑师难以理解却为广大民众所接受的方面，但通过解读嘉庚建筑形制、风格、图谱和文献，也不难得出答案。

广义的"嘉庚建筑"是指陈嘉庚先生投资兴建或是与他建筑活动有关的所有建筑，从20世纪初在新加坡建厂房的第一栋建筑开始，其中包括在南洋投资的建筑。狭义的"嘉庚建筑"是指陈嘉庚先生抱着兴学报国的宏愿，于1913年集美小学（如图8-17）的成立至1962年归来堂（如图8-18）的落成，近50年间亲力亲为进行选址、设计和督建，交由当地工匠施工，在其胞弟陈敬贤的鼎力支持下为家乡故里厦门所修建的上百处建筑。厦门因为有了厦门大学和集美学村这两处具有非凡特色的建筑群而熠熠生辉，它们无疑是厦门的代表，是不可磨灭的文化遗产与建筑文脉，在中国近代建筑史上有着重要地位。上百处的嘉庚建筑在炮火的洗礼中仅存40余幢，其中32幢已被列入国家级文物保护单位。这些建筑经历了从殖民地样式向富有闽南地域特色的转变，渐渐形成了特有的"风格"，以集美学村、厦门大学的建筑为代表，影响遍及闽南地区及东南亚一带。

吴良墉认为嘉庚风格建筑从选址、建筑的整体性、民族性和地方性以及建筑与外来文化的融合和对中国传统建筑中建筑、园林、绘画、雕刻个方面的融合上有着很高的价值。[①] 嘉庚建筑是20世纪上半叶的产物，它没有职业建筑师的规划和设计，但是却屹立于建筑之林，就在于它一直有着一种强烈的场所感。建筑是文化的载体，文化又是思想和精神的反映，所以归根到底就是嘉庚建筑来源于陈嘉庚对建筑和人的关怀，来自人们共同生活熟悉的文化模式。

建筑的根本目的既不是形式的意义，也不是风格的突破，而是对人生活意义和价值的追求与沟通，为人创造出真正满足生活的场所。嘉庚建筑所流露的人文精神是其本元文化属性的原发性表现，它对人文精神的重视是嘉庚建筑给我们的最好启示。嘉庚建筑源于本元文化，饱含着一种精神，这种精神关爱人性及其活动，将人的需要放在第一位来考虑，它所流露的是人对建筑本身的真实感受，是对人文精神的关怀。

---

① 谢弘颖.厦门嘉庚风格建筑研究［D］.杭州：浙江大学，2005.

图 8-17：集美小学木质校舍（1913 年）

图 8-18：归来堂

　　校本课程"嘉庚建筑承载的文化"的开发，既注重在地文化资源，又突出本土人物资源；既丰富美术课堂，又提高学生审美能力、实践能力以及增强责任意识和文化认同感，并且在更大限度上激发学生创造文化、创造传统的信心和梦想。本研究在弘扬嘉庚文化的基础上宣扬嘉庚精神，并对文化继承、多元融合与创新发展在课堂上地呈现作出研究，实现学科互涉与现实融合。

　　4. 校本课程建构的"迫切性"

　　"校本课程"最先实施于英、美等国，迄今已有20多年的历史了。校本课程即以学校为本位、由学校自己确定的课程，它与国家课程、地方课程相对应。[①] 校本课程丰富了教材教法，是国家课程和地方课程的补充，增加了学生和教师的不同体验，具有极大的现实意义。

------

① 曾亚．"国学启蒙"校本课程建设实践与思考——重庆大同实验学校校本课程建设个案研究［J］.
科学咨询，2013（50）.

中国新课改如火如荼地进行着，在与国际接轨、接受国际先进理念的教育形势下，校本课程成了新课改的重点。当今教改中的课程改革为教师以及学生都提出了更高的要求，以什么方式和角度、如何有效地选择内容来建构校本课程，不仅是教育界普遍钻研的一个热点问题，更是一个急需解决的实际问题，具备"迫切性"。

（二）国内外研究现状

2001年以来，随着《全日制义务教育美术课程标准（实验稿）》的推行，我国许多中小学美术教师认识到中国传统文化对提高中小学生的美术素养具有重要作用——有利于学生了解祖国的优秀传统，养成对美术的持久兴趣，逐步树立保护、继承和发展传统文化的志向，因此积极开展中国传统美术的教学实践活动，并取得了丰硕的教学成果。[①] 但存在于教学活动与相应的研究中还有美中不足的地方，主要表现在四个方面：一、美术教师较热衷知识与技能的传授，但往往因为课时不够或者学生没有足够的重视，而使得教学无法深入，停留在皮毛阶段。二、因为继承有余，创新不足，导致缺乏理论与实践两方面的研究成果。特别是在本土美术资源的大力开发与最大限度的利用上存在一定问题，应该学会从本土文化资源中提取精华。三、没有充分认识到本土文化与传统文化的区别。说到本土文化资源，往往狭义定义为本土文化有自己独特的地域特色和风土人情，并简单分类为风土民情、生活应用、传统民俗和乡土艺术，而缺乏深度和广度地挖掘。四、大部分的地方课程更注重物化资源的开发，其实，人才是文化中最重要的因素，没有人也就没有了思想，没有了思想也就没有了文化。故而本土资源开发中更应该深入"人"本身，因为物都是承载了人独特的文化与精神。

具体著作研究方面，关于陈嘉庚先生自己的著作和他研究的书籍颇丰，主要有《南侨回忆录》《嘉庚文献题录》《陈嘉庚研究文集》等；关于嘉庚建筑研究的著作主要有《陈嘉庚建筑图谱》《厦门大学嘉庚建筑》《集美学校嘉庚建筑》等；关于美术教育的书籍众多，主要有《美术教育学新编》《中小学美术教学论》《美术教学理论与方法》等；研究核心素养的可参考著作较少，只有《21世纪学生发展核心素养研究》和《学生发展核心素养三十人谈》。

---

① 钱初熹.以"中国元素"为核心的创意美术教育［J］.美育学刊，2012，3（1）.

期刊研究方面，据查询中国知网上的期刊信息显示：中学美术教学的论文有353篇；中学美术校本课程的论文有128篇；嘉庚文化的论文共有4篇；嘉庚建筑的论文共有104篇；本土资源引进课堂的论文共有5篇；中学风景写生的论文共有2篇（一篇初中，一篇高中）；而把嘉庚文化融入中学美术课程的论文只有1篇傅闽冰老师的《"嘉庚文化"融入中学美术课程的实践研究》，与此紧密相关的还有我的校外导师杨剑清老师做的子课题"嘉庚建筑手绘"以及郑宝珍老师主编的《闽南乡土美术》。

综上所述，关于嘉庚文化在美术课程中的应用的研究非常少。事实上，美术与多学科在意识形态层面存在一致性和教育的共识性，但在中小学教育实践中又客观存在断裂，特别是学科分类以及课程目标的实际因素影响，造成学科隔阂，因此存在壁垒无法分享。而时代和社会都急需嘉庚文化的弘扬和嘉庚精神的宣扬，故而选题具有时代的现实意义。

（三）研究内容、目标和创新点

1.内容

第一，通过在中学开展以嘉庚文化为主体的校本课程，利用美术课堂教学及课外教学活动，使学生通过嘉庚文化（建筑、雕塑、书法）中的经典图像和符号，了解并理解其造型、特征、独特艺术魅力及其文化内涵。

第二，指导或引导学生灵活综合运用各种手法和材料进行校本课程"嘉庚建筑承载的文化"的课后创作活动，在活动的全过程中体验"嘉庚文化"和探究"创新创意"的美术学习方法，提高学生综合实践能力，并从不同广度不同深度以感知嘉庚建筑的形式美到体验勇往直前、追求梦想和理想性未来的"嘉庚精神"。

第三，激发学生对本土文化探究的欲望，带领他们学会发现、传承和发展本土文化。提升学生的审美素养，激发他们爱国爱乡之情，深化他们对社会乃至人生的责任感。并在学习中找到自己生命的价值与意义，成为有责任、有担当、有情怀的人。

第四，在全球化背景下，通过多元融合、观念创新和学科互涉，对本土文化在教学上的继承、发展和呈现作出多维度研究。

2.目标

第一，在美术教学中更充分利用本土资源，以嘉庚建筑为主体，辐射书法、绘画和雕塑等物质资源和各有关本地文化和传统。

第二，指导或引导学生从不同广度不同深度以感知嘉庚建筑的形式美到体验勇往直前、追求梦想和理想性未来的"嘉庚精神"。

第三，教学实践方面，在充实中学美术鉴赏17～20课内容的基础上，让学生全过程体验"嘉庚文化"和探究"创新创意"的美术学习方法，提高学生综合实践能力。

第四，引导教师改变教学观念，充分开发美术教学资源，充实教学内容、探讨不同的教学方法，构建新理念新教学。

第五，使嘉庚文化和嘉庚精神融入中学美术课程，提升学生的美学素养，激发他们爱国爱乡之情，深化他们对人生乃至社会的责任感。

3. 创新点

关于"嘉庚文化在中学美术校本课程中的开发与建构"，目前在国内中小学美术教育中的研究非常少，并且在文化理解的广度和深度上都还有所欠缺，而文化的理解是各学科学习之根本。由于学科壁垒与应试教育等因素的影响，在中小学美术教育实践中这种"道器一体"及"体用一元"关系确实存在着相当严重的撕裂，因此，蔡元培先生曾主张"以美育代宗教"，不仅说明了美育的重要功能与作用，就其意义的现实性上，更说明了加强艺术文化教育，是"文化强国"所必需的。

身处陈嘉庚先生的故乡，我们有责任宣扬嘉庚精神，增强学生的责任意识和文化认同感，以及在更大限度上激发学生创造文化、创造传统的信心和梦想。我们有义务弘扬嘉庚文化并传承和发展，更有条件在美术教学中充分利用本土资源，包含嘉庚建筑、书法和雕塑等物质资源以及各种民俗文化传统，如赛龙舟等。建筑、书画和雕塑等作为嘉庚精神的载体和嘉庚文化的资源，有着极大的现实依托。嘉庚建筑反映了陈嘉庚先生的真实思想，也是他本人最直接统领设计实施的。因此本书以嘉庚建筑对象上的典型性、代表性，方法上的图像符号分析的客观性、深刻性作为依据，展开嘉庚建筑文化内涵的分析，并以此为根基使得教学具有嘉庚精魂和价值路向；如此书画、雕塑才有灵魂皈依并获具嘉庚意义的价值释放。

把嘉庚文化作为本土教育资源的开发并进行校本课程的建构，既有学理上的教育共识，又有课程改革中本土资源的开发和利用的具体实施，对现实教育中人文素养的缺失作出极好的补充。

　　本书主题设定的基本主张与措施，是在新课标与核心素养为纲要的先进理论、优秀经验认识的支撑下，开展嘉庚文化在中学美术校本课程中的开发与建构；设计有跨学科融合的策略和措施，通过将课堂延伸到社区、自然的途径，以及使学生走入嘉庚文化所承载的建筑环境中等多种方式展开课程建构活动，对中学美术教学现状进行优化拓展。

　　（四）研究思路和方法

　　1. 研究思路

　　本章首先在绪论中阐述了做此研究的缘起和理论依据，然后从嘉庚文化的形态表现形式中提炼出可利用的有教育意义的美术课程资源，选取嘉庚建筑、书画和雕塑。接着，深入探析如何将嘉庚文化资源运用到教学实践中，并开发、构建了共4个领域10节课程，最后实施了4个不同领域的教学案例并针对教学实践作出反思。笔者绘制图表（如下图所示）来表达研究思路和论文流程，整个研究过程基于理论研究和教学实践来完成。

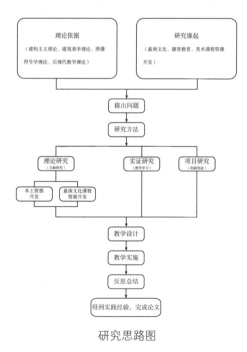

研究思路图

2. 研究方法

本书采取的研究方法主要有以下三种。

第一，文献研究法

通过查阅学校和厦门市图书馆的各种报刊、资料、书籍（包括古籍库），并且充分学习了知网上相关研究的资料与身边老师手中所掌握的各种与嘉庚文化（建筑）资源和美术课程开发相关的文献资料。运用阅读文献后得出的理论基础，构建研究的框架并在实习中得以进行检验。

第二，经验总结法

通过大量文献查阅后，进行了分类，根据嘉庚文化、嘉庚建筑、本土资源和校本课程等不同类别的甄选，从中获得了许多前人的丰富经验。在文献与经验结合之后，前往厦大建筑群和集美学村进行实地考察，借鉴已总结的理论经验提炼出嘉庚建筑的美术校本课程。

第三，案例分析法

案例分析不仅包括文献中案例的分析，更重要的是把课题带入教学实习和创新创业项目的研究，以此为检验理论的标准。通过理论联系实际，实际检验理论，在纠错和完善中，达到理论与实践的相互印证与有机统一。

二、嘉庚文化的传承：中学美术校本课程的开发

（一）嘉庚文化美术校本课程的开发简介

1. 开发依据

民族的根本在教育，民族的血脉是文化，民族的希望是科技。当今的社会，是全球化的社会。"全球化的现象，既是人类的一大进步，又起微妙的破坏作用。它不仅破坏了传统的文化，而且破坏了我们暂且称之为伟大文化的'创造核心'，这个核心构成了我们阐释生命的基础，也就是人类道德和神化核心，这是一种单一的世界文明，同时也在对缔造了过去伟大文明的文化资源起着消耗和磨蚀的作用。"[①]为了不让本土文化流失，各国政府和教育部门都展开了各种形式的保护本土文化，保护文化遗产的活动。嘉庚建筑作为厦门特有的建筑，分布在厦门大学和集美大学两大高校中，有浓厚的文化氛围作

---

① 肯尼思·弗兰姆. 现代建筑——一部批判的历史［M］. 北京：中国建筑出版社，1988.

为支撑，且嘉庚文化其内涵为求真务实的本土性，开放互化的世界性，自主创新的民族性以及生态先进的时代性。有选择地继承与发展使美术校本课程的开发和建构更具地理优势与人文意蕴。

美术校本课程开发依据体现在课程改革的要求、理论依据及课程内在联系三个方面。

（1）课程改革的要求

早在1999年推行素质教育的大局面之下，中共中央和国务院就已经在《关于深化教育改革全面推进素质教育的决定》中提出了建立不同层次课程的合理性与必要性。文件明确提出必须建立国家课程、地方课程和学校课程。只有不断加强课程的综合性和实践性，增强课程、教材与当地经济社会发展的适应性，才能打破学科之间的藩篱与单种课程的局限与狭隘。合理利用社会各种文化资源，才能更有利于学生全面素质的培养与提高。

随着近年来课改一次比一次深入实际，从长远出发，以大局为重，针对校本课程开发和本土美术课程资源开发与利用作出了政策性的引导与要求。2011年版《全日制义务教育美术课程标准（实验稿）》强调"要引导学生在文化情境中认识美术，尤其要引导学生深入地了解我国优秀的民族，民间艺术，增强对祖国优秀文化的理解"。[①]

综合以上关于素质教育以及课改的要求，可以得知国家对于美术教育的深度和广度都有了更进一步的要求，找准了本真性的切入点，那就是审美的加强与中国传统文化的学习。指出了美育的任务除了教授教材中要求掌握的美术知识、艺术表现技法外，还应注重对中国传统文化的学习。

（2）理论依据

有了理论的支撑，研究才具有正确的引导，而后在实践中以理论作为依据，选取不同的美术资源作为实践的基础，进行优化整合，从四个不同的学习领域出发，进而开发校本课程"嘉庚建筑承载的文化"。在开发过程中，紧紧围绕以下四个理论依据，并把它们渗透到具体的开发、选材、构建与实施过程中。

此校本课程开发的理论依据主要来自建构主义理论、建筑美学法则、多元智力理论和后现代主义课程观。（详见，表8-1）

---

① 李晓佳.初中美术课程中黄鹤楼文化资源的开发研究［D］.武汉：华中师范大学，2006.

表 8-1

开发校本课程"嘉庚建筑承载的文化"的理论依据	
建构主义理论	建构主义的思想可以追溯到皮亚杰的儿童认知发展论,它是一种关于知识和学习的理论。强调学习者的主动性,认为学习是学习者基于原有的知识经验生成意义、建构理解的过程,是从行为主义发展到认知主义以后的进一步发展。建构主义提出学生的学习不是被动接受,而是在原有知识基础上的主动建构,应用在风景写生环节,根据人教版课本中已有的信息让学生通过顺应和同化,重新建构新的意义。学生通过迁移学习感知风景写生的重点除了风景以外,更重要的是文化的体现以及内心世界情感的表达。
建筑美学十大法则	由美国现代建筑学家托伯特·哈姆林提出的现代技术美十大法则,即统一、均衡、比例、尺度、韵律、布局中的序列、规则的和不规则的序列设计、性格、风格、色彩等。在"恢宏的嘉庚建筑"等建筑赏析课上明确提出建筑美学的十大法则,引导学生学会观察与探究,从建筑中找寻对应的法则,或明显或隐藏。法则既是评判的标准,也是建筑的依据。

开发校本课程"嘉庚建筑承载的文化"的理论依据	
多元智力理论	多元智力理论是美国心理学家霍华德·加纳德针对传统智力理论而提出的。传统智能理论认为语言能力和数理逻辑能力是智力的核心，而加纳德认为每个人都拥有八种主要智能，如何综合利用在学生学习中并正确评估，这就需要改正以前教育评估的功能和方法。在嘉庚建筑校本课程的综合探索领域。
后现代主义课程理论	后现代主义课程理论是伴随着多元化课程理论以及后现代主义课程观而出现的。它的焦点集中在个人学习过程中的关注度和个人发展得到空前的重视以及课程在多元领域对人类和社会的影响。这一理论广泛应用在校本课程实施的拓展部分，加深学生对嘉庚建筑的文化理解与文化认同。对于弘扬嘉庚文化有着不可估量的作用。

（3）课程内在联系

　　校本课程与三级课程表现在资源互补性、原则同一性和目标一致性。资源互补性体现在社会资源和自然资源与本土资源和人文资源的互补；原则同一性体现在以问题解决为导向、自主实践为方式、开放学习为形式、求真过程为追求的同一；目标一致性体现在教育目标、实践目标和育人目标是一致的。

2. 开发模式

校本课程的开发模式（详见表8-2）

表8-2 校本课程的开发模式

校本课程"嘉庚建筑承载的文化"的开发模式	
泰勒的目标模式	根据课程目标编制校本课程的实施过程中"合理的"课程计划，即首先确定教与学的目标，其次根据先前的教学经验选择具体的教学内容，再次教学实施中改善教学制度，最后综合给出评价结果。
施瓦布的实践模式	该模式注重实践过程、环境与行为自身，特别强调 课程开发的过程与结果、目标与手段的连续统一。实践过程中教师和学生同为主体，既是参与者，又是创造者。
斯滕豪斯的过程模式	主张教师是课程开发的主体，"教师即是研究者"。主张教师应该多做反思，反对课程开发的目标模式。校本课程从开发到建构直至实施，都离不开反思之后的修改，这是一个带有明确目的性的过程，把目的作为过程标准和程序原则。

3.学习领域

尹少淳在《美术及其教育》中提出"美术教育综合目的论"，即以实现美术教育的情感、智力、技术和创造这四个价值系统融为一体，注意它们之间综合效应、群体功能的美术教育综合目的论。[①]美术教育的综合目的在于树立正确的审美观、培养审美感受力、培养审美鉴赏力和培养审美创造力。

为了更好地设定美术课程目标，2001年我国教育部公布了《全日制义务教育美术课程标准（实验稿）》。其中提出了"三维目标"与四个学习领域。三维目标是知识与技能、过程与方法和情感、态度与价值观；四个学习领域是欣赏评述、造型表现、设计应用和综合探索。

如何从纷繁的嘉庚文化的文脉形态中选取中学美术校本课程的本土资源并合理组合、整体优化、分层处理，这就需要前期现场考察。本研究前后经过半年多实地考察与文献资料分析，最后内容上从三个文脉形态、美术四大领域进行选取与整合、开发、构建并在中学里部分实施了美术校本课程"嘉庚建筑承载的文化"。此校本教材分为4个领域10节课程，分别是恢宏的嘉庚建筑、走进华侨博物馆、厦大慢时光、嘉庚印象之明信片制作、集美学村一日游、艺术鳌园之雕塑书法、嘉庚映像之邮票设计、再"建"龙舟、嘉庚"印"象和我心中的嘉庚文化。

作为对美术课堂最佳的延展，课余时间带领学生走进福建省和厦门市的爱国教育基地——华侨博物院。这是以华侨历史为主题的综合性博物馆，也是中国唯一的侨办博物馆，它有陈列品共6840件，陈列面积2600平方米，分3个陈列馆。陈列品的年代从商、周、明清到现代的文物和艺术品，展馆还展出珍贵的华侨历史图片等。

在实际的教学过程中，应结合建筑艺术的特点，在四个领域中注重美术与其他学科的联系；培养想象力和创造力，以及综合实践的能力。学会综合运用知识的方法，解决问题，并且能够大胆地创作自己的作品。以下就是中学美术校本课程"嘉庚建筑承载的文化"从三个维度四个领域制定的教学内容。（详见表8-3）

---

① 邱正伦.艺术创造力的主体性建构——"77、78"大学美术教育现象研究［D］.重庆:西南大学，2009.

表 8–3 嘉庚建筑承载的文化

校本课程"嘉庚建筑承载的文化"	
欣赏评述	美术教学中强调先学会审美再进行创作，因此欣赏评述这一模块在初中美术中占据很重要部分，在高中美术则被独立为"美术鉴赏"。在"嘉庚建筑承载的文化"的欣赏评述领域的学习中，向学生展示嘉庚建筑的形式美、文化内涵和所蕴藏的嘉庚精神。
造型表现	通过对"嘉庚建筑承载的文化"的造型表现领域的学习，在与人教版课程相结合的前提下，激发学生的自由想象与创意思维，培养学生的动手能力，无论从画面的取舍、构图还是后期的修整，都使学生能有自由表现自己情感的能力。
设计应用	在对"嘉庚建筑承载的文化"进行设计应用领域的学习中，首先引导学生意识到设计的实用功能，其次重点培养学生结合生活经验完成自主创意的形成。
综合探索	通过对嘉庚建筑（含建筑中的书画和石雕）的综合性现场考察活动，拓展学生认知视野和空间，引导学生主动探索、研究、创造以及尝试运用其他学科知识及美术学科知识解决生活中的实际问题。

4.课程任务

从我们三级课程管理的立场来看，开发校本课程的基本任务为以下四个。

第一，校本课程必须坚持以人为本，从学生的实际需要出发，那样在丰富了学生的知识体系架构的同时，引发学生在学习中的兴趣，使之在学习过程中有不断进步的体验，从而得到成功的喜悦。校本课程不仅仅是地方课程的延伸，更能反映一个学校的建校办学的理念与主旨。

第二，在校本课程的教学中力求提高教师的课程意识与整体素质，使之具有课程整合与优化设计的能力，从而使学生在课堂上获取更多的知识与能力。

第三，美术作为技能学科，可结合课程特色与艺术形式为学校特色办学增加亮点。

"嘉庚建筑承载的文化"这一中学美术校本课程的具体任务有以下四点：

第一，通过在中学开展以嘉庚文化为主体的校本课程，利用美术课堂教学及课外教学活动，使学生通过嘉庚文化（建筑、雕塑、书法）中的经典图像和符号，了解并理解其造型、特征、独特艺术魅力及其文化内涵。

第二，指导或引导学生灵活综合运用各种手法和材料进行校本课程"嘉庚建筑承载的文化"的课后创作活动，在活动的全过程中体验"嘉庚文化"和探究"创新创意"的美术学习方法，提高学生综合实践能力，并从不同广度不同深度以感知嘉庚建筑的形式美到体验勇往直前、追求梦想和理想性未来的"嘉庚精神"。

第三，激发学生对本土文化的兴趣，引导他们学会发现、传承和发展本土文化。提升学生的审美素养，激发他们爱国爱乡之情，深化他们对人生乃至社会的责任感。并在学习中找到自己生命的价值与意义，成为有责任、有担当、有情怀的人。

第四，在全球化背景下，通过多元融合、观念创新和学科互涉，转变教师教学观念，开拓美术教学资源，丰富教学内容和方法，构建新理念新教学，对本土文化在教学上的继承、发展和呈现作出多维度研究。

5.课程意义

校本课程的开发，丰富了美术课堂，是国家课程和地方课程的有效补充。课程意义在于以下四点。

第一，有助于将学校的办学理念融入校本课程中，使之行之有效地实现教育目标和办学特色，促进学校的办学往更高层次发展。

第二，有助于学校发现问题并解决问题，丰富和完善学校课程的整体结构。从而使得教师以及学校资源得到更为充分的配置，加快课程实施与改进。

第三，有助于凸显学生的创造性和个性化发展。

第四，有助于教师专业发展水平的提高。

美术与多个学科在意识形态层面其实存在一致性和教育的共识性，但在中小学教育实践中又客观存在断裂，特别是学科分类以及课程目标的实际因素影响，造成学科隔阂，因此存在壁垒无法分享。选题将嘉庚建筑文化与中学美术教育相结合，以新课标为纲、以核心素养为要、以美术本体为主制订了培养学生审美和创新能力的教学计划。从根本上突破学科分类的局限性，把教育的功能与意义放在实践的首义具有一定的价值，既弘扬了嘉庚文化，更彰显了嘉庚精神。

物质文化本质上都是人的文化精神的对象化，"嘉庚文化"美术资源的开发和利用，既注重在地文化资源，也突出本土人物资源和精神，彰显"人—物"互化的内外关系和辩证发展机制和机理。嘉庚建筑是个媒介，是嘉庚精神的物质文化与载体，从而稳定、牢固彰显和传播着嘉庚的精神文化和理念，就是开放、包容、自主、创新等现代文明和思想解放。以这点作为开发建构原则和指导具有特别价值和意义。

6. 课程价值

如何开发、如何利用以及如何构建校本课程都给教师们带来学习和挑战的机会，这些的前提条件也就是课程资源的开发应该从广度和深度上作出延伸。中学美术是鉴于美术欣赏之上的人文素养培养，因此美术课程资源的开发和利用既有它的必要性，更具迫切性。本土美术资源因其地域优势以及文化认同，使得传承和发扬本土文化成了美术课程延展的重要目标，具有理念的提升、教育的深化（含教材）、文化的传承和精神的弘扬巨大意义。课程价值体现如下：

（1）文化价值

物质文化本质上都是人的文化精神的对象化，地方课程"嘉庚建筑承载的文化"设置，既注重在地文化资源，更突出本土人物资源和精神，彰显

"人—物"互化的内外关系和辩证发展机制和机理。

（2）精神价值

2001年课标的颁布具有时代性和基础性，它是充分理解学生、尊重意愿，以学生为主体的人文关怀、人性化教育的具体体现，在终极目标上，就是面向全体学生，全面培养学生的创新精神和创新能力，培养学生健全的人格。

美术与多学科在意识形态层面其实存在一致性和教育的共识性，但在中小学教育实践中又客观存在断裂，特别是学科分类以及课程目标的实际因素影响，造成学科隔阂，因此存在壁垒无法分享。选题将嘉庚文化与中学美术教育相结合，以新课标为纲、以核心素养为要、以美术本体为主制订了培养学生审美和创新能力的教学计划。从根本上突破学科分类的局限性，把教育的功能与意义放在实践的首义具有一定的价值，既弘扬了嘉庚文化，更彰显了嘉庚精神。

（3）审美价值

通过对嘉庚文化中的建筑、雕塑以及书画等美术教学资源进行整合优化、分层处理，以构建嘉庚文化美术课程资源库，从而开发"嘉庚建筑承载的文化"校本课程。开展写生、考察等综合实践教学活动，使之能行之有效地融入中学美术课程。

三、嘉庚文化美术校本课程的本土资源

图像学研究绘画主题的传统、意义及与其他文化发展的联系；发现和揭示作品在纯形式、形象、母题、情节之后的更本质的内容。它适用于建筑，对建筑的形式、结构、作用、象征意义之间的关系的研究，称为建筑图像学，这种研究更新了建筑史的观念。[①] 以下我们就根据嘉庚建筑发展分期（见表8-4、8-5、8-6）来对其进行图谱分析，每个阶段列出几处代表性建筑。

集美学村与厦门大学包括了几乎所有具有嘉庚风格美学元素的建筑，从形制和风格特征而言皆具有独特的魅力。主要表现在教学楼建筑与装饰设计、鳌园雕塑与书法、龙舟池之景观设计等。而所有这些美学元素的源头就是嘉庚先生继承了中国传统文化的精华后的博大胸怀，嘉庚建筑承载了嘉庚文化，

---

① 郭潇，林墨飞，唐建.图像学语境下的金代建筑装饰纹样初探［J］.城市建筑，2015（29）.

同理嘉庚文化蕴含着嘉庚精神。它饱含着嘉庚先生的民族意识以及对教师和学子深深的人文关怀。所有这些美学元素都具有丰富且独具特色的艺术价值，合理利用并经过整合即可纳入美术校本课程中。

（一）嘉庚建筑图谱认知

嘉庚建筑可根据陈嘉庚先生建筑思想的改变以及嘉庚建筑实体的演变分为三个阶段：早期阶段——"南洋时期"、发展阶段——"乡土化时期"及成熟阶段——"民族形式时期"。[①] 嘉庚建筑基于嘉庚先生爱乡爱国的情怀以及民族主义与乡土意识的立场，实现了中西文化的对撞与融合。

早期阶段（南洋时期）——开放互化的世界性：嘉庚先生1890年出洋经商，1910年加入由孙中山领导的中国同盟会，1912年中华民国建立，先生认为政治清明有望，欲以兴学报国之举"尽国民一分子之天职"。[②]

1913年陈嘉庚先生出资购买校产并且将面积数十亩的大海埭填造成集美学村人工小岛，并在此修建了首幢建筑物——集美小学木质平屋，前后两进。此后的几年时间，参照陈嘉庚先生由南洋带回的图纸先后建造了尚勇、居仁、渝智、三立楼、大礼堂。这段时期建筑多为平面和砖木结构、多层外廊、拱券、柱式、西式直坡屋顶、线脚雕饰等，殖民地的建筑色彩都在早期嘉庚建筑中得到体现。在这一建造过程中，闽南工匠们处于研究、学习与实操的过程，正是这种学习的过程，为日后自发性的设计建造打下基础。这个时期的建筑带有着明显的南洋烙印，故而1913年至1918年被称为"南洋时期"。

由大量图片可以看出，早期阶段的建筑基本是模仿与照搬。南洋风格之所以能在厦门沿袭，不仅在于陈嘉庚先生的审美以及理念，也在于闽南地域特有的亚热带气候。新加坡与闽南地区的潮湿闷热，夏季炎热且伴有台风暴雨有着许多的相同之处，气候的相近使得建筑形式与建筑设计得以引入。而且人们生活方式也都接近，故而此类建筑经陈嘉庚取域外文化之精华，合理学习并利用并发展演变为"嘉庚建筑"，就在于以人为本的"美人之美"。

"一"字形平面伸展场所空旷，不仅有利于空气的流通，更是能够在炎热的季节起到降温的作用，增加居住的舒适度，体现了陈嘉庚先生对教师和学生的关怀。大多数建筑物周围都留有足够的运动空间，这种建筑设计更加适

---

① 余阳．厦门近代建筑之"嘉庚风格"研究［D］．泉州：华侨大学，2002．

② 陈嘉庚．南侨回忆录［M］．新加坡：南洋印刷社，1946．

宜师生学习、运动和居住生活[①]。教学楼和宿舍楼的空间形态类似于闽南民居，令人顿生亲切感，满足了主要使用功能的同时，提高了学习、生活的环境质量，还拓展了空间功能。（详见表8-4）

表8-4　嘉庚建筑早期阶段

代表建筑	形式	布局
 集美小学 1913 年	木质平屋。陈嘉庚购买鱼池，筑水闸门，增高堤岸，建造人工小岛屿。在此之上建学校。	东边一护厝，前后两进，其余场地辟为操场。
 居仁楼 1918 年	横三纵五，双坡顶，柱饰基本为雕刻精美的巴洛克山花。	建筑一共分为两层，主体两层，结构为砖木。与"三立"楼等建筑搭配而成"王"字形，注重建筑主体的刻画。

① 　朱晨光等.陈嘉庚建筑图谱［M］.香港：天马出版有限公司，2004.

续表

代表建筑	形式	布局
三立楼 1918 年	坡顶各异，具有穿插关系，与屋顶的塔楼前后呼应。屋顶的塔楼极具个性，不仅有动感的老虎窗，还装饰有活泼的线条。	体型组合复杂三层 27 间（立德、立言、立功），砖木结构。
大礼堂 1918 年	水平与立面的构成。分别使用葫芦栏杆与柱式构图。	中间高两边低，靠高窗采光通风，巴西利卡型制。

发展阶段（乡土化时期）——革新求变的民族自主性：1918年至1927年这一时期是陈嘉庚海外事业兴旺时期，资金充足使得场所的选择以及建筑都有了更为强大的后盾。他加速校舍建设、扩大招生规模，前期积累的经验也为集美学村的扩大发展和厦门大学的兴建起了不可估量的作用，这段时期是嘉庚建筑的"黄金时期"。他经常亲自到现场监督工程，建筑形态上有着极大的转变，由早期殖民地样式向强调闽南式重檐歇山顶，四角起翘的"中式屋顶"转变，表达着民族性的内涵。最大的特点在于这一阶段校园规划突出了人与自然的更大融合，利用环境，因地制宜，组合形式更加多种多样，单体取向中西屋顶混杂于西式屋身的结合。

在1921年以后建造的教学楼或宿舍的欧式大楼的顶上，加上中国传统的燕尾或马鞍屋脊或重檐歇山顶，用中华民族的传统建筑形式"压制"欧陆建筑或殖民地建筑，塑造出强烈的闽南特色"嘉庚风格"。[①]发展时期的嘉庚建筑也就是"中西合璧"的典范，称为"穿西装，戴斗笠"的"嘉庚风格"。作为乡土取向建筑的雏形，嘉庚建筑墙面汇集各色花岗石，出砖入石得到广泛运用，建筑造型则多采用闽南檐歇山顶，四角起翘的屋顶加上西方屋身，这种闽南式屋顶，西洋式屋身，南洋建筑的拼花、细作、线脚等就是注重中西交融又突出地方特色的表现。这个时期的建筑更崇尚人与自然的关系，充分让建筑与自然融为一体，其空间结构注重与环境的协调，因地制宜。

陈嘉庚嘱咐工匠等本着节约和充分利用的原则，应就地取材，开采花岗岩、使用本地红砖，地方色彩由此显现。而厦大群贤楼、生物院等以钢筋混凝土梁取代杉木梁，说明嘉庚建筑在做积极的尝试与探索将西方先进结构技术与闽南传统建筑形式相结合。（详见表8-5）

表8-5　嘉庚建筑发展阶段

代表建筑	形式	布局
 延平楼 1922 年	1953 年重建，红砖墙，绿色琉璃瓦，民族建筑风格。	砖木结构的三层楼房。

---

① 郑晶. 现实关怀视角下嘉庚文化资源的产业化思考［J］. 厦门理工学院学报，2015（4）.

代表建筑	形式	布局
 厦大图书馆 1921 年	为突出入口，中央为开间较大的门厅，采用"唐破风"式样。屋顶重檐四角，攒尖顶。	由三层栏杆叠合成的台基、五开间的屋身和屋顶三部分组。
 群贤楼群 1922 年	重檐式绿色琉璃瓦屋顶，石砌墙面，凸出部有四根石柱，高两层，各为八块花岗岩石拼成。	一主（群贤楼）四从，一字型排开，气势恢宏。

成熟阶段（民族形式时期）——生态先进的现实性：1950 年至 1962 年这一时期集美学村与厦门大学的发展基本得以完成，借助地势建造，形成建筑与自然的对立。嘉庚建筑特有的"穿西装，戴斗笠"逐步定型，如此大规模闽南大屋顶与外廊样式、西洋屋身的组合型建筑形成嘉庚校园的"机理"，也成就了嘉庚风格。建筑发展历程中这种"与旧经验又联系又差异的新经验，最容易产生审美愉快"。

成熟时期的嘉庚建筑，是中西方文化的兼容并著。许多代表性建筑都在这一时期大规模涌现，源于这种套用已形成嘉庚校园的"机理"与恪守的"民族形式"。它使局部与整体环境达到了完美的平衡，生成出一种自然的、有机的秩序，这就是生态先进的现实性。

这一时期的建筑以群体为单位，有着丰富的平面类型。群体建筑的布局和形制都体现出了自由，无形中是对平面类型中规中矩的补充。建筑造型装饰总的来说较注重整体风格的统一，不过分拘泥于古式，有融汇中西和简化装饰的倾向。（详见表8-6）

表8-6　嘉庚建筑成熟阶段

代表建筑	形式	布局
 南薰楼 1959 年	绿瓦飞檐，墙身红白相间，花岗岩与红砖的搭配相得益彰。	在那个时代当时福建省最高大楼。主楼高 15 层 54 米，楼顶为一座四角亭。
 芙蓉楼群 1951–1954 年	中式屋顶、西式屋身的外廊修建样式。	芙蓉楼群以芙蓉湖为圆心一共有 5 幢，形成半合围形。

代表建筑	形式	布局
建南楼群 1952–1954 年	形成整齐而雄伟的建筑群，呈半月形俯瞰着上弦体育场，浑然一体，厦大象征性建筑，厦门市的标志性建筑之一。	一主四从，坐北朝南。
道南楼 1962 年	所有墙柱、角柱、廊柱、线条均为绿色青石、白色花岗岩和红色釉面砖叠砌平面图案及立体雕刻装饰而成。凝聚着陈嘉庚思想。	形式相同的 5 座教学楼连接一排。一主四从，七层办公楼、中段六层楼梯和两端六层角楼。
华侨博物院 1959 年	外墙立面以白色细纹花岗石砌筑，楼顶覆以绿色琉璃瓦重叠式屋盖。	正面六层，楼前为半月形石阶。

代表建筑	形式	布局
 归来堂 1962 年（遵遗愿）	正堂为悬山顶，拜亭为卷棚顶。门厅为三个重檐六条垂脊，系闽南古建筑乃至中国正统古建筑仅见。	由门厅、天井、拜亭、正堂及双侧护厝组成。
 鳌园 1951 年	碑顶呈燕尾脊、悬山顶式，顶面为蓝色琉璃瓦铺就。纪念碑座下为两层台基。拜亭为长方形，重檐悬山顶。	整体由游廊厢壁、集美解放纪念碑、陈嘉庚墓、拜亭、"博物观"照壁、外围展墙及园门口建筑物组成。

（二）嘉庚建筑的风格特征

嘉庚建筑作为嘉庚文化的载体在形制和风格特征上不仅是"戴斗笠，穿西装"的外观，而且是中西合璧、兼容并蓄的情怀。嘉庚建筑形制：得自然之势、渲布局宏大、遵主从关系、依平面布局、立三横五竖、扬中西合璧、借地域材质和造景观小品。（见表8-7）

所谓"生态运用在真实的地理环境，贯穿于建筑的空间轴；文脉契合于连续的人文环境，为度量建筑的时间轴"。嘉庚建筑就是生态文脉在时空中最好的佐证。至于风格，建筑风格并不等于建筑形式，而是比形式含义更深更广的建筑创作个性、品格与建造特点。建筑作为一种人为产品，是人为了自己的生存和生活而创造的环境，它的风格必然渗透着当时当地的文化特征。[①]

---

① 唐孝祥.近代岭南建筑美学研究［D］.广州：华南理工大学，2002.

厦门特定的地理环境以及历史奠定了它与殖民地建筑脱离不了关系，形成了闽式和殖民地式建筑共存，中西建筑样式杂糅的建筑现象。

陈从周先生是最早提出"嘉庚风格"一词的人，他是基于以下三点于1984年7月提出的。首先在于陈嘉庚风格建筑具有明确的地域性，其次建筑是精神的体现，嘉庚建筑里凝结了先生爱乡爱国的家国情怀，最后嘉庚建筑风格研究的必要性与文物保护性。

表 8-7 嘉庚建筑形制

	具体表现	示例图片	
得自然之势	依山傍海就势而筑	厦大建南楼群	
渲布局宏大	整体感强主次分明	厦大建南大礼堂	
遵主从关系	一主四从因地制宜	厦大建南楼群主从秩序	厦大建南楼群主从秩序

续表

具体表现		示例图片	
依平面布局	简洁紧凑一字平面	厦大南光一字平面	厦大囊萤楼一字平面
立三横五竖	虚实相兼相得益彰	厦大囊萤楼外观	集美道南楼外观
扬中西合璧	中式屋顶西式立面	集美道南楼	厦大黎明楼
借地域材质	就地取材出转入石	厦大芙蓉楼立面柱装饰	厦大建南大会堂窗户大样
造景观小品	点睛之笔营造气氛	集美龙舟池	集美华文补校牌楼门

四、嘉庚文化的利用：中学美术校本课程的建构

（一）教学目标

教学过程是一个复杂的双向过程，教师是主导，学生是主体。如何教，如何学才能实现美术课程目标、完成美术教学任务，取得最大的效果，并且让学生的素养得到全方位的发展，这是当下一个重要问题。基于此，我在实际教学中从培养学生的综合能力出发，编制校本教材，以下是针对三大维度、四个领域和校本课程提出的目标。（详见表8-8、表8-9、表8-10）

1. 三大维度目标

表8-8　校本课程的三大维度目标

校本课程"嘉庚建筑承载的文化"三大维度目标	
知识与能力	了解嘉庚建筑的特点、认识嘉庚建筑的形制以及风格特征。而后利用美术语言完成构图取景色彩的造型表现。充分发挥想象力与创新能力，使之在设计应用上能独具风格地设计制作出与嘉庚建筑等美学元素有关的实用艺术品。基于理论联系实际，最终能在实地考察和实践后学会像建筑师一样分析和思考问题的方法，并学会一两种建筑模型的制作方法。
过程与方法	通过欣赏嘉庚建筑图片，走进恢宏的嘉庚建筑。首先运用直观性原则引导学生观察、欣赏与解读建筑艺术；其次利用科学性原则引导学生研究和理解建筑最后进行造型表现与综合探索的实践过程。
情感、态度与价值观	让学生认识嘉庚建筑独特的艺术价值，把美术作品与宣传保护家乡人文景观结合起来，引导学生制作或绘画具有特色的"嘉庚文化"深入学生内心，用行动去继承和发扬嘉庚精神，不断润泽学生的爱乡情结。

2. 四个领域目标

表 8-9　校本课程的学习领域目标

校本课程"嘉庚建筑承载的文化"学习领域目标	
欣赏评述	通过对首批中国 20 世纪建筑遗产——厦门大学旧址、集美学村和集美鳌园的参观，掌握建筑的语言和节奏美、学习正确欣赏建筑（含建筑中的书画和石雕）的方法，树立正确的审美观，加强文化理解与民族认同。
造型表现	通过美术造型活动，利用对不同的美术材料、技巧和制作过程探索嘉庚建筑的表现形式和文化内涵，提高学生动手能力和对美术学习的兴趣。
设计应用	运用设计基本知识和原理，挖掘嘉庚建筑元素的独特性。通过创作中综合材料的应用，从而感受不同材料的独特性，合理利用综合材料的媒材介质，最终提高学生对美的创造能力和实际操作能力。
综合探索	学会综合不同学科的知识进行交互与融合并开展深入探究性活动，通过一系列对嘉庚文化的思考提高学生应用解决问题的能力。

3. 校本教材目标

表 8-10　校本课程的教材目标

校本课程"嘉庚建筑承载的文化"教材目标	
培养学生分析问题的能力	教学中应注重学生学习能力的培养，以期达到培养学生分析问题的能力。只有具备寻找问题和分析问题的能力，学生才有可能拥有随时解决问题的能力。所以进行多种多样的教学活动，以此促进学生主动学习及激发学习兴趣。例如，收集嘉庚建筑的图片，分析嘉庚建筑的特点和风格特征，把具有嘉庚建筑艺术风格纹样的卡片做成明信片等。
培养学生审美能力	教会学生在欣赏评述的过程中多进行评述，表达自己的观点和看法，在此基础上老师加以引导和启发。建筑艺术的语言博大精深，美学元素更是异彩纷呈，通过嘉庚建筑不同部位的装饰纹样，对学生进行想象力的训练，鼓励他们学会拼贴与创造，对不同元素进行加工后绘制纹样作品。
培养学生创新能力	有了分析问题和审美这两种基本能力以后，教师就应该开拓学生的思维，引领他们在创新的道路上走得更远。实验艺术与综合材料的应用无疑为学生的创新插上了翅膀，使之如鱼得水。当然，嘉庚建筑的形成过程，受到所处历史以及闽南地域环境的影响，中西合璧的建筑形制在当时乃至当今都是不可多得的精品。何以推陈出新，这就涉及古与今的结合、古典与现代的结合、传统材料与综合材料的结合，所有的都可利用嘉庚建筑艺术元素进行大胆地创新，创造出新的艺术作品。

校本课程"嘉庚建筑承载的文化"教材目标	
培养学生爱国主义精神	作为校本课程的教学结果体现自然就是具有嘉庚建筑风格元素的作品展示。在校本课程中较容易操作且达到教学目标的是欣赏评述与部分学校内所能完成的造型表现。但不可否认的是校外的写生部分是个必不可少甚至是非常重要的环节，因为唯有实景实物才能给人更多的心灵感悟与震撼，有了欣赏评述的基础以及造型表现的初步技法，那么将自己与建筑融为一体，那就是最重要的，那样的画自然就多了几分灵性与感觉。以此就能培养学生爱国主义精神。

（二）教学内容

1.集美学村建筑群及其中西合璧兼容并包

从1913年，陈嘉庚创办集美小学并建设木质平屋校舍开始，到1931年美术馆落成的这20年是嘉庚建筑的创建期，主要建筑有32座，总计建筑费达151.4万元。1921年2月23日，集美学校成立。1924年4月，对校产曾做了一次切实的统计：峻宇雕墙之间，有红机瓦大坡顶建筑25座，而采用飞檐翘脊式警的中西合璧建筑为7座。而后又进行了一番扩建，集美学村渐成规模。西式建筑，形制浑坚弘敞，结构新颖富丽，堪称一时"奇迹"，而中式屋顶和西式屋身巧妙结合，造成"中西合璧"的建筑形态。"高檐红顶""嘉庚瓦""燕尾脊""红砖墙""坡屋顶"等嘉庚建筑元素构成了独特的"穿西装，戴斗笠"式嘉庚建筑风格，这种建筑风格被建筑学家认定为"在近代建筑史上有其不可磨灭地位"[①]。

陈嘉庚民族复兴情绪高涨，"民族形式"逐渐成为两校的主要形象，强烈地表达了华侨对于国家民族的荣耀感。那时的中西合璧严格意义上可以说是

---

① 沈哲琼.关于陈嘉庚精神教育的思考——以集美大学为例［J］.集美大学学报（教育科学版），2011，12.

闽南与西方建筑的糅合。嘉庚建筑在继承闽南红砖民居"宫殿式"的屋顶造型——燕尾脊和卷草的基础上，对沿袭下来的形制进行了优化设计，不仅革新了燕尾或双曲燕尾脊，而且极力尝试多元建筑风格，使之在突破之后有所创新，达到相互的融合。最早出现在集贤楼和博文楼的建造上。集贤楼东西朝向，屋顶为歇山顶绿瓦红砖。博文楼沿袭闽南重檐歇山顶，一二层为西式券廊，屋面采用了与三层的阳台栏杆颜色相一致的绿色琉璃。文学楼富有个性，重檐歇山顶配上爱奥尼柱式和伊斯兰风格的尖券装饰的西式外拱廊。

陈嘉庚认为，"一个民族，不必强同于异族而来抹杀自己民族传统建筑形式，而只求模仿洋化的道路，是埋没自己民族的文化建筑艺术，是没有国性的，是不应该的"。创建期之后迎来了嘉庚建筑的发展期——兼容并蓄。它主要特点有二，其一是西式建筑减少，中西合璧建筑增加，逐步占主要建筑总数量的一半，龙舟池一带建筑是最能体现陈嘉庚建筑思想的一组建筑。道南楼、南薰楼、黎明楼、延平楼沿着集美海岸线、紧邻龙舟池布置，和华侨学生补习学校的校舍以及巴洛克立面风格的福南大会堂形成控制集美天际线的主导建筑群。尤其是"一字排开"的道南楼，它是嘉庚风格建筑中造价最为昂贵的一幢建筑，也是陈嘉庚先生亲自主持兴建的集美学校校舍的最后一座建筑。整个建筑显精致华贵表现在它基座处手法娴熟的梅花、兰花等工笔画图案青石雕。红砖绿瓦歇山顶燕尾脊，是每年龙舟赛期间摄影师们绕不开的构图背景。道南楼经常和那个年代福建省最高的建筑南薰楼一起出现在集美的风光图中，成为地标，它们体现了闽南工匠对中西建筑文化交融的个性化理解。其二是中式建筑形式多样化。这时的屋顶相较于创建期的屋顶，明显丰富了许多，有龙纹脊饰、盔顶、十字脊和饯脊尾端的草龙造型等。

2. 厦大建筑群及其因地制宜多元融合

1921年到1955年，陈嘉庚先生为厦门大学建造了73幢楼房，共9万多平方米，形成"穿西装戴斗笠"的"嘉庚风格"建筑。建设厦门大学，陈嘉庚以他的乡情国思和审美趣味规划布局，采用"一"字形或半月形围合式，陈嘉庚如此诠释："采取古今，中西结合，既能保持民族特色，造价也便宜，同时较实用。"厦大三兄弟的群贤楼群、芙蓉楼群和建南楼群就是最佳的注脚。

厦门大学群贤楼群（如图8-19所示）是厦大最早最古老的建筑群，总体布局呈"一"字形，是最早建设的"一主四从"。它南北朝向因地制宜，与自然环境合二为一,五老峰下、南普陀寺前,演武场边,景与建筑群融为一体,庄重大气中不失舒展灵动,中西合璧式、楼梯石板悬挑式以及清水雕砌图案式这三个在当时独一无二的特点使得整个建筑群有着巨大的张力和强烈的视觉效果。群贤楼群这种和而不同的气韵,中式主导西式从辅的建筑风格,也体现了陈嘉庚对历史传统文化和民族精神的崇尚。建南建筑群耸峙山岗上,俯瞰大海,气势磅礴,具有强烈的统一感、整体感。

图 8-19：厦门大学群贤楼群

图 8-20：厦门大学建南楼群

图8-21：厦门大学芙蓉楼群

与群贤建筑群相比，建南建筑群（如图8-20所示）更强调整体上的气势，单体的建造材料使用上更加考究，形式与功能结合更加严密。芙蓉建筑群（如图8-21所示）共有四座，因捐赠者李光前祖籍南安县芙蓉镇而得名。这个建筑群设计手法新颖独特，它将闽南传统建筑的建造手法和西方古典五段式立面相结合，"山"字形建筑分五段，最有特色的在于屋顶形式的变化，平面上"一"字部分采用从中间向两旁跌落的屋顶形式，端头和中央突出的部位则采用歇山屋顶。

图8-22：集美鳌园

3. 集美鳌园书法石雕及其开放求真

集美鳌园（如图8-22所示）原为名叫鳌头屿，位于厦门市集美学村东南角海滨，三面临海，潮水退时可见一沙堤与陆地相连，形似海龟，1950年，陈嘉庚先生回国定居时，将这一岛屿扩填成园，是厦门新评的20名景之一，取名"鳌园春晖"。陈嘉庚建立鳌园的初衷源于感恩毛泽东所领导的中国共产党功劳卓著，想让世代乡民永远牢记毛主席、共产党和人民解放军的功劳。鳌园由门廊、集美解放纪念碑和陈嘉庚陵墓三部分组成，主要特色是集诗词、雕刻、建筑、园林于一体，融合于周围环境。

鳌园中共有青石雕653幅，精雕细刻，汇集了浮雕、影雕、镂雕、沉雕、圆雕等闽南石刻的精华，堪称闽南石文化的主要代表作。最经典的是50米中式庑廊中两壁所镶嵌58幅中国古代和近代史的成组的青石镂雕。石雕的故事内容主要是在陈嘉庚的精心构思下进行设计的，全方位介绍中国的人文历史、政治经济、文化教育等，相当于一座微型博物馆，是鳌园的缩影，也反映了陈嘉庚对中国传统文化的理解。所有雕刻中，有一幅是特别突出的，那是台湾地图，陈嘉庚先生一直都盼望着祖国能够早日统一，这是教育思想的深刻体现。鳌园内还有众多名人题刻、题字与对联。

集美解放纪念碑是陈嘉庚先生亲自设计的，碑高28米，象征中国共产党经过28年的奋斗，终于取得胜利。纪念碑名由毛主席亲笔题写。台基底层13级，象征陈嘉庚先生事业顺利发展的鼎盛年月；第二层10级，寓意从1926—1936年事业遇到困难，企业收盘的年月；再上面是8级和3级，象征8年抗战和3年解放战争，这是鳌园的主体建筑。

鳌园完工后，陈嘉庚在想自己倘若能依傍在毛主席亲笔题名的纪念碑旁，那便可感到安心，于是1953年就在纪念碑后的海滩上修建了自己的陵墓。墓坐北朝南，呈龟寿形，墓盖为13块六角形青斗石镶成，墓碑上刻有陈嘉庚先生的生卒年月以及生前担任过的职务。墓圹为"凤"字壳，周边用15块青斗石浮雕介绍陈先生生前的主要经历，墓圹四周的石雕，记录着他倾资兴学、赤诚报国的光辉一生，被列入全国重点文物保护单位。

4. 华侨博物院及其爱国主义家国情怀

厦门华侨博物院（如图8-23所示）是在1956年9月20日，陈嘉庚先生倡办的以华侨华人历史为主题，集文物收藏、陈列展览、学术研究为一体的文化教育机构的综合性博物馆，在1958年底建成，1959年5月正式开放，为中国唯一的侨办博物馆。

图8-23：厦门华侨博物院

华侨博物馆是一座用优质洁白花岗石砌成的宫殿式大楼，牌楼式的大门上镶嵌着廖承志先生题写的匾额。主楼6层，展览厅3层，设有3个陈列室，面积2800平方米。一楼是华侨历史简介馆，分走向世界、创业海外、融合当地、落地生根、源远流长等部分，还陈列着图片、文物及华侨赠送的礼品。室内二楼是祖国历史文物陈列馆，陈列着历代货币、青铜器、陶器和雕刻等，四壁挂着著名书画家的字画，展品近2000件，共有9件一级文物。三楼是自然博物馆，陈放着1000多件鸟兽、水产标本，其中有马来西亚的大鳄、厦门的文昌鱼、印尼的极乐鸟和猩猩、泰国的貘、澳洲的葵花鹦鹉和犀牛、新加坡的虎等珍禽异兽，占地5万平方米。（详见表8-11）

表 8-11 厦门华侨博物院馆藏精品

馆藏精品	具体介绍	图片
黑釉剔花双系小口尊	高 24 厘米,口径 4.3 厘米,足径 11.5 厘米。瓶小口外折,短颈,溜肩,鼓腹,圈足,砂底。通体施黑釉,釉面光亮似漆。通体运用剔刻装饰技法,肩部为一周变形菊瓣纹,腹部装饰四组钱形开光,开光内各剔刻出折枝花叶。底部墨书"郭舍住店"四字。	
黄釉瓷观音像	明末清初,漳州窑,通高 66 厘米,通身施釉,釉面光润,有细碎开片,釉色米黄,积釉处泛绿。	

续表

馆藏精品	具体介绍	图片
酱褐釉五联瓶	东汉。口径 4.7 厘米，底径 11.5 厘米，高 36.5 厘米。通身施酱褐色釉，釉薄、流釉及施釉不均，釉面光润，有细碎开片，局部剥釉。底足露胎，胎色灰黑，质不致密。器型规整呈葫芦形，分上下两部分。	
釉里三色百鹿夔凤双耳大瓶	景德镇窑，乾隆时期烧造。高 80 厘米，口径 29.5 厘米，底径 27 厘米。浅盘口，长颈丰肩，长鼓腹，底部略向外撇，圈足呈泥鳅背状，颈部塑夔凤双耳。	
三彩塔	辽。全塔由基座、塔身和塔刹三部分组成。通高 107 厘米，底径 32 厘米，塔身上口径 20 厘米，塔刹下口径 12 厘米。基座、塔身和塔刹分别制作，作子母口，可重叠合并，浑然一体。	

（三）课题设计

校本课程"嘉庚建筑承载的文化"的课题设计从四个领域出发，根据内容的先后以及学习的难易程度进行编排。（详见表8-12）

表 8-12　厦门华侨博物院馆藏精品

学习安排	学习内容	学习领域
第一课	恢宏的嘉庚建筑	欣赏评述
第二课	走进华侨博物院	欣赏评述
第三课	厦大慢时光	造型表现
第四课	嘉庚印象之明信片制作	设计应用
第五课	集美学村"版"上游	造型表现
第六课	艺术鳌园之雕塑书法	综合探索
第七课	嘉庚映像之邮票设计	设计应用
第八课	再"建"龙舟	设计应用
第九课	嘉庚"印"象	造型表现
第十课	我心中的嘉庚文化	综合探索

（四）教学思路

第一个领域的课程为"欣赏评述"部分，以鉴赏课为主，由大及小、由外及里课后可以适当加一些临摹实践来配合学生在课堂所掌握的知识与鉴赏方法。让学生从造型、色彩、装饰、寓意、题材等角度来评述嘉庚建筑（屋顶、墙身、地面）所体现的图案特色。前期准备图片，后期实地考察，让学生拍摄、打印或现场写生自己喜欢的嘉庚建筑。

第二个领域的课程为"造型表现"部分，以第一个主题欣赏课课后的临摹练习为基础，教师根据出示的晋绣艺术作品讲述其独特的手工制作步骤，可以边讲边示范，或者邀请民间艺人亲自示范，学生认真听完老师讲解，再经过老师的要求进行动手实践。在整个过程中教师指导学生，主要任务是让学生全面了解制作技法步骤，帮助学生在下一个主题课程中充分发挥所学技能。

第三个领域是"应用设计"，引导学生大胆进行创作，可利用不同的材料进行不同媒材的尝试。不同的材料使作品体现出不同的感情色彩，这样能使整个教学有一个更好的延伸空间。

第四个领域是"综合探索"，强调综合性的感悟，并对课程进行深层次的解读。尝试一些不同形式的课外作业，注重团队合作。可以是撰写调查报告、绘制"绿活"地图，乃至立体书的制作。通过这一系列的主题设计，倡导传承嘉庚文化，弘扬嘉庚精神。

（五）教学方法

带领学生观察与写生走进嘉庚建筑，感受嘉庚建筑的美以及所带来的艺术震撼，使其深刻了解嘉庚建筑的结构、造型，并厘清具体构图与色彩搭配，不仅仅是书本上的"纸上谈兵"。让学生获得直接知识，验证和巩固所学的书本知识，能培养学生以点及面，归纳总结，并且提高他们造型表现的能力。在"嘉庚建筑承载的文化"这一中学美术校本课程的教学中，主要应用以下几种方法。

第一，讲授法

讲授法是授课最基本的方法，它包括讲述法、讲解法、讲读法和讲演法。建筑作为一种立体构成的产物，时代与历史凝结在建筑中，所以教师应引导学生在欣赏嘉庚建筑的时候多加思考并全方位地感受嘉庚建筑的艺术内核。通过大量图片的解读，引导学生在欣赏之余，带着思考，归纳总结嘉庚建筑的艺术特征，为后期造型表现和应用设计做好理论方面的支撑。

第二，谈论法

谈论法亦叫问答法，这是教师按借助启发问答来引导学生获取或巩固知识的方法。通过一问一答深入本质问题，除了训练学生语言表达能力以外，还激发学生的独立思考与探取新知识的兴趣，让学生对于已学的知识进行复习与梳理，并且能够举一反三在思考后总结嘉庚建筑的风格特征以及如何在画面中表现，如何运用不同的材料来表现不同的设计意图，达到更好的作品效果。

第三，演示法

在外出写生时，老师先与学生进行简单取景构图等讨论，而后通过范画演示过程唤醒学生对艺术的深层感知与认同。有助于学生对所学知识的深入理解、记忆和巩固以至把书本上理论知识和实际操作联系起来，形成正确而深刻的造型表现概念。

第四，练习法

美术学习需要重复与练习，唯有在不断练习中，才能暴露问题、解决问题，借以形成技能。外出考察与实地写生对于巩固知识、发展学生绘画表现技能力与综合探索等方面具有重要的作用。

第五，读书指导法

广泛阅读不仅应该运用在文史哲，也应运用于美术教学中，因为美术与历史、与人文，甚至与数学、物理都有互涉性与融合性。而且学生通过独立阅读才能更好掌握读书方法，对于其他学科也有着不可估量的好处。

第六，课堂讨论法

课堂讨论法必不可少，特别是在"设计应用"这一领域中。集思广益，在课堂中的引导思维开发思维后，让学生来一场"头脑风暴"是非常好的一种方法。人多力量大，人多思维的活跃度就高，无形中在设计中能取长补短，各抒己见后完成更优秀的作品。

第七，启发法

通过启发教学，中学生的鉴赏能力与动手绘画设计能力都得到提高。

第八，实习法

教师根据校本课程的要求，在校外组织学生实际的学习考察和写生，将书本知识应用于实际。这种方法能很好地将理论联系实际，不仅培养学生日常的观察能力，更能引导学生通过现象看本质，通过所看到的，深入思考表象之后的本质内容。

（六）教学策略

课堂教学渗透模式可以应用在跨学科教学中，小学四年级课本有这么一课"陈嘉庚办学"，任何文化都离不开时代，离不开社会，所以在课堂中也可以渗透历史的知识。重视情境并注重利用各种信息资源来支持教学，建筑知识的融入在这一课程中是必不可少的，中国不同建筑风格都可以适当进行课堂教学拓展。

综合实践活动模式就是带领学生走出教室，走进嘉庚建筑中，实现美术教学的课内外联系。校外写生实践活动教学让学生了解嘉庚文化，认识嘉庚建筑的设计风格，并从中激发学生创作热情，鼓励他们用自己喜欢的美术方法来表现主题。

校外考察交流模式大部分应用于综合探索领域。引导学生关注本土文化，组织学生搜集、整理有关资料，强调合作学习对意义建构的重要作用。在"我心中的嘉庚建筑"这一课题中可以是撰写调查报告、绘制"绿活"地图，乃至立体书的制作。

评价模式提倡在学习过程中充分发挥学生的主动性，以及对学习的反省和思考。

校内模拟活动可以是明信片的制作、印章的篆刻以及各种媒材作品创作后进行校内展览及义卖。这不仅是教学成果的展示，更是对学生品德的正确引导。

家校配合模式可以增进亲子关系，通过家庭之间的交流，利用节假日时间，共同学习与交流。在课程实践过程中有的家庭根据观看龙舟赛的情景，制作了精美的龙舟模型，在此过程中培养学生自主性、探究性与合作性。

五、嘉庚文化的创新：中学美术校本课程的实施

（一）创新性教学实践

嘉庚建筑不仅具有浓郁的时代特征，而且蕴含着朴素的中国传统风水观念，体现着因地制宜的建筑构思和多元融合的创新精神。基于对嘉庚建筑的深层思考，更应在教学中贯彻创新的理念。根据维基百科的定义，"创意是一个思考的过程，能够产生新的意念或概念，又或是重新联系原有的意念或概念。从科学的角度来看，创意思维（亦称为发散思维）的产物通常具有原创及恰当性。简单而言，创意就是创新事物的行为"。[①] 将创新理念融入校本课程中，从以下四个方面展开创新美术课程教学实践。

第一，以单元或项目形式开展教学活动，有明确的学习目标和内容。除

---

① 余树德. 香港发展创意教育的困境及前瞻［G］. 香港：小书局出版社，2008.

了美术知识、技能的学习目标和内容外，均有跨学科的学习目标和内容，并凸显美术创作为观赏者或客户服务的目的，而不仅仅满足于自我表现。

第二，给予学生充分锤炼构想、制订计划或描绘草图以表述创意的时间，以及创作作品和开展评价、交流的时间，并注重在这一过程中，培养学生的探究能力和创造性地解决问题的能力。

第三，学习活动不断深入发展。学生首先经历探究的阶段，在教师或艺术家的指导下，学习与项目相关的美术知识和技能，再选择适合的表现形式和手段，表达探究学习的结果。

第四，作品在社区中陈列和展示，凸显为他人、社区、人类造福的价值观，充分发挥美术在学生的生活和学习中的作用，并以美术学科独特的方式为社会经济和文化的发展做出突出的贡献。校本的编制是为了丰富校内美术课堂，合理利用本土资源与传承本土文化，编写过程中以国家统编教材为指导。

（二）教学实践

校本的编制是为了丰富校内美术课堂，合理利用本土资源与传承本土文化，编写过程中以国家统编教材为依托并融入"嘉庚文化"美术资源，课与课之间不仅注意到承上启下由易到难的编写，而且注重跨学科的融合与互涉。

美术课堂的迁移能带给学生耳目一新的感觉，场所感让学生在游玩中做到观察与感受集美学村的风光与人文之魅力。创作则是以就地取材，创造性开发贯穿户外课堂。实践中我们发现：学生的观察总结能力与动手实践能力都得到了较大的提升，而且在综合材料的创作上更能激发学生的想象力和创造力。最大的收获是基于视频与图片的播放加上数据的显示，陈嘉庚先生的伟大精神在学习中得以不断学习，学生们不仅对陈嘉庚先生心存感激，而且纷纷表示要当一个有责任有担当的新时代好少年。

在校实习期间，在校外导师的甄选分配与指导下，第一学期选取了十中的五课进行教学实践（详见表8-13、表8-14、表8-15、表8-16、表8-17），剩余的五课将在第二学期进行教学实践。

1. "恢宏的嘉庚建筑"

表 8-13　"恢宏的嘉庚建筑"教学设计

课题	"恢宏的嘉庚建筑"	学习领域	欣赏评述	课时计划	2课时
教材分析	通过欣赏厦大嘉庚建筑群和集美学村建筑群，学习嘉庚建筑的风格特征，向学生展示嘉庚建筑的形式美、文化内涵和所蕴藏的嘉庚精神。				
教学目标	带领学生课内欣赏嘉庚建筑，课外通过实地考察感受嘉庚建筑的恢宏，体会嘉庚精神的内涵。在课堂中感知嘉庚建筑的艺术美，再实地体验建筑语言之美，分析二者共同的美感与不同的表现方式。				
教学重点	学生能通过画内与画外的嘉庚建筑的比较，借助艺术美表达建筑美。理解建筑元素和语言。				
教学难点	通过分析嘉庚建筑的图片以及手绘作品，理解嘉庚建筑的风格特征：中西合璧，因地制宜。				
教学准备	教师准备：相关课件（图片、手绘作品）；学生准备：自己拍摄到的厦大建筑群或者集美学村。				
教学构思	先用录像与图片和文字向学生介绍"嘉庚文化"中的美学元素，而后通过对教材和"嘉庚文化"中的美术资源的重组和改编，让学生走进厦大、走进集美学村，感受嘉庚建筑的历史文化和丰富底蕴。				
课前准备	图片导入：厦大建筑群和集美学村。	出示打印的嘉庚建筑照片。		大量图片展示恢宏气势。	

续表

课题	"恢宏的嘉庚建筑"	学习领域	欣赏评述	课时计划	2课时
欣赏分析	分析嘉庚建筑的形式特点、建筑元素和风格特征。	按建筑的结构分小组讨论、交流，归纳建筑形制。	通过图片归整以及小组讨论让学生理解"嘉庚风格"建筑。		
新授教学	欣赏厦大旧址：群贤楼群、建南楼群、芙蓉楼群以及厦大人类学博物馆。	学生欣赏评述欣赏嘉庚建筑手绘（速写、素描和马克笔）。	首批中国20世纪建筑遗产让学生将眼中的建筑通过不同美术材料和语言进行表达。		
课堂练习	分析与阐释如何将所见所感付之画面。	将三种表现形进行比较：速写、素描与马克笔。	理解色彩、构图与意境三个方面的结合。		
归纳升华	思考嘉庚建筑的中西合璧与因地制宜。	描述自己如何用绘画来表现效果以及所思所想。	理解"生态与文脉"是空间与时间的缩影。		
课后拓展	欣赏关于不同媒材所刻画的嘉庚建筑。	构建不同材质的画面。	学会综合材料应用的原理。		

2. "厦大慢时光"

表 8-14 "厦大慢时光"教学实践

课题	"厦大慢时光"	学习领域	欣赏评述	课时计划	2 课时
教材分析	通过观看厦大图片、照片和学习相应的手绘作品，在有了一定的理论理解与支撑下，到实地进行写生。				
教学目标	带领学生到厦大进行实地考察和写生，引导学生借助美术语言的运用和画面构图来抒发自己对嘉庚建筑的热爱和对嘉庚先生的敬仰之情。				
教学重点	培养学生从构图、色彩和意境三个方面将眼前的嘉庚建筑结合自己内心的实际感受，绘制不同材料的作品。				
教学难点	学会用具象或者抽象的美术语言对嘉庚建筑以及其承载的文化进行较为深刻内涵的表达。				
教学准备	教师准备：相关课件（图片、手绘作品）；学生准备：自己拍摄到的厦大建筑群或者集美学村。				
教学构思	经过欣赏评述课的学习，学生们已经了解了嘉庚建筑的历史背景、风格特征和形成原因。通过对厦门大学旧址和集美学村的实地参观考察，引导学生掌握建筑的语言和节奏美、学习正确欣赏建筑的方法，树立正确的审美观，加强文化理解与民族认同，并在此基础上进行写生绘画的学习。				
课前准备	音乐导入：《厦大校歌》。介绍厦大历史。	朗诵厦大校歌的歌词，了解校史和陈嘉庚先生。		优美旋律和雄伟气势，营造催人奋进、自强不息的学习氛围。	

续表

课题	"厦大慢时光"	学习领域	欣赏评述	课时计划	2课时
欣赏分析	带领学生考察厦大旧址，实地分析嘉庚建筑的形式特点、建筑元素和风格特征。	按小组分别到不同的建筑群进行采风。		复习第一课"走进恢宏的嘉庚建筑"欣赏评述的嘉庚建筑风格部分。	
新授教学	在厦大旧址的群贤楼群、建南楼群和芙蓉楼群进行取景、构图并以三种不同形式范画。	学生现场考察与学习。		理论联系实际进行画面处理的学习。	
课堂练习	学生创作，教师指导。	速写、素描和马克笔，学生任选进行写生。		从实操层面理解色彩、构图与意境三个方面的结合。	
归纳升华	教师点评，选出优秀作品进行展示。	学生自评与同学互评。		深入学习写生，懂得如何修改。	
课后拓展	讲述综合材料的应用原理及实际操作技法。	使用综合材料进行厦大嘉庚群的创作。		学会综合材料的应用。	
板书设计					
三角构图平行透视成角透视近大远小					

3. "嘉庚印象之明信片制作"

表 8–15 "嘉庚印象之明信片制作"教学实践

课题	"嘉庚印象之明信片制作"	学习领域	欣赏评述	课时计划	2 课时
教材分析	通过前期"厦大慢时光"和"集美学村一日游"的外出写生，学生已经有了一定的造型基础。这节课是在此基础上学会明信片的制作，更大程度上考察学生的构图和取景能力。					
教学目标	欣赏嘉庚建筑的形制美。以空白明信片为材料，用线描色彩等形式和方法设计创造嘉庚风格建筑的风景明信片。并把自己设计的明信片寄给亲朋好友。					
教学重点	学生在欣赏嘉庚建筑与缅怀嘉庚精神之余，将嘉庚建筑之美在明信片上体现，并把它分享给更多的人。					
教学难点	激发学生对建筑艺术的兴趣，把控好户外课堂的纪律和安全，让学生初步了解明信片设计绘制的技巧。					
教学构思	建筑美术是通过建筑美学十大法则以及系统的绘画理论知识，加以各种画种技法的训练，培养学生观察、取景、构图、色彩等造型能力以及从二维空间到三维空间的多维空间表现意识。构成设计是在掌握建筑美术基础上，通过对图像和形体的学习、理解、整合原有的知识结构和理性思维，提炼塑造空间的元素。					
教学准备	教师准备：相应课件、明信片和绘画工具（铅笔、马克笔等）学生准备：明信片、绘画工具（根据个人喜好以及课程时间而定）。					
	教学过程			教学备注		
教学环节	教学内容与教师活动		学生活动	设计意图	

课题	"嘉庚印象之明信片制作"	学习领域	欣赏评述	课时计划	2课时
课前准备	出示厦大手绘地图，展示手绘的作品。	观看相关画作，进行分组讨论。		让学生有整体的感知。	
欣赏分析	欣赏在书店售卖的厦大风景明信片，就取景构图进行讲解。	欣赏建筑中的线条、明暗与节奏。		分析摄影与手绘的异同。	
新授教学	了解明信片的制作。掌握明信片的制作方法，出示设计步骤。设计一张嘉庚建筑的明信片。	实地考察与绘制设计明信片。		过程分析。通过学习了解明信片的设计方法，并设计。根据画面进行取舍。	
课堂练习	现场指导，讲解。	考察分析嘉庚建筑风格特征，选出自己喜欢的进行明信片绘制。		理解明信片方寸之间对画面的取舍。	
归纳升华	教师选出代表性作品进行点评，展示优秀作品。	自评与互评，总结出优缺点。		为后面"嘉庚映像之邮票设计"作铺垫。	
课后拓展	版画的设计及印刷。	新材料的表现方式。		新的表现形式。	

4. "艺术鳌园之雕塑书法"

表8-16　"艺术鳌园之雕塑书法"教学实践

课题	"艺术鳌园之雕塑书法"	学习领域	欣赏评述	课时计划	2课时
教材分析	充分利用鳌园中的书法雕刻资源，书法作品有诗碑廊毛泽东题集美解放纪念碑、李济深题词等。鳌园青石雕群是福建石雕艺术的瑰宝。将鳌园利用成为"小型美术馆"，带领学生离开教室、走进鳌园，近距离接触鉴赏雕刻书法作品，接受中国传统文化的熏陶。				
教学目标	通过参观鳌园中的石雕与书法，初步了解石雕的种类及工艺以及书法的分类和笔法，并且了解中国历史、热爱国家、热爱党。运用参观法引导学生感受石雕与书法的独特魅力与形式美。培养学生对书法的热爱和对中国传统艺术的继承与弘扬。				
教学重点	了解石雕艺术和书法艺术的欣赏方法，并能进行简单的创作实践。				
教学难点	通过欣赏鳌园石雕和书法，向学生展示石雕和书法的形式美、文化内涵和所蕴含的精神。				
教学构思	带学生到集美鳌园实地考察，丰富学生的感性认识。尝试以门廊处的壁雕结合历史作为讲解的主线，渗透入石雕的种类及工艺。书法方面串起书法的发展史，还历史以生动的本来面目。在欣赏环节，吴老师特意安排了鳌园雕塑和书法的图片欣赏，引领学生走进集美鳌园的雕塑和书法世界。通过这样的安排，学生的积极性高涨，对鳌园的认识全面而具体，印象也更深刻，完成的作业质量也比较高。				
教学准备	教师准备：积极与鳌园方面协商，确定具体的参观时间和流程，使双方做好充分准备；学生准备：照相机或手机这些能够拍照和上网搜索的工具，使用现代媒体设备辅助学习。				

续表

教学过程		教学备注	
教学环节	教学内容与教师活动	学生活动	设计意图
课前准备	提前到鳌园选择并搜集大量与之相关的资料，避免参观活动的盲目性。	网上搜集鳌园石雕和书法的资料。	前期了解有利于听课的效率以及侧重点。
欣赏分析	带领学生分析鳌园石雕和书法的种类和形式美。	听讲并记录下自己最喜欢的艺术形式。	对于石雕和书法艺术有个初步的了解。
新授教学	欣赏鳌园石雕，介绍种类及基本技法。欣赏鳌园书法，介绍分类及其主要特征。	学生欣赏评述。	壁雕、书法。
课堂练习	教师讲解，并范画石雕画面和书法。	简单创作石雕图案（历史故事）和书法。	石雕和书法的渗透学习。
归纳升华	石雕如何成型，导入版画和丝网画的制作。	考察不同石雕不同技艺（如浮雕和沉雕）。	选题、布局与创作的主要要点。
课后拓展	版画及对联教学。	版画制作及对联书写。	学会举一反三。

5. "我心中的嘉庚建筑"

表 8-17　"我心中的嘉庚建筑"教学实践

课题	"我心中的嘉庚建筑"	学习领域	欣赏评述	课时计划	2课时
教材分析	通过前期的学习，学生在学习了欣赏评述、造型表现与设计应用一系列课程之后，最后针对课程进行总结，用立体构成的形式借助嘉庚建筑的形制来表达学生心中的嘉庚文化。				
教学目标	欣赏嘉庚建筑的形制美。以综合材料为主，设计创造嘉庚风格建筑的立构。				
教学重点	立构的设计与制作。				
教学难点	综合材料的应用。				
教学构思	立体构成与设计　—原理、技法 立体构成设计与创作—结合建筑初步相关知识进行建筑物造型设计 立体构成设计的广泛应用：工业产品、展览展台等 立体构成设计的不同组合方式与制作手法的训练：如版式、柱式、线状、仿生等 不同材料的立体构成设计如：自然材料、工业材料、混合材料等				
教学准备	教师准备：相应课件、集美学村木制纪念品学生准备：明信片、绘画工具（根据个人喜好以及课程时间而定）。				

续表

教学过程			教学备注
教学环节	教学内容与教师活动	学生活动	设计意图
课前准备	购买厦大手绘明信片和手绘地图，收集厦大纪念章和鳌园门票。	观看画作，进行分组讨论。	让学生有个整体的感知。
欣赏分析	欣赏厦大风景明信片，就取景构图进行讲解。	欣赏建筑中的线条、明暗与节奏。	分析摄影与手绘的异同。
新授教学	立构的原理和技法立构的制作与设计、设计你心目中的嘉庚建筑。	四人小组讨论制作的计划。	理论知识过程分析将理论知识联系实际，并且着重体现内心。
课堂练习	教师讲解，并范画石雕画面和书法。	简单创作石雕图案（历史故事）和书法。	石雕和书法的渗透学习。
归纳升华	石雕如何成型，导入版画和丝网画的制作。	考察不同石雕不同技艺（如浮雕和沉雕）。	选题、布局与创作的主要要点。
课后拓展	制作绿活地图、撰写分析报告或完成小论文。	学生思考与总结。	回顾校本课程，了解学习心得。
板书设计			
立体构成原理技法设计与制作			

（三）教学成果

1. "恢宏的嘉庚建筑"（课程 PPT）

"恢宏的嘉庚建筑"课程内容详见 PPT。

图 8-24-1

图 8-24-2

图 8-24-3

图 8-24-4

图 8-24-5

图 8-24-6

图 8-24-7

图 8-24-8

图 8-24-9

图 8-24-10

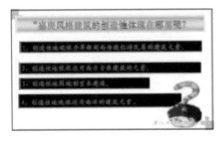

图 8-24-11

图 8-24-12

图 8-24-13

图 8-24-14

图 8-24-15

图 8-24-16

图 8-24-17

图 8-24-18

图 8-24-19

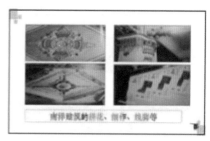

图 8-24-20

图 8-24-21

图 8-24-22

图 8-24-23

图 8-24-24

图 8-24-25

图 8-24-26

图 8-24-27

图 8-24-28

图 8-24-29

图 8-24-30

2. "嘉庚印象之明信片制作"

经过"嘉庚印象之明信片制作"的教学，学生们都开始尝试创作。以下为厦门一中的初一年段学生作品。

图 8-24-31

图 8-24-32

图 8-24-33

图 8-24-34

图 8-24-35

图 8-24-36

图 8-24-37

3."厦大慢时光"

经过"厦大慢时光"的户外写生教学，学生们都踊跃创作。以下为厦门一中选修漫画社团的学生作品。

图 8-25

图 8-26

图 8-27

（四）教学反思与展望

1.教学反思

本课程经过教学实践后取得了不错的成绩，课程内容与教学方法的创新激发了学生参与的热情以及创作的激情。建构激发学生学习嘉庚建筑艺术的兴趣以及让学生有心灵上的触动和共鸣。学生通过个人与小组不同的方式探讨作品，交流思想，相互学习。学校的展览和家庭的参与起到了一个很好的延展性拓宽。课程对于开发学生的发散思维、综合思维和创造性思维都起到了很好的作用，学生给予课程很高的评价。实施中收集部分学生优秀作品，在学校举办嘉庚文化作品展，弘扬嘉庚文化，宣扬嘉庚精神。而后装订成册留存学校，作为学生成长足迹的展示；选取较优秀的出版和发行，所得款作为善款捐赠希望工程。

从学生作品以及课后沟通欣喜印证了：嘉庚精神和嘉庚建筑是中华大地之瑰宝，是极其宝贵的精神财富和物质财富。"嘉庚建筑"作为文物建筑，不仅具有历史价值、艺术价值和科学价值，更具人文价值，它能唤起人们的自豪感和归属感，以及文化认同感和民族认同感。嘉庚建筑尊重自然、以人为本、兼容并蓄、追求创新与实用简约的文化内涵与教育之内涵一致，对于当今学生情感态度价值观的教育都起着不可估量之作用。

美中不足的是本课程的实施所需要的时间超过预计的课时，组织外出写生和考察所需要的人力财力较大，所以课程教学存在一定的困难。

2. 展望

中小学美术课程是提高学生审美能力的主要途径。建筑是集众多学科于一体的综合课程，从美术的角度进行建筑学习是提高学生审美能力、造型能力、设计能力和动手能力等综合能力的有效途径。我们要积极革新艺术教育系统，开展本土与多元文化兼容并蓄的艺术教育，把艺术教育活动的重点放在一系列广泛的当代社会和文化问题上，如世界和平、环境问题、全球移民、可持续发展等，实现关键的社会和文化目标，以应对未来全球性的各种挑战。[1]

记者托马斯·弗里德曼（Thomas L.Friedman）在颇具影响力的《世界是平的：21世纪简史》一书中指出，美学与创意一样重要。将来的发展潜力在于两种力量之间的合作：一种来自技术，一种来自艺术，两者的密切合作将为我们带来灵感与各种可能性。[2]希望通过不断实践与修改，能扩大校本课程"嘉庚建筑承载的文化"的学科资源建设影响力，使之成为地方课程，并进行推广。在实践的过程中，反复修改并进行增删，突出学习的重点，进一步优化教学质量，力争形成系统多元的教材体系。收集教学中的课件、教案、范画、优秀学生作品刻录成光盘，以此作为请教专家的资料。在与专家和老师的学习中拓宽自己的知识面，完善课程资料，推动教学质量的提高，撰写相关论文，为了日后更广更深的研究打下坚实的基础。

---

①　钱初熹.穿越历史与未来的艺术教育［J］.教育参考，2017（1）.

②　特里林，菲德尔著，21.世纪技能：为我们所生存的时代而学习［M］.洪友，译.天津：社会科学院出版社，2011

第四节　嘉庚文化环境的美术表现

图 8-28：集美学村采风创作
作者：王依芯

图 8-29：集美学村采风创作
作者：孙安绮

图 8-30：集美学村采风创作
作者：蔡雯静

图 8-31：集美学村采风创作
作者：陈佳琪

图 8-32：集美学村采风创作
作者：陈梦萍

图 8-33：集美学村采风创作
作者：杜润盈

图 8-34：集美学村采风创作
作者：傅琪婧

图 8-35：集美学村采风创作
作者：黄蕾

图 8-36：集美学村采风创作
作者：黄蔚薇

图 8-37：集美学村采风创作
作者：柯燕莎

图 8-38：集美学村采风创作
作者：刘海涛

图 8-39：集美学村采风创作
作者：刘梦婷

图 8-40：集美学村采风创作
作者：刘梦婷

图 8-41：集美学村采风创作
作者：刘梦婷

图 8-42：集美学村采风创作
作者：罗馨萍

图 8-43：集美学村采风创作
作者：魏丞哲

图 8-44：集美学村采风创作
作者：翁舒婷

图 8-45：集美学村采风创作
作者：翁舒婷

图 8-46：集美学村采风创作
作者：谢雨杉

图 8-47：集美学村采风创作
作者：许宗祺

图 8-48：集美学村采风创作
作者：许宗祺

图 8-49：集美学村采风创作
作者：谢雨杉

图 8-50：集美学村采风创作
作者：许宗祺

图 8-51：集美学村采风创作
作者：杨梅榕

图 8-52：集美学村采风创作
作者：杨梅榕

图 8-53：集美学村采风创作
作者：杨梅榕

图 8-54：集美学村采风创作
作者：杨梅榕

图 8-55：集美学村采风创作
作者：张倩

图 8-56：集美学村采风创作
作者：郑洁

图 8-57：集美学村采风创作
作者：郑依芃

图 8-58：花开校园
作者：林珍珍

图 8-59：美轮美奂
作者：张茗

结　语

　　校本课程的开发、建构与实施已逐渐成为各学科研究的重点。对于本土美术课程资源的开发还处于不断探索阶段，嘉庚文化体现了陈嘉庚先生对民族精神的崇尚和强调，作为载体的嘉庚建筑更是被列为全国重点文物保护单位。经典的建筑，永远的丰碑，嘉庚建筑以其独特的形式美和人文美向世人诠释了中西合璧与兼容并蓄。对嘉庚文化美术课程资源的研究，既通过美术教育引导学生关注本土文化，符合现代美术教育的趋势，美育不能只注重美术知识和专业技能的传授，同时承载着熏陶学生审美能力，宣扬民族精神和传承民族文化的使命。本书通过查阅大量的文献资料，对嘉庚文化课程运用价值进行探索，从而将嘉庚文化开发成中学美术校本课程"嘉庚建筑承载的文化"，并在教育实习阶段进行了教学实践。针对实践结果提出了开发和利用的策略及需注意的问题，也取得了一定的教学效果，初步证明了将嘉庚文化资源融入中学美术课程的可行性。关于此研究，笔者进行了延展，以"嘉庚文化的传承与发展"为题申请了大学生创新创业项目，并取得了国家级的立项。当然，因为实践经验不够牢靠，各方面都还有很多不足，提出的理论也有不成熟、不全面的地方，日后将会继续此课题的研究，在积累丰富的教学经验后使嘉庚文化资源得以最大限度地开发，总结出更完备的本土美术资源开发的理论知识和实践经验，为美术教育的发展添砖加瓦。

后　记

　　嘉庚文化是陈嘉庚先生留给我们的宝贵财富，不论是精神上的还是物质建筑上的，都十分厚重，泽被后世。嘉庚文化环境品质能够弘扬嘉庚文化，构筑文化自信，助力厦门打造历史文化名城，培育具有陈嘉庚先生倡导的诚毅品质人才。

　　2001 年底，作者刚调入湖北大学教育学院，又受集美大学艺术学院副院长王新伦邀请，被嘉庚建筑吸引入职集美大学艺术学院，从此开始了对嘉庚文化的研究与传播。先后承担嘉庚文化研究保护开发建设社科项目多项，出版专著嘉庚建筑著作，发表学术论文 20 余篇，组织大学生画嘉庚建筑与环境，组织环境设计专业毕业设计对校园环境进行创意规划提升设计长达 18 年，完成方案成果近百项，还有多个设计方案在国际比赛中获奖，有力支持了学校的校园文化建设。不少教师在校园文化建设中也有很多成果，把这些成果加以梳理总结形成著作，作为样例传播，具有参考意义。

　　本书写作过程中得到集美大学陈嘉庚研究院的课题资助，集美大学基建处、厦门翰林苑建设工程有限公司晏雪飞先生提供了北京市文物建筑保护研究所厦门集美学村早期建筑即温楼维修保护工程施工设计案例的建设与修缮技术资料支持，集美区团委组织嘉庚建筑摄影比赛，提供部分摄影作品；集美大学美术与设计学院与诚毅学院艺术设计专业的上百名学生在教学中创作了作品与品质校园环境建设提升设计方案，泉州华光职业学院董事长吴其萃先生对校园文化建设提出了指导性意见，广东外语外贸大学杨颖老师撰写了绪论、第五、六章以及第七章的一、二、三、五节，湖北省京山市人民医院李全刚副院长撰写了第八章的一、二节，并对第四章 嘉庚文化环境的教育内涵第二节 结合自然、关注发展的科学规划设计理念与第七章 嘉庚建筑环境的保护利用提升规划设计实践第六节展开创意的翅膀——学村环境的提升改造创新设计方案进行了编写。陈小忠先生撰写了第七章的第四节，宋旻玮老师撰写了第五章第四节，洪琦老师撰写了第八章的第三节，卓扬妹等同学为闽南建筑与嘉庚建筑的研究做了基础工作，闭锦源老师提供了部分摄影作品，林深老师带领大学生对集美学村的环境建筑进行了美术创作，完成一大批美轮美奂的嘉庚环境美术创作作品，在此一并表示感谢。

受知识水平的限制，对嘉庚文化的发展轨迹的梳理和认识是粗浅的，肯定有所疏漏，一些历史照片也没能查出原作者，网络照片需要支付稿费的请联系作者。恳请专家和学者不吝指教，也请广大读者批评指正。

本书作者

2024 年 5 月 16 日